本书是国家社会科学基金项目（13BZZ006）的结项成果

环境权益保障制度研究

PROTECTION SYSTEM OF ENVIRONMENTAL RIGHTS AND INTERESTS

刘海霞　著

社会科学文献出版社
SOCIAL SCIENCES ACADEMIC PRESS (CHINA)

目　录

导　论

随着我国生态文明建设的深入进行，环境权益保障问题日益受到社会各界的关注。环境权益是与公民环境权密切相关的一系列基本权益，对人民群众环境权益的保障是社会主义制度优越性的集中体现，也是新时期以人民为中心发展思想的集中体现。本章在吸收国内已有研究成果的基础上，对生态文明建设的中国道路、环境权益的基本内涵、环境权益保障的意义和环境权益保障需要关注的重点群体进行分析，对制度的定义和功能等进行简要论述，并简要介绍本书的基本框架。

一　生态文明建设的中国道路

进入社会主义新时代以来，以习近平同志为核心的党中央以高度的历史责任感加快建设社会主义生态文明，在生态文明建设方面取得了令人瞩目的成就，走出了一条具有中国特色的、以人民为中心的生态文明建设道路。

（一）逐步确立社会主义生态文明观

近年来，我们对社会主义生态文明的本质特征及其地位和意义的认识不断深化，旗帜鲜明地提出了建设社会主义生态文明的历史任务，并将建设社会主义生态文明的意义上升到最普惠民生福祉的高度。

党的十七大报告首次提出建设生态文明、树立生态文明观；党的十八大报告进一步提出走向社会主义生态文明新时代，提出全面落实经济建设、政治建设、文化建设、社会建设、生态文明建设五位一体总体布局，凸显了生态文明在我国社会主义建设中的重要地位。党的十九大报告则提出树立社会主义生态文明观。我们在深刻把握社会主义制度基本特征的基础上，也将对社会主义生态文明本质特征的认识不断推向深入。我们逐渐认识到我国所建设的社会主义生态文明，是由中国共产党统一领导的、建立在公有制基础上的、建设成果由人民共同享有的生态文明。例如，党的十九大报告指出，要“统一行使全民所有自然资源资产所有者职责，统一行使所有国土空间用途管制和生态保护修复职责，统一行使监管城乡各类污染排放和行政执法职责等”。[①] 再如，习近平同志在全国生态环境保护大会上指出：“要充分发挥党的领导和我国社会主义制度能够集中力量办大事的政治优势，充分利用改革开放40年来积累的坚实物质基础，加大力度推进生态文明建设、解决生态环境问题。”[②] 这些都体现了我们建设社会主义生态文明的理论自觉，也体现了我们对社会主义制度在生态文明建设方面先进性和超越性的制度自信。

迄今为止，我国是世界上唯一将生态文明上升为国家战略的国家。之所以从国家层面开启这一伟大建设历程，主要是由于我们认识到生态文明建设对于人民群众的重大意义，从提升民生福祉的角度进行生态文明建设，把生态文明建设视为关系党的使命宗旨的重大政治问题。习近平同志在多次讲话中都反复强调了这一点。他曾指出：“建设生态文明，关系人民福祉，关乎民族未来。”[③] 在全国环境保护大会上，他再次强调良好生态环境是最普惠的民生福祉，指出“要坚持生态惠民、生态利民、生态为民，重点解决损害群众健康的突出环境问题，加快改善生态环境质量，提供更多优质生态产品，努力实现社会公平正义，不断满足人民日益增长的优美生态环境需要”。[④] 正是基于将良好生态环境视为最普惠民生福祉的思想，党和国家才把生态文明建设作为功在当代、利在千秋的伟大事业，高度重视社会主义生态文明建设。

（二）深入推行绿色发展理念

中国作为全球最大的发展中国家，当前处于并将长期处于现代化建设

---

① 习近平：《决胜全面建成小康社会　夺取新时代中国特色社会主义伟大胜利——在中国共产党第十九次全国代表大会上的报告》。

② 习近平：《推动我国生态文明建设迈上新台阶》，《奋斗》2019年第3期。

③ 中央文献研究室：《习近平关于社会主义生态文明建设论述摘编》，中央文献出版社，2017，第5页。

④ 习近平：《推动我国生态文明建设迈上新台阶》，《奋斗》2019年第3期。

的历史进程中，在这一历史阶段，发展始终是我们的首要任务，是我们解决若干重大问题的根本手段。但我们需要什么样的发展以及如何发展，始终是我们面临的重大理论和实践问题。在对以“GDP”增长为中心的发展理念反思的基础上，我们提出了“绿色发展”的理念，从而为我国生态文明建设提供了强大的思想动力和引擎。

党的十九大报告指出，发展是解决我国一切问题的基础和关键，发展必须是科学发展，必须坚定不移贯彻创新、协调、绿色、开放、共享的发展理念。此次把绿色发展作为我国社会主义建设的基本方略，体现了党对生态文明建设重要地位的深刻理解，把生态文明建设作为关系中华民族永续发展的千年大计，作为其他具体工作的指导性方针，进一步明晰和完善了科学发展的理念，为新时代的发展观注入了新的维度。党的十九大报告开辟专章，从经济、政治、文化等方面阐述了绿色发展的基本维度和我们的努力方向。例如，在经济方面建立健全绿色低碳循环发展的经济体系、构建市场导向的绿色技术创新体系，构建清洁低碳、安全高效的能源体系等；在政治方面开展创建节约型机关、绿色家庭、绿色学校、绿色社区和绿色出行等行动；在文化方面倡导简约适度、绿色低碳的生活方式，反对奢侈浪费和不合理消费等。这一对绿色发展理念的新阐释，不仅包含绿色生产方式，还包含绿色生活方式，体现了党在全社会践行绿色发展理念的长远规划，也体现了党依靠人民群众进行生态文明建设的理念。

《中国共产党章程》是党的根本法规，是党的各级组织和全体党员必须遵守的基本准则和规定，对全体党员具有普遍约束力量。在党的十九大通过的《中国共产党章程（修正案）》中，绿色发展理念作为基本发展理念被写入其中，成为所有党员都必须遵守和执行的理念。《中国共产党章程（修正案）》指出，发展是我们党执政兴国的第一要务。必须坚持以人民为中心的发展思想，坚持创新、协调、绿色、开放、共享的发展理念。同时规定，中国共产党领导人民建设社会主义生态文明。还指出要着力建设资源节约型、环境友好型社会，实行最严格的生态环境保护制度，形成节约资源和保护环境的空间格局、产业结构、生产方式、生活方式，为人民创造良好生产生活环境，实现中华民族永续发展。可见，我们要建设的生态文明，是在绿色发展理念指导下的生态文明，而通过生态文明建设又可以实现永续发展。

（三）加速推进生态文明体制改革

进入新时代以来，我国在生态文明体制改革方面积极探索，取得了长足进展。这些进展主要体现在以下三个方面：一是建立中央环保督察机制，二是推行垂直管理制度，三是组建生态环境部。

2015 年 7 月，中央深改组第十四次会议审议通过《环境保护督察方案（试行）》（以下简称《方案》），提出建立环保督察机制。《方案》规定，由中央环保督察组代表党中央、国务院对各省党委和政府及其有关部门开展环保督察，以中央专门机构的名义督察省级党委、政府的环境治理工作，这大幅升格了原有的环境保护部层面的跨区域督查机制，充分体现了我党密切联系群众、治理环境污染的决心。自 2016 年年初以来，环保督察工作已经实现了各省区市全覆盖，对各省区市的环保工作和环境治理工作开展督察，并接受当地群众的举报和投诉，对群众关心的、反映突出的环境问题进行重点督察。据不完全统计，各地累计问责 1 万余人。这项工作积极回应各地区群众反映的问题，大范围提高了我国生态文明建设的水平，得到了人民群众的广泛拥护。

2016 年 9 月，中共中央办公厅、国务院办公厅印发了《关于省以下环保机构监测监察执法垂直管理制度改革试点工作的指导意见》（以下简称《指导意见》），指出要改革环境治理基础制度，建立健全条块结合、各司其职、权责明确、保障有力、权威高效的地方环境保护管理体制，为建设天蓝、地绿、水净的美丽中国提供坚强体制保障。这一《指导意见》指出，地方党委和政府应对生态环境负总责，省级环保部门对全省环保工作实施统一监督管理，并负责市级环保局局长、副局长的提名、考察和任免等工作，县级环保局由市级环保局直接管理，领导班子成员由市级环保局任免。这项环保部门垂直改革指导意见，厘清了原先地方政府和基层环保机构之间错综复杂的关系，加强了省级环保机构对市、县级环保机构的垂直管理，有利于地方环保部门独立行使环境监察管理等相关职责，是我国环保体制的一项根本性改革。

在中央政府层面，我国负责环境保护的机构经历了从城乡建设环境保护部（部内设环境保护局）、国家环境保护局、国家环境保护总局，再到环境保护部、生态环境部的发展历程。随着生态文明建设实践的深入，我们逐步意识到生态文明建设不能仅停留于防御层面的环境保护，还应该从积极层面加强生态建设，保障生态安全、建设美丽中国，这就需要将环境保护部的职责再进一步扩大。2018 年 3 月，我国整合环境保护部的相关职责，组建中华人民共和国生态环境部，将原来分属于不同机构的大气、水、土壤的管辖权集中到生态环境部，实现了环境三要素管辖权的统一，有利于出台协调统一的保护和治理政策，极大提高了生态文明建设的效率。

（四）加快建设生态文明制度体系

习近平总书记十分重视用最严格制度、最严密法治保护生态环境，指出："要加快制度创新，增加制度供给，完善制度配套，强化制度执行，让制度成为刚性的约束和不可触碰的高压线。"① 进入新时代以来，党中央、国务院从战略高度加强生态文明制度体系的建设，注重发挥制度体系在生态文明建设中的刚性约束作用。我国生态文明制度体系的建设主要体现在三个方面：一是生态文明立法工作深入推行，二是生态文明框架性制度逐步健全，三是创新性生态文明制度由点到面。

首先，生态文明立法工作深入推行。党的十八大以来，随着党对生态文明建设重视程度的不断加深，全国人大常委会围绕中央部署加快立法进程，完成了包括《中华人民共和国环境保护法》（以下简称《环保法》）《中华人民共和国大气污染防治法》、《中华人民共和国水污染防治法》等近 20 部生态文明相关法律的制定或修订工作，其中位于最高位阶的当属《中华人民共和国宪法》的修订工作。2018 年 3 月第十三届全国人民代表大会第一次会议通过了《中华人民共和国宪法修正案》，新宪法这样表述："推动物质文明、政治文明、精神文明、社会文明、生态文明协调发展，把我国建设成为富强民主文明和谐美丽的社会主义现代化强国，实现中华民族伟大复兴。"② 这是生态文明首次被开创性地写入我国宪法，是生态文

---

① 习近平：《推动我国生态文明建设迈上新台阶》，《奋斗》2019 年第 3 期。

② 《中华人民共和国宪法修正案》，人民出版社，2018，第 4 ~5 页。

明从党的主张上升为国家意志的生动体现，使生态文明建设具有了最高的法律效力。同时，作为环境保护基本法的《环保法》的修订工作，也因其在生态文明建设方面的若干重大突破而备受关注。修订后的新《环保法》法律条文从原来的6章47条增加到7章70条，明确规定了政府、企业和公众在生态文明建设和环境污染防治方面的责任，凸显了以人民为中心的建设思路。例如，总则第一条就明确指出“保障公众健康”和“推进生态文明建设”是制定该法的立法目的，充分体现了新《环保法》以人民为本的立场和推进生态文明建设的决心。该法强化了企业污染防治责任，加大了对环境违法行为的法律制裁力度，增强了法律的可执行性和可操作性，被称为“史上最严环保法”，实现了我国环境保护立法从1.0版到2.0版的换代升级。

其次，生态文明框架性制度逐步健全。在我国生态文明制度体系中，主体功能区制度具有统筹全局的基础性地位，是我国经济发展和生态环境保护的大战略。2010年，国务院颁布《全国主体功能区规划》（以下简称《规划》），这是我国首个全国性国土空间开发规划。《规划》将国土空间划分为四类主体功能区：优化开发区域、重点开发区域、限制开发区域和禁止开发区域，这对推进形成人口、经济和资源环境相协调的国土空间开发格局，具有重大战略意义。2017年，中共中央、国务院又印发《关于完善主体功能区战略和制度的若干意见》（以下简称《意见》），提出坚定不移地实施主体功能区制度，建立国土空间开发保护制度，严格按照主体功能区定位推动发展等。《意见》指出，要划定生态红线，坚持保护优先，坚持以承载能力为基础，坚持差异化协同发展，坚持生态就是生产力，坚持统筹陆海空等战略取向，这无疑将对国土空间的优化布局发挥巨大的推动作用。主体功能区制度也在探索实践的基础上逐步健全，对我国生态文明制度体系的形成具有重大的推动作用。

最后，创新性生态文明制度由点到面。“生态文明制度的层次标志着人类在与大自然的相处过程中，主动保护自然，积极改善人与自然关系，优化生态运行机制的水平。”[①] 在生态文明制度建设方面，我国不仅注重发

---

① 巩克菊、毕国帅：《以人民为中心的发展的制度治理探析》，《山东社会科学》2020年第8期。

挥中央政府统一领导的力量，注重加强顶层设计，而且充分考虑到各地区不同的禀赋条件，鼓励各地结合实际探索生态文明建设的模式，并将在地方实践中比较成熟的制度推广到全国，极大地提高了生态文明制度创新的规模和效率。“生态文明制度建设的目标就是构建有利于人与自然和谐共生的制度体系，为人类可持续的生态环境提供完善、稳固的行为模式。”[①]如我国于2014年、2016年分别开展了全国省级生态文明先行示范区和国家生态文明实验区等活动，在这些先行区和实验区范围内，开展了多项创新性生态文明制度的实验，如“河长制”“党政领导生态环境保护目标责任制”等，在区域范围内取得明显成效后，其被迅速推广到全国各地，这也加大了生态文明制度约束的范围和力度。

二 环境权益概说

随着生态文明建设不断向纵深发展，我国社会各界日益重视由环境问题引发的人类相关权益被损害的状况，环境权益被广为关注，并成为环境法学、环境政治学和环境社会学等领域的基本问题之一，关于公民环境权益的相关研究也逐渐增多。一般而言，环境权益的主体按照从大到小的范围可以分为三类，即人类、国家和公民，限于本项研究的范围，本书下面所言的环境权益，均是指以公民作为主体的环境权益。

（一）环境权益的基本内涵

环境权益是与环境权紧密相关的一系列权利和利益，在对环境权益进行讨论之前，有必要先行梳理一下关于环境权的相关研究。自20世纪60年代起，国际社会开始出现关于环境权的相关研究，并随着对环境权的人权属性和法定权利等问题的探讨而不断发展深化。1972年联合国《人类环境宣言》将环境权确定为人类的一项基本权利，此后世界各国对环境权的关注不断增强，有些国家开始将环境保护条款写入宪法条款或其他相关部门法条款。我国学者对环境权的关注始于20世纪80年代，此后几十年产

① 巩克菊、毕国帅：《以人民为中心的发展的制度治理探析》，《山东社会科学》2020年第8期。

生了非常丰富的后续研究成果，环境权已成为我国环境学科研究中一个经久不衰的议题，围绕该问题掀起过一系列争鸣和讨论。其中，较有代表性的学者有蔡守秋、吕忠梅、陈泉生、周训芳、徐祥民等。

关于什么是环境权，学者们进行了长期的讨论，对环境权的认识也经历了权利与义务相统一阶段、作为理想形态的环境权和作为底线形态的环境权等阶段。蔡守秋是我国环境权研究的先驱之一，他分析阐释了环境权产生的现实历史背景："在环境污染的严酷现实面前，人们逐渐清醒地认识到，原来对人们慷慨施惠并且对人毫无所求的自然环境，现在会给人们带来许多烦恼不安的因素；原来人们认为与生俱来的像呼吸新鲜空气之类的天赋权利，现在会受到无形的损害和剥夺"。[①] 在这一大背景下，蔡守秋认为，公民的环境权包括享有环境的权利及保护环境的义务两个方面，并且逐步从防治环境污染发展到要求环境的舒适性（包括环境的安静度、清洁度、美好感及舒适感等）。就环境权的理想状态而言，陈泉生认为环境权是"环境法律关系的主体享有适宜健康和良好生活环境，以及合理利用环境资源的基本权利"。[②] 相比较而言，吕忠梅对环境权的界定则更倾向于从底线要求的视角出发，她认为，环境权是"公民享有的在不被污染和破坏的环境中生存及利用环境资源的权利"，[③] 这一表述立足于公民环境权的底线要求，也是本书对环境权益保障研究的基本出发点。

与对环境权研究如火如荼的境况相比，关于什么是环境权益，其基本内涵如何界定，环境权益与环境权之间的关系如何，学术界有针对性的阐释还相对较少。关于环境权益的基本内涵，目前主要有两种观点。一种观点认为环境权益就是环境提供给人们的利益，如杜群对环境权益的界定："环境权益是指环境能够提供给人们的各种用益和利益的总称。"[④] 另一种观点则认为环境权益既包括环境权，也包括环境利益，持这一观点的主要有夏光、江必新等人。如夏光认为"环境权益，是指社会中各行为主体所

---

① 蔡守秋：《环境权初探》，《中国社会科学》1982 年第 3 期。

② 陈泉生：《环境权之辨析》，《中国法学》1997 年第 2 期。

③ 吕忠梅：《再论公民环境权》，《法学研究》2000 年第 6 期。

④ 杜群：《论环境权益及其基本权能》，《环境保护》2002 年第 5 期。

享有的对于环境的使用权利和由此产生的相关利益";[1] 江必新则指出"环境权益这个概念非常复杂，有些属于环境利益，有些属于环境权，有些可以从环境利益上升为环境权，有些环境利益很难上升为环境权……"[2] 本书尝试在吸收学界同仁相关观点的基础上，对环境权益的基本内涵给出如下界定：环境权益是与公民所处生产环境和生活环境密切相关的权力和利益的总称，它包括环境权以及与环境相关的生命健康权、财产权和发展权等权力，也包括公民从所处生产环境和生活环境中获得的合理利益等。

在世界范围内，公民环境权益还是一项较为新兴的权益，对于这项权益的保障标志着公民基本权益保障范围的不断扩大，也是社会不断进步的现实要求。在当前条件下，公民环境权益可能受到损害或侵害的途径一般有三个：一是所处的生产环境不符合环境卫生标准导致的健康受损，二是所处的生活环境被污染导致的健康和财产等方面的损失，三是生产、生活环境变迁导致的财产损失和发展机会的损失等。但由于环境权益本身的特殊性，它在受到损害时也具有一些与其他权益损害不同的特点，如损害对象的不特定性、损害的间接性、损害的隐蔽性、损害结果显现的长期性和损害主体责任的不易确定性等，上述这些特征使得环境权益较其他权益更容易受到损害或侵害，并且较其他权益损害更不容易确定责任主体和获得赔偿或补偿，因而公民环境权益的保障是一项极富挑战的时代课题，需要我们认真加以研究。

（二）环境权益保障工作的重要意义

环境权益保障工作不仅对于公民个体具有重要的意义，而且对于促进社会的公平正义、巩固党的执政基础、推进社会的整体进步都具有重要的意义。

环境权益保障的首要意义是促进社会的公平正义。对公平正义的追求是人类社会永恒的主题之一，是人类社会制度渐趋完善的不竭动力。在对公平正义的追求中，人类社会取得了若干具有实质性突破的思想性成果和

① 夏光：《通过扩展环境权益而提高环境意识》，《环境保护》2001 年第 2 期。

② 江必新：《环境权益的司法保护》，《人民司法·应用》2017 年第 25 期。

制度性建树，体现了人类社会的巨大进步。公平正义是社会秩序得以维持的必要前提，是社会长期存在的必备条件。社会主义制度作为人类历史上最先进的社会制度，在保障社会的公平正义方面负有更大的责任，可以说，公平正义是社会主义制度的本质要求，是社会主义社会的核心价值追求。在当前的环境问题中，存在某些违背公平正义的因素。在加强环境权益保障的过程中，必须对这些不公正现象予以纠正，保障人民群众的基本环境权益，制止对他们的各种侵害，对他们的各种牺牲和损失进行补偿，保障他们基本的生命健康权和生存发展权等。

环境权益保障的第二项意义是可以巩固党的执政基础。在当前的社会主义建设中，中国共产党面临的一个重要考验是从革命党向执政党的角色转变，而执政党面临的核心任务是执政合法性问题。在和平年代，一个政党的执政合法性主要来源于它对公民合法权益的有力保障。只有切实有效地保障公民的合法权益，才能提高人民群众的满意程度，保持执政的合法性。根据我国宪法的规定，工人阶级和农民阶级是党执政的主要依靠力量，是我国政权最主要的群众基础。做好他们的环境权益保障工作，保护以工人阶级和农民阶级为主的人民大众的利益，有助于增强党在人民群众中的公信力和凝聚力，巩固党的执政基础。

环境权益保障的第三项意义在于促进社会的整体进步。社会整体进步的重要标志是以人为本，以全体社会成员自由而全面的发展为旨归，树立以人民为中心的发展理念。其底线是不能以人的发展之外的目标侵害任何社会成员的合法权益，尤其是处于不利地位群体的权益。做好相关群体的环境权益保障工作，既是以人民为中心的发展思想的集中体现，也为推动社会管理进步提供了重要契机。做好人民群众的环境权益保障工作，需要解决一系列重大社会矛盾，在解决这些矛盾的过程中，我们可以整合社会各方面力量，不断积累应对环境问题及其引发的社会问题的智慧，不断进行制度创新，提升社会治理的整体水平，从而推动社会的整体进步。

（三）环境权益保障重点关注的群体类型

根据对环境资源的享有、对环境污染和环境风险的分担情况，我们可以将环境弱势群体区分为环境资源匮乏群体、环境利益受损群体、环境风险承担群体和环境污染受害群体等，但如果从这一宽泛的分类出发来考察环境权益保障状况，则容易由于样本数量的巨大而难以展开有针对性的调研，从而影响本研究的政策意义。所以本书将所要研究的对象进一步典型化，将研究对象限定为工矿企业一线工人、工矿企业周边居民、政府主导型的水利水电工程移民（以下简称水工程移民）和生态移民这四类群体。本书下文中如无特殊说明，所指均为上述四类群体。

首先来看工矿企业一线工人。资本的相对稀缺和劳动力的相对过剩，导致就业机会的缺乏，使得一线工人在雇佣关系中处于不利地位，他们为了有限的就业机会只能在较差的环境中工作，有可能使身体健康受到较大侵害，他们是环境污染最早、最直接的受害者。而且一般情况下，往往是在某地区发现了若干一线工人出现健康问题之后，该地区的环境问题才逐渐被人们注意。我国工矿企业数量众多，其中非公企业发展迅速，所占比例不断上升。这些企业中的一线工人大多是农民工，他们的受教育水平普遍较低，权利意识、法律意识、健康意识、职业卫生意识都处于较弱状态水平。

其次来看工矿企业周边居民。与一线工人相比，工矿企业周边居民主要是生活环境有可能受到污染或侵害，影响他们正常的生活秩序，有的可能对其财产安全造成损害或威胁，甚至影响他们的身体健康状况等。在我国东部经济较发达地区，工矿企业数量较多，有些企业的污染对周边居民产生了一定影响。一般而言，工矿企业主要分布在某些集中规划的工业园区、大中城市的城乡接合部和某些经济较发达的农村地区等，而这些企业周边的居民在生活环境、财产安全和健康权益等方面有可能受到损害。

最后来看政府主导型的水工程移民和生态移民。移民是人类发展史上的一种社会现象，按其主观意愿可分为自愿性移民和非自愿性移民，本书仅讨论政府主导型的、非自愿性移民。水工程移民是指水利水电工程建设导致的建设征地范围内居民的非自愿性迁移；生态移民是指原居住区生态环境恶劣导致的自愿性或非自愿性人口迁移，水工程移民和生态移民都属于本书论域中处不利地位的群体，他们的状况存在一定差异，但又具有众多的相似性。由于政府的统一规划或某些开发工程及环保工程的需要，他们必须离开原有的生活环境，而且离开的时间往往较短。他们必须迁移到另一个新的环境，使得他们原有的谋生技能或谋生方式不能继续发挥作用，而且由于自身综合能力偏低，他们又很难较快获得新的谋生本领，使得他们对政府的帮助十分依赖，造成他们迁移后的适应困难，影响了他们的可持续发展。

对于上述四类重点群体，我们将通过问卷调查、深度访谈、体验式观察、典型案例分析等方法展开研究，分析他们的基本状况，考察他们的环境权益保障状况等。

三 制度简论

本书研究的内容是环境权益保障制度，在回答了什么是环境权益之后，对制度的思考和界定是我们要回答的第二个基本问题。制度涵盖了人类生活的各方面，每个人的生产、生活都会受到制度的引领或规范。关于制度的定义、制度的功能和制度的价值追求，都需要我们进行必要的厘定或探讨。

（一）制度的定义与类别

“制度”是政治学、法学、社会学和经济学等共同关注的领域，其中，产生了较大影响的有政治学领域的旧制度主义和新制度主义、经济学领域的制度经济学等。不同的学科和同一学科的不同流派都给出了不同的制度定义，如新制度经济学的创始人道格拉斯·诺斯认为：“制度是一整套规则，应遵循的要求和合乎伦理道德的行为规范，用以约束个人的行为。”①政治哲学家罗尔斯则将制度理解为一种“公共的规则体系”，“这一规则体系确定职务和地位及它们的权利、义务、权力、豁免等。这些规则明确规定某类行为是被允许的，另一些则是被禁止的；并且在违规行为出现时，给予某些惩罚和保护措施”。② 我国著名经济学者樊纲则认为：“制度是强

① 张旭昆：《制度定义与分类》，《浙江社会科学》2002年第6期。

② John Rawls, *A Theory of Justice* (Cambridge, Massachusetts, London: Belknap Press of Harvard University Press, 1971), p. 55.

制执行的人与人之间关系的行为规范。”[①] 学者辛鸣则从哲学和历史的角度对制度进行界定：“制度，就是这样一些具有规范意味的——实体的或非实体的——历史存在物，它作为人与人、人与社会之间的中介，调整着相互之间的关系，以一种强制性的方式影响着人与社会的发展。”[②] 虽然这些关于制度的定义有所差异，但是它们在制度的规范性和强制性方面基本是存在共识的。

根据不同的分类方法，我们可以把制度分为不同的类别。根据制度在制度系统中所处地位和层次的不同，可以将制度分为基本制度和具体制度，基本制度反映社会关系的根本特征，具体制度是基本制度在特定领域的具体表现形式；根据制度内容的有形无形、成文与否可以将制度分为正式制度和非正式制度，“正式制度一般是有形的、成文的，并在国家强制力作用下实施的”，[③] 非正式制度则是无形的、不成文的，以风俗习惯等形式存在的。另外，研究者们基于不同的哲学立场，对制度进行了不同的前提预设，有的研究者将其预设为人为建构的产物，强调制度的社会建构特征，有的研究者则将制度预设为一种“自在之物”，强调制度的自发性和自主性等。

本书所指的制度，主要是基于具体层面的制度而言的，我们将其理解为：在社会基本制度的框架内，根据社会发展的时代要求，为达到某些特定目的而设计的，以法律、政策、规则等形式存在的，协调社会成员之间关系的规范体系，它随着时代的发展而不断改进，同时推动着时代不断发展，并由国家强制力保证执行，即我们将制度理解为一种人为建构的社会存在物，理解为一种成文的、具有强制力的正式制度。

（二）制度的功能

制度作为一种人为创造的建构物，是人类主体之间以及人类与客观现实之间沟通、协调和博弈的结果，在人类社会的发展历程中，制度发挥着巨大的功能。

---

① 樊纲：《制度改变中国——制度变革与社会转型》，中信出版社，2014，第 X 页。
② 辛鸣：《制度论——关于制度哲学的理论建构》，人民出版社，2005，第 51 页。
③ 辛鸣：《制度论——关于制度哲学的理论建构》，人民出版社，2005，第 102 页。

制度的功能之一是规范个体行为、维护社会秩序。每个在社会中生活的个体的行为都有可能对其他个体产生影响，如果不在个体之间做出明确的界限规定，则有可能纵容某些个体对其他个体的侵害。“制度的作用就是尽可能明确地界定不同个人之间的利益边界（产权），规范人们的行为，尽可能地减少一些人损害另一些人利益的事情。”① 所有制度都有适用的范围和群体，对于适用范围内群体和个体的行为，制度都给出了明确的规则要求或义务规定，对于违背规则或义务的行为，做出惩罚规定，从而规范和影响特定范围内人们的行为。制度划定了个体行为的范围和边界，对于个体行为具有规范作用，使社会成员在规定的范围内采取行动，形成较为稳定的社会秩序。

制度的功能之二是体现国家意志、影响社会进程。正式制度的制定都是在国家权力的范围内做出的，集中体现了国家在某一阶段的主要目标，它对社会发展的进程具有重要影响。制度出台后，对社会成员具有重要的导向作用，引导社会成员朝着国家期待的方向努力，从而加速某些领域的社会进步，推动整个社会的发展。当然，如果制度倡导的方向不适宜，或者是制定的规则不符合实际情况，也有可能造成相反的结果，导致社会的退步。

制度的功能之三在于引领整合、形塑社会的价值观念。所有制度的制定都是在一定价值观念的指导下进行的，体现了不同时代的主流观念。在这些制度执行和推广的过程中，这些价值观念得到了进一步的传播和加强，进而外推到其他社会活动之中，从而对整个社会的价值观念具有形塑作用，在社会发展中发挥着重大的整合作用。政治学中的新制度主义代表人物詹姆斯·G. 马奇（James G. March）和约翰·P. 奥尔森（Johan P. Olsen）曾经指出：“通过形成参与者的偏好，政治制度简化了多元群体的复杂性。”② 社会发展的历史表明，人类社会要想获得良性发展，必须既考虑个体生活的自由度，又顾及集体利益的实现程度，既要尊重个体的权利和自由，又要倡导集体层面的团结协作。制度在划定个体行为之界限的同

① 樊纲：《制度改变中国——制度变革与社会转型》，中信出版社，2014，第XI页。

② 〔美〕詹姆斯·G. 马奇、〔挪〕约翰·P. 奥尔森：《重新发现制度：政治的组织基础》，张伟译，生活·读书·新知三联书店，2011，第172页。

时，对于社会整体发展方向做出规划，对社会成员具有重要的整合作用。

（三）制度的价值追求

不同的历史时期产生了各种不同的制度。有些制度反映了人类主流的价值观，推动了社会的进步，被我们称为“好”的制度；有些制度违背了人类的主流价值观，阻碍了社会的发展，被我们称为“坏”的制度。对制度的评价其实隐含对制度所体现的价值观念的评价，好的制度其实是符合人类主流价值观的制度。从制度设计的层面来看，制度应该体现正确的价值追求，这些价值追求主要包括公平、正义、人权、发展等维度。

首先是公平。公平即公正平等，即同等情况同样对待，不同情况区别对待，不在个体之间做出任意区分。衡量制度好坏的一个基本原则就是看它是否平等地对待利益冲突的各方，是否“努力保护任何一方不会在利益冲突和收入分配中受到不必要的或过多的损害，使他们能够积极地去参加利益的竞争，争取自己应得的一份”。[①] 如果一个制度预设了对某些群体的特殊保护，如封建社会对于特权阶层利益的特殊保护、资本主义社会对资本集团利益的袒护、某些地方政府对污染企业利益的维护等，都是在不同个体和群体之间做出了人为的、先在的区分，就是有失公平的。正如樊纲所言：“好的制度从本质上说必须不具有任何排他性，要能够被所有在这一制度下生活的人‘消费’，并且是强制性地‘消费’。不能因为某些人有权有势，就‘刑不上大夫’，也不能因为怜悯，就对一介草民网开一面。”[②]

其次是正义。正义在其历史发展中，有着多种含义，我们会在第一章中进行详细介绍。此处的“正义”，主要是在“每个人得其所当得”的意义上运用的，也即强调个体责权利的统一，所得与贡献统一，所得与责任统一，所得与权力统一。反对某些个体只享受权利、不履行责任的行为；反对某些个体将自己应承担的责任转嫁给其他个体的行为；反

---

① 樊纲：《制度改变中国——制度变革与社会转型》，中信出版社，2014，第252页。
② 樊纲：《制度改变中国——制度变革与社会转型》，中信出版社，2014，第XIII页。

对某些个体不履行责任、对他人造成损害的行为；也反对某些个体所得少于贡献、某些个体所得多于贡献的社会现象。正义与否是衡量制度好坏的另一个重要标准，它对于社会的发展和制度的存废均具有重要作用，正义的制度会对社会产生积极的影响，有利于整个社会公平正义的维护；不正义的制度会破坏社会的公平正义，消解社会良性运行的基础。

再次是人权。人权作为对神权和王权的否定，凸显了对于普通公民的重视。制度发展的基本趋势是越来越重视人权，越来越从可操作层面加强对人权的保护力度。现代制度人权保护的范围不断扩展，从最初的生命健康权发展到现在的环境权，人权保障的手段也从最初的宣言发展到实实在在的法律规定。在制度对人权的保护方面，尤其强调对处于不利地位的群体人权的保护，这几乎构成了国际社会人权保障的主要内容。对于处于不利地位的群体的格外关注和切实保护，是现代制度的努力方向。

最后是发展。关于发展，我们此处主要借鉴印度学者阿马蒂亚·森（Amartya Sen）的观点，“发展可以看作扩展人们享有的真实自由的一个过程”。[①] 相对于将发展等同于国民生产总值增长的狭隘观点，阿马蒂亚·森的发展观更加强调消除限制人们自由的那些主要因素：“贫困以及暴政、经济机会的缺乏以及系统化的社会剥夺，忽视公共设施以及压迫性政权的不宽容和过度干预。”[②] 在这一视域之下，为民众拓展实质性的自由才是发展的实质，才是社会进步的目标所在。就对社会进程具有重要作用的制度而言，推动社会的发展，给人民群众带来更好的生活，就成为制度重要的价值追求之一。这一价值追求在相关制度的设计过程中，可以帮助制度的制定者做出更合理的取舍。

总之，制度作为一种人为建构的社会存在物，体现着或隐或显的价值追求。在人类社会长期发展中积淀而成的主流价值观——公平、正义、人

① 〔印度〕阿马蒂亚·森：《以自由看待发展》，任赜、于真译，中国人民大学出版社，2013，第1页。

② 〔印度〕阿马蒂亚·森：《以自由看待发展》，任赜、于真译，中国人民大学出版社，2013，第2页。

权、发展等，不仅是社会良性运行的必要条件，也应成为我们制定和设计制度的自觉价值追求。

四 本书的基本框架

本书主要基于人权思想、社会正义理论和环境正义理论等，对工矿企业一线工人、工矿企业周边居民、政府主导型的水工程移民和生态移民的基本状况、面临的问题及相关原因进行分析，在此基础上重点研究如何保障他们的基本环境权益，在相关制度完善和构建方面提出建议。下文简要介绍一下本书的基本观点、研究方法和篇章结构。

（一）基本观点

任何一项研究都有其赖以展开的基本观点，本书的研究主要是基于下面三个基本观点展开的。

1. 环境权益保障需要关注重点群体

环境问题由来已久且成因复杂，从不同群体在环境问题中的地位和作用来看，产生污染的工矿企业往往是环境问题的始作俑者，而企业的一线工人和周边居民则处于不利地位。此外，随着现代化和工业化进程的开启，我国若干地区都经历了大规模的环境开发过程，其中水电站建设和大坝建设尤其引人注目。在这一规模浩大、领域宽广的开发建设过程中，产生了大量的水工程移民。在经历了大规模的环境开发阶段之后，目前又开始了加快生态环境保护的步伐，但为了保护生态脆弱地区的生态平衡，又产生了若干生态移民。这些水工程移民和生态移民需要离开家园，放弃赖以生存的土地等生产资料，迁移到其他地区进行生产、生活。在移民过程中，水工程移民和生态移民为了维护社会的整体利益，自身做出了巨大牺牲，而这些牺牲需要得到相应的补偿。

2. 政府部门是环境权益保障的责任主体

当前各国政府均把发展经济作为自己的首要任务，我国各级政府在考核中也把经济发展状况作为政绩考核的主要指标。但将经济发展作为政府的首要任务是否具有必然的合理性？法国启蒙思想家卢梭曾经从社会契约论的角度指出：政府的任务是“执行法律和维护自由，既维护社会的自由，也维护政治的自由”。[①] 而在卢梭的语境中，自由是一项天赋人权，在现代语境中，自由是第一代人权的基本内容。美国著名法理学家德沃金也曾从新自然法学的角度指出过：“政府的最基本目的不是产生伟大的哲学家，不是发展先进的科学和艺术，不是发达的社会财富和高水平的社会福利，而是让人们最大限度地享有他们需要的东西和做他们要做的事情。保护个人权利是政府基本目的中的精粹。”[②] 政府部门的主要任务在于保障公民的基本权利，这是政府执政合法性的基础。政府部门作为社会事务的管理者和社会秩序的维护者，负有抑强扶弱、维护社会公平的责任，因而是环境权益保障的责任主体。

3. 基于公正立场加强环境权益保护

从社会公平的角度来看，处于不利地位的一些群体都受到了一定的不公正待遇。工矿企业由于自身的违规污染行为对一线工人和周边民众的权益造成侵害，理应受到法律的惩罚和政府的制裁，但某些地方政府基于经济利益的考虑，有可能对污染企业加以庇护，这是有失公正的行为，不利于党和政府公信力的维护。所以，我们应基于社会公平正义的角度，切实加强对人民群众的环境权益的保护。

（二）研究方法

本书在研究过程中除了采用较为普遍的文献研究法、比较研究法之外，在一手资料的获取方面主要运用了问卷调查法、访谈法、体验式观察法等。

1. 问卷调查法

问卷调查法是本书获取一手资料的首要方法，在研究过程中，主要进行了两次较大规模的问卷调查，调查内容包括一线工人职业病患者的基本情况、水工程移民与生态移民基本状况，问卷调查的时间跨度在 2015 年 3 月至 12 月。

---

① 〔法〕卢梭：《社会契约论》，李平沤译，商务印书馆，2014，第 64 页。

② 信春鹰：《罗纳德·德沃金与美国当代法理学》，《法学研究》1988 年第 6 期。

第一次问卷调查的对象是一线工人职业病患者，时间跨度基本在2015年3月至8月；调查范围是从全国选取了10家职业病防治院或综合医院的职业病防治科，其中东部地区4所，中部地区4所，西部地区2所，每家医院随机抽取50名职业病患者进行问卷调查，其中，课题组成员及调研团队亲自到3家医院进行了面对面调查，其他7家医院是委托分管院长或办公室主任等人协助做的调查，共发放问卷514份，获取有效问卷497份，有效率为96.7%。本次问卷调查的具体内容和详细回答情况参见附录一和附录二。

第二次问卷调查的对象是政府主导型的水工程移民和生态移民，时间跨度在2015年7月至12月。调查范围是宁夏回族自治区吴忠市红寺堡区红寺堡镇朝阳村、大河乡大河村；青海省海东市乐都区扶贫安置区、民和回族土族自治县中川乡农场村安置点；四川省成都市龙泉驿区蓝色理想社区、春秋名邸社区、书南小区、怡和新城社区；云南省昭通市水富县邵女坪社区、温泉社区；山东省济南市历城区、淄博市张店区等。此次问卷调查是课题组及其调研团队亲自到上述地区，进村入户，面对面地进行问卷调查，共获得有效问卷440份。本次问卷调查的具体内容和详细回答情况参见附录三、附录四和附录五。

2. **访谈法**

访谈法是本书获取一手资料的另一项重要方法。一是小组座谈。在对一线工人职业病患者的调研中，针对职业病患者较为集中的特点，我们以病房为基本单位，附近病房适当合并，进行了两次职业病病友的小组座谈会，通过小组座谈，了解不同所有制企业的不同做法，了解病友们对于医院医疗状况、药物报销情况、劳动保障部门的工作情况的看法，并请病友们集体讨论他们对于改善自身处境的政策建议，获得了大量有价值的资料。二是随机访谈。随机访谈法是我们在调研过程中运用较多的方法之一，无论是在调研的列车上，还是在就餐的饭馆中，只要有与调研相关的资料线索，我们都尽可能地随机展开各种访谈。如在从宁夏赴青海的调研途中，我们遇到一位甘肃青年，通过他了解到甘肃生态移民的基本状况，并对少数民族生态移民的特点有了更深刻的认识。在宁夏回族自治区红寺堡区进行调研时，我们发现有五六位回族壮年男性在凉亭纳凉，而当时正是10点左右，这些人本应该是在田里劳动的，课题组对他们进行了随机访谈，获得了大量一手资料，对思考如何完善西北地区的生态移民政策有很大帮助。

3. 体验式观察法

在对生态移民的调研中，课题组深入移民社区和移民家庭，亲自查看他们的住房状况、生活状况，在现实场景中观察他们的生产、生活情况，对他们的住房状况、家庭人口状况、健康状况、饮食状况等都进行了较为深入的体验式观察，对他们的基本状况有了更深的体认，尤其是对于从重庆忠县迁移到山东的三峡移民对气候、环境的不适应和思乡之情的感同身受，对于他们迁移之后遇到的人际交往、文化风俗等方面的困难有所了解，对于他们希望获得移民部门的关心和基层村委的帮助深有同感。通过体验式观察，课题组了解到我国西北、西南地区移民安置情况和生活状况的差异，并且发现移民的满意度与所得待遇并不能成正比，移民的满意度是一种有较大差异的主观感受，它既与移民所获得的安置物质条件有关，也与移民自身及移民群体对于安置的主观期待有关。

（三）篇章结构

本书在对环境权益、制度等基本概念进行界定的基础上，探讨环境权益保障的理论基础，概括我国环境权益保障重点群体的基本状况，分析现有制度在环境权益保障方面的成绩和不足，梳理国际社会在环境权益保障方面的基本经验，并对我国环境权益保障制度体系进行了初步构想。共包括六个方面的内容。

导论对环境权益及制度的内涵进行了界定和分析，并对本书的基本观点和篇章结构进行了说明。首先，对环境权的所指、环境权益的含义、环境权益保障的意义和重点群体进行了界定和说明。指出本书主要研究工矿企业一线工人、污染企业周边居民、政府主导型的水工程移民和生态移民这四类重点群体。其次，对制度的定义、功能和价值追求进行了初步探讨，说明本书的研究领域限于具体制度层面，并将制度理解为一种规范体系，一种人为建构的社会存在物等；认为制度具有规范个体行为、维护社会秩序，体现国家意志，影响社会进程以及引领整合、形塑社会的价值观念的功能；进而论述了制度制定和设计的价值追求：公平、正义、人权、发展等。最后，对本书的基本框架进行了介绍，包括基本观点、研究方法和篇章结构等。

第一章对环境权益保障的相关理论进行了梳理、分析和评价。首先对人权思想进行了梳理，概括了人权理论中关于人权的概念、人权的基本内容、人权保障的意义，进而分析了人权思想对环境权益保障的启发意义。其次，对社会正义理论进行了梳理，概括了正义理论中关于正义和社会正义的内涵以及达致社会正义的途径等方面的研究，并对社会正义理论对环境权益保障的启发意义进行了分析。最后，对环境正义理论进行了梳理，概括了环境正义的含义、环境正义的必要性、环境非正义的表现、环境非正义的成因以及环境正义的原则等方面的研究，并阐释了环境正义思想对环境权益保障的启发意义。

第二章对我国环境权益保障相关群体的基本现状进行了概括。首先对调研情况和主要调查方法进行了说明，并对调查对象的确定、调查问卷的设计以及样本状况等进行了说明。其次，总结了我国工矿企业一线工人的基本状况，分析了我国职业卫生基本情况、中小企业和私营企业职业卫生情况等。再次，分析了企业污染受影响群体的基本状况，主要包括受影响地区的分布状况、污染企业的类型、居民权益受损的情况等。最后，分析了我国水工程移民和生态移民的基本状况，主要有移民数量庞大、移民地域相对集中、矛盾易发多发和安置方式趋于多元等。

第三章对我国现有制度在环境权益保障方面的作用进行了分析。首先回顾了现有制度在环境权益保障方面取得的成绩，主要表现在一线工人职业病防治和水工程移民政策不断完善方面。其次分析了在现有制度条件下环境权益保障面临的困境。如一线工人职业病患者面临企业责任认定困难、住院手续烦琐、医药费负担较重等困难；污染企业周边居民面临事后被动维权、行政投诉收效不大、法律诉讼途径困难等困境；移民搬迁后主要面临生活困难、花费增加、打工困难等问题。最后，对造成上述困境的主体原因和制度原因进行了分析。

第四章对国际社会已有的环境权益保障制度进行了总结和评价。首先概述了国际社会尤其是发达国家在工人健康权益保障方面的状况，包括专门机构和委员会的状况、职业卫生立法和职业卫生监管情况以及工人补偿制度、劳动保护委员会制度、健康保持增加对策等具体措施。其次，梳理了国际社会对工矿企业周边居民进行预防侵害和救助补偿方面的状况，如通过赤道原则和环境责任保险制度等对企业行为加以引导和规范，通过健康受害补偿制度和超级基金制度等对受害群体进行行政救济等。再次，对水工程移民和生态移民的权益保障状况进行了总结，梳理了世界银行和亚洲开发银行非自愿移民权益保障的政策要点，并对部分国家在水工程移民和生态移民政策中的成功制度进行了梳理。最后，从整体层面阐述了国际社会相关制度的启发意义，包括以环境正义原则为基本导向、利益相关者参与原则、加强对企业的监管和提供快速的行政救济等。

第五章对环境权益保障制度体系进行了初步构想。首先，对环境权益保障制度的目标进行了分析。指出环境权益保障制度的主要目标是保障人民群众与环境相关的生命健康权、财产权、可持续发展权等。其次，阐述了环境权益保障制度的方法手段，包括法律手段、经济手段、行政手段和教育手段等。再次，阐述了环境权益保障制度体系的核心维度，包括企业环境责任履行制度、污染行业渐进式退出制度、工人职业健康工会负责制度、企业污染受影响群体救助制度、水工程移民和生态移民可持续发展制度以及重点群体法律援助制度。最后，论述了环境权益保障制度体系的延伸框架，包括构建统筹时空的生态环境保护制度，加强对环境的空间管理和过程管理；构建多元精准的环境治理制度，为人民群众筑牢生态安全屏障；构建复合高效的生态产品供应制度，为群众提供更多优质生态产品；完善群众参与生态文明建设制度，为环境权益保障提供助力。

第一章　环境权益保障的理论基础

环境权益保障是一项十分紧迫的现实问题，但对现实问题的分析和讨论需要从相应的理论基础中寻找支撑。本章主要梳理与环境权益保障相关的理论资源，主要包括人权思想、社会正义理论、环境正义理论等。本章拟从概念简析、基本内容、地位作用及启发意义等方面展开论述。

一　人权思想

人权（Human Rights）思想最早可以溯至14～16世纪欧洲文艺复兴时期，最初是作为资产阶级反对神权和封建特权的革命口号而提出的；18世纪经由卢梭、康德等启蒙思想家的倡导，人权思想成为资产阶级的重要政治理论，并通过美国《独立宣言》和法国《人权宣言》的示范引领，在资本主义国家产生了巨大影响；至20世纪中叶联合国通过《世界人权宣言》，人权原则已被世界各国所公认，"人权"一词逐渐形成全球性的话语体系。

（一）人权概念简析

学术界关于"人权"的概念多达数十种，《湖北社会科学》曾于1992年列举过20种"人权"的概念。[①] 从这些概念界定，可以看出这样几种不同的视角：一是权利拥有的主体，包括一切人、个人、公民、全社会等；二是权利的状态，包括应有权利、现实享有的权利等；三是权利的来源，包括天赋权利（自然权利）、商赋权利、社会权利等；四是权利的性质，

---

① 佚名：《什么是人权》，《湖北社会科学》1992年第1期。

包括道德权利、法律权利、政治权利、综合权利等。限于能力，我们无法将这些关于人权的概念一一列举，下文仅列举部分权威词典及网络词条的释义以及较有代表性的学术观点。

我们先从当前较为权威的《辞海》、《现代汉语词典》、《新牛津英语词典》和"百度百科"的词条释义来看"人权"的含义。《辞海》中关于"人权"的词条释义是"人们应当平等地享有的权利"。[①]《现代汉语词典》对"人权"的解释是"人和群体在社会关系中应享有的平等权利。包括人和群体的生存权、人身权、政治权以及在经济、文化、社会各方面享有的民主权利"。[②] 上述两则关于"人权"的释义中强调的是"平等地享有的权利"或"享有的平等权利"，其关注的重点是"平等"。与之侧重点不同的是《新牛津英语词典》对于人权的释义："a right which is believed to belong justifiably to every person"，[③] 即人权是"一项被认为无可非议地属于每个人的权利"，它更强调的是人权的无可争议性。"百度百科"给出的对"人权"的界定是"人，因其为人而应享有的权利"。此处更强调的是人权的应然性，即每个人作为人而应该享有的权利。

在学者主张的"人权"概念中，大致经历了卢梭等人的自然权利说、罗尔斯等人的政治权利说、约翰·塔西乌拉斯（John Tasioulas）的道德权利说等发展过程，当然这些观点也存在交叉并行阶段。概言之，人权的来源和认定既有自然的层面，也有社会的层面，人权的内容和功能既有道德的维度，也有法律的维度，还包括政治的维度，人权的实有状态既有应然角度也有实然角度等。徐显明曾于1996年给出人权的概念："人权不过是人的价值的社会承认，是人区别于动物的观念上的、道德上的、政治上的、法律上的标准。它包含'是人的权利'、'是人作为人的权利'、'是使人成其为人的权利'和'是使人成为有尊严的人的权利'等多个层次。"[④] 这一概念界定将上述内容综合考量而给出了一个较为综合的定义，是一种较为理想的状态。因而，本书较为倾向于从相似的角度来理解"人权"概念，即人权

---

① 《辞海》（第6版），上海辞书出版社，2009，第1885页。

② 《现代汉语词典》（第6版），商务印书馆，2014，第1092页。

③ 《新牛津英语词典》，上海外语教育出版社，2001，第893页。

④ 徐显明：《人权理论研究中的几个普遍性问题》，《文史哲》1996年第2期。

是人之为人应该享有的权利，是维护人的尊严所应享有的权利等。

在对“人权”概念进行解释或理解的过程中，不可避免地会遇到人权和基本权利的关系问题，这也是本书需要予以交代的一个问题。人权是人之为人的权利，而基本权利就是得到法律承认的、不可缺乏、不可取代、不可转让的权利。可以说，基本权利的外延小于人权的外延，是人权中最核心、最基本的部分，如果说人权具有应然成分的话，基本权利则是国家必须予以保障的现实权利。因而，本书下文提及的环境权益保障主要是基于对基本权利的考量，兼及应然层面的人权考量。

（二）人权的基本内容

人权的基本内容体现在自13世纪以来的一系列相关文献中，其中产生了较大影响的文献主要有1789年法国《人权宣言》、1919年德国《魏玛宪法》、1948年联合国《世界人权宣言》、1966年联合国《公民权利和政治权利国际公约》和《经济、社会及文化权利国际公约》、1972年联合国《人类环境宣言》及1986年联合国通过的《发展权利宣言》等。20世纪80年代末以来，世界各地多国相继完成了以人权保障为原则的宪法修订，这些文献及各国宪法对于人权内容的确认日臻完善。依据人权内容扩展的历史脉络，法国人权学者瓦萨克（Vasak）提出了三代人权的理论：第一代是作为封建特权对立物的公民权利和政治权利；第二代是侧重于保护社会弱势群体的经济、社会和文化权利；第三代是集体性人权如发展权、民族自决权和环境权等。下文中我们也基本以“三代人权”的视角对人权的基本内容予以概括。

一是公民权利和政治权利。这些权利主要包括生命权，人身自由和安全，迁徙自由和选择住所的自由，法律面前一律平等，思想、良心和宗教自由，自由发表意见的权利等。这类权利的特征是强调公民的“自由”，反对国家干预公民的自由，反对国家介入公民的生活，要求限制国家干预的范围，主张国家在实现公民权利方面的“消极不作为”，因而这一类权利被称为“消极人权”，它是立宪国家的全体公民依法享有的基本权利，兼有自然权利和社会权利两个维度。

二是经济、社会和文化权利。这些权利主要包括财产权、劳动权（工作权）、劳动保护权、受教育权等，相较于第一代人权，这类权利的特征是强调生存，尤其是处不利地位群体的生存问题，如联合国在《经济、社会及文化权利国际公约》中特别规定：人人有权享受公正或良好的工作条件，各国要保证安全和卫生的工作条件；人人有权组织工会和参加他所选择的工会，以促进和保护他的经济和社会利益等。而且这类权利的实现需要国家积极作为，要求国家积极介入社会经济生活，帮助处不利地位的群体实现他们的权利，因而这类权利被称为“积极人权”，他们的实现依赖于国家采取的行政救助等多种手段，侧重于保护处不利地位的群体的权利。

三是环境权和发展权等。环境权主要包括环境资源利用权、环境状况知情权、环境事务参与权和环境侵害请求权等。[①] 发展权则是指每个人都有权参与、促进并享受经济、政治、文化和社会发展。与前面两类权利不同，环境权和发展权属于新型人权，虽已得到众多认可，但尚存某些争议。这两类权利的实现不但需要国家的积极努力，而且也需要国际社会达成共识，采取共同行动。这两项权利的拥有主体可以有集体和个体两个层面，本书对这两项权利的阐释主要是从个人权利的角度而非集体权利的角度展开的。

上述三种类型的人权既体现了人权内容不断扩展的历史脉络，也构成了当代各国所应保障的人权的基本范围。其中的生命权、财产权、环境权和发展权等，是我们在环境权益保障中较为重视的。

（三）人权保障的地位作用

所谓的人权保障是指“国家运用政权力量来保证相应目标的实现”。[②] 它是现代社会区别于神权社会和王权社会的标志，对于现代国家而言，它是现代国家政治道德的基础；对于社会生活而言，它是维护社会秩序的首要条件；对于公民个体而言，它是个体生存与发展的必要保证。

首先，人权保障是现代国家政治道德的基础。从历史发展过程来看，

---

① 吕忠梅：《沟通与协调之途——论公民环境权的民法保护》，中国人民大学出版社，2005，第 44 ~ 48 页。

② 焦洪昌：《“国家尊重和保障人权”的宪法分析》，《中国法学》2004 年第 3 期。

传统国家的政治道德基础是对君权或王权的维护，中世纪国家的政治道德基础是对神权的维护，而现代国家的政治道德基础则是对人权的保障。如启蒙思想家卢梭曾从个体权利保障的角度论述现代国家创建的合法性依据："除了把大家的力量集合起来形成一股力量……否则，人类就不可能继续存在……要怎样做，才能既把它们投入众人集合的大力量而又不损害自己而且不忽视对自己应有的关怀呢？……我的解决办法可以用下面一段话来表述：'创建一种能以全部共同的力量来维护和保障每个结合者的人身和财产的结合形式，使每一个在这种结合形式下与全体相联合的人所服从的只不过是他本人，而且同以往一样的自由。'"① 也就是说，这个"共同力量"也即"国家"是要维护和保障每个结合者的人身和财产权利的。在这一思想的影响下，现代国家基本都把人权保障写进了宪法，并且把人权保障作为宪法诸原则的核心原则，作为国家存在的道德基础。如具有世界性影响的1789年法国《人权宣言》第二条规定："一切政治结合均旨在维护人类自然的和不受时效约束的权利。这些权利是自由、财产、安全与反抗压迫。"② 显然，这里也是将维护人权作为政治共同体存在的合法性依据。

其次，人权保障是维护社会秩序的首要条件。良好的社会秩序是社会得以运转的必要条件，也是每个社会成员正常生活的必要基础，是所有政府都高度重视的执政条件，因而维护良好的社会秩序是国家的首要任务。而"和谐的社会状态以安全和平为显著标志"，③ 维护社会秩序的关键在于确保社会的安全与和平。从建设性的角度来看，人权的法律表现是法治，而法治是社会关系的秩序化，因而人权有着建立秩序和消除暴力的功能。④ 从反面例证来看，综观世界各国各地区的历史不难发现，大部分导致社会秩序走向危险和暴力的因素最终都可以归结为对某个人或某些人人权的侵害或忽视，如某些地区的骚乱事件、恐怖袭击事件或某些恶性伤害事件

---

① 〔法〕卢梭：《社会契约论》，李平沤译，商务印书馆，2014，第18～19页。

② 百度百科："人权宣言"词条，此处用的是王建学的译本。http://baike.baidu.com，访问日期：2016年2月25日。

③ 徐显明：《人权理论研究中的几个普遍性问题》，《文史哲》1996年第2期。

④ 徐显明：《人权理论研究中的几个普遍性问题》，《文史哲》1996年第2期。

等。因而，消除这些对人权损害的机制或体制，建立起较为稳固的人权保障体系，才能消除导致社会危险和暴力的根源，保障社会的良好秩序。

最后，人权保障是公民个体生存与发展的必要保证。随着社会的不断进步，无论是资本主义社会，还是社会主义社会，对公民个体的生存状况和自由全面发展都愈益重视，如资本主义国家提出的“自由、平等、博爱”，我国提出的“以人为本”“群众路线”等，而公民个体的生存及发展则有赖于国家对人权的保障。人权保障一方面为公民的生存提供了必要的外在政治条件，如通过对国家公共权力的限制确保公民的各项自由；另一方面，人权保障又为公民的可持续发展提供了社会经济条件，如通过要求国家积极作为来保障的公民各项经济权利等。另外，国家坚持对公民人权予以保障的原则立场，可以有效遏制公权力的越位或强势集团的侵害而造成的对公民权益的侵害；并且在公民权益受到侵害时，可以运用这一原则立场进行法律维权，这是公民个体对抗公权力及强势集团的有力武器。

人权保障的上述意义，使人权保障在现代社会政治运行中居于核心地位，发挥国家权力运行的指导性价值，成为衡量公权力行为合法性的主要依据，也成为公民自身维权的主要依据。这对社会公共秩序和公民个体的生存发展均具有极其重要的意义。

（四）人权思想对环境权益保障的启发意义

人权思想对于环境权益保障意义十分重大，是环境权益保障的主要理论基础之一。其启发意义主要体现在有助于确定权益保障的责任主体、明确权益保障的战略方针、考量权益保障的方法手段等方面。

首先，人权思想有助于确定环境权益保障的责任主体。通过对人权思想的梳理可见，无论是第一代人权、第二代人权还是第三代人权，它们所要求的责任主体都是政府，区别仅在于第一代人权要求限制政府的干预行为，第二代人权要求政府的积极作为，第三代人权要求各国政府的广泛合作等。所以，研究和梳理人权理论有助于我们确定环境权益保障的责任主体，我们认为，环境权益保障最主要的责任主体就是各级政府，中央政府负责总体保障体系的设计，而与民众关系密切的基层政府则需要落实中央政府的政策，并加强与重点群体的联系，关注他们的诉求等。其中，民政部门、安全生产监督部门、职业卫生部门和信访部门等应该承担主要的责任。

其次，人权思想有助于明确环境权益保障的战略方针。对人权思想的研究和梳理有助于我们明确人权发展的历史阶段，了解人权保障的阶段性特点，从人权历史分期来看，环境权利属于国际社会已经广泛重视的第三代人权，这类权利需要政府的积极作为，是政府的积极义务。也就是说，环境权益保障需要政府部门认真履行职责，提供良好的政策环境和社会条件，帮助相关群体实现他们的权益，或者矫正已有的权益侵害机制，制止现有的侵权行为，确保他们的权益不被侵害，当权益被侵害时，能够得到及时有效的救济。所以，人权思想对于环境权益保障的启示在于，它要求政府积极作为，履行政府的积极义务，这是政府在这项工作中的战略方针，是我们构建相关制度的方法论依据。

最后，人权思想有助于考量环境权益保障的方法手段。人权保障的方法手段普遍适用于环境权益保障领域，我们所需要做的工作是将人权保障的方法手段与环境问题结合，将人权保障的方法手段具体到环境问题领域。一般而言，环境权益保障的方法手段可以考虑法律、规章、物质保障、舆论宣传、教育培训等方面，尤其是具体到环境污染防治领域的立法、环境责任保险制度的推广、为环境问题的受害者提供必要的物质帮助和政策支持、对主要责任者进行教育培训等。

综上，人权思想是对公民基本权益进行保护的理论，是我们进行环境权益保障制度构建首先要借鉴的理论资源，对于相关制度的构建具有重要的指导意义和方法论启示。

二　社会正义理论

正义（Justice）是伦理学和政治学的基本范畴，也是现代政治哲学的主题。关于正义问题的讨论主要是从三个层面展开的，按照从宏观到微观的顺序，分别是国际正义——国家之间的正义、国家内部的正义——社会正义以及共同体内部的正义。限于本书的论域，我们主要讨论国家内部的正义。本书关于社会正义理论的梳理主要聚焦于罗尔斯的观点，同时涉及边沁、穆勒等人的功利主义思想和桑德尔等人的社群主义主张，兼及我国学者在社会公正理论方面的相关观点。

（一）正义的内涵

正义是人类千百年来不懈的追求，对于正义的理解却是多元的。概括而言，对于正义的理解有两个视角，一是从个体行为的角度来理解正义，如古希腊哲学家柏拉图将正义定义为“履行自己的义务”，[①] 中国儒家学者则认为正义是指至高无上的道义，是道德的制高点等；二是从社会整体的角度来理解正义，如亚里士多德认为正义意味着给予人们所应得的东西，当代美国学者彼得·S. 温茨（Peter S. Wenz）也认为：“正义是给予人们所应得的东西。同等情况应同等对待。”[②]

可见，正义是一个有着众多向度的词语，我们尝试着从如下几个角度对其含义进行简单的勾勒。一是从词源学的角度来看，根据麦金太尔的考证，正义是指“一种统一、和谐、理性的社会基本秩序和据之而践行的个人崇高德性”，[③] 即按照宇宙或社会的基本秩序要求来规范自己的行动和事务，这基本是一个伦理学范畴的正义观念，其主旨在于个体的行动应该按照自然和社会的基本秩序展开，而不能破坏这一基本秩序。二是从发生学的角度来看，正义观念萌生于原始人的平等观，形成于私有财产出现后的社会，是人们在对自身利益关注的基础上，对于平等分配社会利益的价值追求。“正义乃是人们现实社会经济政治利益关系失衡的折射并要求社会利益关系平衡的价值表达。”[④] 当人们认为自身的利益受到了侵犯时，则会发出呼唤正义的呼声。从这一角度来看，正义观念的产生源于平等分配利益的社会现实需要，平等是其突出要求。三是从发展史的角度，随着人类

---

① 《辞海》（第6版），上海辞书出版社，2009，第2922页。

② 〔美〕彼得·S. 温茨：《环境正义论》，朱丹琼、宋玉波译，世纪出版集团、上海人民出版社，2007，第29页。

③ 毛勒堂：《什么是正义？——多维度的综合考察》，《云南师范大学学报》（哲学社会科学版）2006年第3期。

④ 毛勒堂：《什么是正义？——多维度的综合考察》，《云南师范大学学报》（哲学社会科学版）2006年第3期。

社会的发展，正义的涵盖范围不断扩大，从作为平等的正义逐步发展到作为公平的正义、作为权利的正义、作为自由的正义等。正义已经从最初的“平等”发展到公平、权利、自由等多种所指。本书所指的正义主要是从伦理学、政治学和法学视域出发的正义，即遵照一定的社会道德标准，在不同社会个体和群体之间公平分配社会利益和社会负担，对于违背上述要求的行为予以惩罚，以保障每个公民的合法权益。

除了我们上述梳理的对于正义概念的界定意外，“正义”还与“公正”有着密切联系，有必要对二者的含义进行区分。《辞海》中关于“正义”的词条释义包含四个方面：①公正的道理。②公正的；公道正直的。③指语言文字上恰当、正确的含义。④亦称“公正”。[①] 在这一解释中，除了第三条之外，其余都是从公正的角度来解释正义的。一般而言，“正义”和“公正”在含义上有很多的重合交叉，但亦有细微的差别，相对而言，正义较为侧重于价值追求，公正则更侧重于社会制度的具体安排，在一定意义上，我们可以将公正理解为实现正义的手段，或者是实现正义的一项义务。在英语语境中，“justice”同时含有正义、公正、公平的意思，[②] 因此国内有些学者倾向于将“justice”理解为“公正”，如吴忠民、李泽厚、朱慧玲等人在研究和翻译过程中将“justice”等同于或译为“公正”。但本书认为，关于“公正”，英语中还有一个对应的词——“impartiality”；关于“公平”，英语中也有一个对应的词——“fairness”，而这两个词均不能被翻译为“正义”。所以，本书对于英文资料的处理中，更倾向于将“justice”一词理解为正义，并认为“正义”的内涵大于“公正”“公平”的内涵，“正义”的所指多于“公正”“公平”的所指。但对于已经翻译过来的相关作品，本书则尊重译作，有时将“正义”与“公正”互通使用。

（二）社会正义的所指

相对于普遍意义上的正义，社会正义更侧重于社会制度的具体安排。

---

① 《辞海》（第6版），上海辞书出版社，2009，第2922页。

② 李华驹主编《21世纪大英汉词典》，中国人民大学出版社，2003，第1225页；《牛津高阶英汉双解词典》，商务印书馆、牛津大学出版社，1997，第811页。

自近代以来，在社会正义方面产生了广泛影响的代表性理论主要有三种：功利主义、自由主义和社群主义，尤其以约翰·罗尔斯（John Rawls）为代表的自由主义正义观在当代影响最大。20 世纪 70 年代以来，以《正义论》的发表为标志，开启了新一轮对正义问题的探讨，罗尔斯的正义思想成为研究正义理论的阿基米德点。罗尔斯上承洛克、卢梭、康德的社会契约理论，指出功利主义正义观的问题在于只关心社会利益总量的积累而不关注利益在个体之间的分配方式，从自由主义的立场提出了有利于处不利地位者的利益分配原则；而同为哈佛大学教授的迈克尔·桑德尔（Michae · J. Sandel）则从社群主义的立场对罗尔斯只注重分配的正义观点提出了重大挑战。

自近代以来，占主导地位的社会正义观基本都是具有功利主义倾向的，这一理论产生于与封建贵族特权阶层做斗争的时期，它反对贵族特权，认为一个人的幸福与其他人的幸福拥有完全平等的价值，强调社会效用总量的最大化。穆勒（Mill）将功利主义的标准概括为“最多数人的最大幸福”，他“主张基于功利之上的正义才是整个道德的主要组成部分，具有无可比拟的神圣性和约束力”。[①] 在他看来，正义是某些社会功利的代名词，这些社会功利因其极端重要性而势在必行。[②] 在功利主义学者亨利·西季维克（Henry Sidgwick）看来，“如果一个社会的主要制度被安排得能够达到所有社会个体满足的最大净余额，则这个社会就是被正确组织的，因而也是正义的”。[③] 功利主义的社会公正观强调满足总量的最大化，但不太关注满足总量在个体间的分配，这一点正是罗尔斯所反对的。

在罗尔斯看来，社会正义的首要问题是社会制度对于基本权利、义务的分配方式和对社会利益划分的决定方式，即社会体系如何分配权利义务以及由合作产生的利益。他指出：“对我们而言正义的首要主题是社会的基本结构，或者更确切地说，是社会主要制度对于基本权利和义务的分配方式以及

① 〔英〕约翰·斯图亚特·穆勒：《功利主义》，叶建新译，九州出版社，2007，第 137 页。

② 〔英〕约翰·斯图亚特·穆勒：《功利主义》，叶建新译，九州出版社，2007，第 99 页。

③ John Rawls, *A Theory of Justice* (Cambridge, Massachusetts, Belknap Press of Harvard University Press, 1971), p. 22.

对于社会合作产生的利益划分的决定方式。"[1] 他给出了衡量社会制度正义与否的标准："在某些制度中，当对基本权利和义务的分配没有在个人之间做出任何任意的区分时，当规范使各种社会生活利益的冲突之间有一恰当的平衡时，这些制度就是正义的。"[2] 罗尔斯认为，一种正义的基本结构可以为社会提供一种背景正义，它们对公民所能利用的机会和能力的影响是基础性的。

作为社群主义学派杰出代表的桑德尔，不同意罗尔斯的社会正义观，认为罗尔斯的正义观片面强调了个人主义的原则而忽略了共同体的整体利益，容易造成共同体成员之间的疏离和冷漠。他从德性理论出发，认为正义并不仅是个人基于权利的不可侵犯性，而与德性以及良善生活密切相关，认为"公正（正义）社会认可某些德性以及关心良善生活的观念……"[3] 他指出，公正（正义）不可避免地具有判断性，并与荣誉和德性、自豪和认可的观念绑定在一起。在桑德尔看来："公正（正义）不仅包括正当的分配事物，它还涉指正确地评价事物。"[4]

从社会正义观的历史进程来看，功利主义正义观强调社会大众的满足优于少数贵族成员的满足，应该采取多数原则，增加社会的效用总量，它在反对封建贵族特权方面发挥了巨大作用，具有极其重要的历史进步性。但随着历史的发展，在某些社会结构中，出现了多数人的利益优于少数处于不利地位群体的利益，甚至出现为了满足多数人的利益而剥夺少数群体合法利益的情况，这就显然违背了社会公正的要求。

以罗尔斯为代表的自由主义学者正是基于这一点提出了注重分配的社会正义观，主张少数群体权利的不可侵犯性。可见，社会正义观经历了一个由关注社会效用总量到关注效用如何在个体间分配的发展过程，是一个由粗放制度设计到更为精细的社会制度设计的过程。

---

① John Rawls, *A Theory of Justice* (Cambridge, Massachusetts, Belknap Press of Harvard University Press, 1971), p. 7.

② 〔美〕约翰·罗尔斯：《正义论》，何怀宏、何包钢、廖申白译，中国社会科学出版社，1998，第5页。

③ 〔美〕迈克尔·桑德尔：《公正——该如何做是好》，朱慧玲译，中信出版社，2011，第21页。

④ 〔美〕迈克尔·桑德尔：《公正——该如何做是好》，朱慧玲译，中信出版社，2011，第296~297页。

（三）达成社会正义的途径

对于如何达成社会正义，功利主义、自由主义和社群主义都给出了自己的路径。功利主义着眼实现最大的社会功利总量，对各种快乐类型和偏好进行考量和比较，以达到最多数人的最大幸福；自由主义则主张个人权利的优先性，认为对个体自由的捍卫高于所谓的社会整体利益；社群主义则重申共同体团结的重要性，提倡公民个体必要的牺牲和奉献，倡导更多地公共参与。

穆勒认为社会正义的最高抽象标准是——社会对所有应当得到它的平等对待的人一视同仁，他的正义原则是“坚持给予每个人应得之物的原则，即以善报善和以恶治恶……”[①] 由于功利主义者们认为社会效用的最大化是社会正义的内容，所以，他们认为政府应该做一切能使共同体利益最大化的事情。在实际的政策制定过程中，成本－效益分析方法往往被功利主义者们作为达成社会正义的途径。成本－效益分析是一种经济决策方法，它以货币单位为基础，对某些公共事业项目或某项公共政策的成本和效益进行估算和衡量，从而确定是否启动该项目或实施该政策。这一方法的基本原则是：“只要对于那些从某一政策中获利的人来说，充分赔偿那些遭受损失的人是可能的，那么该项将成本施加给某些人的政策就是可以接受的。”[②] 由于成本－效益分析方法的直观明了，易于操作，最近六七十年以来被世界各国广泛采用。但深入分析这一方法，不难发现它在换算及计算过程中的不平等性、不可靠性等缺陷，容易造成决策的失真性。

罗尔斯反对功利主义只关心社会利益的总量而不关心利益如何分配的取向，认为对权利和义务的分配是一个至关重要的问题。对于如何实现社会正义，罗尔斯着力论述了两个原则。这两个原则于 20 世纪 70 年代被提出来之后，在与其他学者的互动中不断进行修改和完善，在《作为公平的正义》中，罗尔斯将这两个原则表述为：“（1）每一个人对于一种平等的基本自由之完全适当体制都拥有相同的不可剥夺的权利，而这种体制与适

---

① 〔英〕约翰·斯图亚特·穆勒：《功利主义》，叶建新译，九州出版社，2007，第 141 页。

② 〔美〕彼得·S. 温茨：《环境正义论》，朱丹琼、宋玉波译，世纪出版集团、上海人民出版社，2007，第 276 页。

合于所有人的自由体制是相容的；（2）社会和经济的不平等应该满足两个条件：第一，它们所从属的公职和职位应该在公平的机会平等条件下对所有人开放；它们应该有利于社会之最不利成员的最大利益。”① 这两个原则也被表述为公平的机会平等原则和差别原则，而第一个原则是优先于第二个原则的。罗尔斯此处的公平的机会平等是一种自由主义的平等，为了确保这一目标的实现，需要将某些要求强加给社会的基本结构和宪法等。第二个原则是差别原则，用来调节社会和经济的不平等。罗尔斯认为，只有当一种不平等有利于社会的最不利者时才是可以接受的。罗尔斯将最不利者界定为“拥有最低期望的社会阶层”，认为收入和财富的不平等应该有利于最不利者的最大利益。罗尔斯实现社会正义的途径是个人主义取向的，他关于正义的两个原则是基于个体在无知之幕之下会做出理性选择而成立的。

桑德尔认为，无论是功利主义的效用最大化还是自由主义的保障选择的自由，都不足以形成一个公正的社会。他指出了功利主义进路的两个缺陷：“第一，它使公正和权利成为一种算计，而非原则；第二，它对所有的人类善等量齐观，并没有考虑它们之间质的区别。”② 桑德尔认为自由主义进路解决了第一个问题而没有解决第二个问题。在他看来，达成社会公正的途径是推理良善生活的意义，创造一种包容性的公共文化。他说：“为了形成一个公正的社会，我们不得不共同推理良善生活的意义，不得不创造一种公共文化以容纳那些不可避免地要产生的各种分歧。”③ 桑德尔认为一个公正的社会需要较强的共同体感，需要培育公民关心全局以及为共同善做奉献，需要培育公民之间的团结和相互之间的责任感；同时，桑德尔认为，一种更为有力的公共参与可以为公正社会提供更好的基础。

从上述三种理论设想的实现社会公正的途径来看，功利主义理论强调实现社会公正的集体行动，要求政府在制定法律和政策时考量社会总效

---

① 〔美〕约翰·罗尔斯：《作为公平的正义》，姚大志译，中国社会科学出版社，2011，第56页。

② 〔美〕迈克尔·桑德尔：《公正——该如何做是好》，朱慧玲译，中信出版社，2011，第296页。

③ 〔美〕迈克尔·桑德尔：《公正——该如何做是好》，朱慧玲译，中信出版社，2011，第296页。

用，但相对忽略了单独个体在社会效用总量中所能分配的份额；自由主义理论强调了个体权利的不可侵犯性，尤其是反对借社会整体之名对个体的侵犯；桑德尔作为对自由理论个人主义取向的逆动，重申共同体整体善的意义，强调公民个体对共同体的自我牺牲和奉献。三者互动形成了一个类似于黑格尔所说的“正—反—合”的逻辑结构，对于当代社会各项政策的制定具有重要的参考意义。

（四）社会正义理论对环境权益保障的启发意义

公平正义是中国特色社会主义的内在要求，是社会良性运转的必要条件。罗尔斯等人的社会正义理论不仅构成了当代世界政治哲学讨论的核心议题，也对环境权益保障具有非常重要的启发意义。

首先，社会正义理论对处于不利地位的群体给予了极大关注。与功利主义主要关注社会的总体效用不同，罗尔斯关注社会的效用在不同社会成员之间的平等分配，尤其是对最不利者的分配。“罗尔斯感觉到，社会中最需要帮助的是那些处于社会底层的人，他们拥有最少的机会和权力、收入和财富，社会不平等强烈地体现在他们身上。”[①] 罗尔斯提出了辨识最不利者的方法，在一个秩序良好的社会里，最不利者是指拥有最低期望的收入阶层。如果社会制度不能做到平等分配，则只有有利于社会最少受惠者的不平等才能被接受。

其次，社会正义理论坚持每个公民的基本自由，为处于不利地位群体权益保障研究提供了理论依据。社会正义理论认为：“每个人都拥有一种基于正义的不可侵犯性，这种侵犯性即使以社会整体利益之名也不能逾越。”[②] 这是社会正义理论相对于功利主义的巨大进步，它否认了以绝大多数人的利益为目的对少数人进行剥夺的合法性，促使人们重视对处于不利地位群体权益的保护，在社会政策上对他们进行倾斜和帮助。

最后，社会正义理论提出了改善处于不利地位群体处境的原则。社会正义理论坚持所有人的权利和自由不受侵犯的立场，同时还试图通过社会

---

① 姚大志：《何谓正义：当代西方政治哲学研究》，人民出版社，2007，第 32 页。

② 〔美〕约翰·罗尔斯：《正义论》，何怀宏、何包钢、廖申白译，中国社会科学出版社，1998，第 3 页。

再分配改善弱势群体的处境。罗尔斯指出：“我们应该通过观察在每种体制下最不利者的状况改善了多少来比较各种合作体制，然后选择这种体制，即它比任何其他的体制都能够使最不利者变得更好。”[①] 罗尔斯等人的正义理论使我们意识到“一种正义的制度应该通过各种社会安排来改善这些‘最不利者’的处境，增加他们的希望，缩小他们与其他人之间的分配差距”。[②] 在制定社会政策的过程中，我们应该借鉴社会正义理论的这一立场，对处于不利地位群体的权益给予重点关注，采取多种方式改善他们的处境，缩小他们与其他社会成员在收入、财富、机会等方面的差距。

三　环境正义理论

学界对正义问题的关注由来已久，但对于环境正义的关注则是近几十年的新动向。一般认为，兴起于 20 世纪 80 年代初的美国环境正义运动引发了学术界对这一问题的关注，催生了一系列环境正义的相关研究。由于各国面临不同的环境问题，环境正义运动也体现出不尽相同的诉求，如在美国主要表现为垃圾处理设施的选址或危险化学废弃物的填埋等问题引发的邻避运动，在日本表现为工矿企业污染导致的公害抗议活动，在印度则表现为对穷人基本生产资料和生存资料的剥夺而引发的抗议活动等，由于环境正义运动诉求的差异，各国在对环境正义的研究方面也体现出不同的旨趣。

综合来看，环境正义理论的建构大致有两种进路：一是哲学、伦理学意义上的环境正义理论；二是法学、社会学、政治学意义上的环境正义理论。二者的区别主要在于所指涉的环境正义共同体范围的不同，哲学、伦理学意义上的环境正义共同体通常是涵盖了包括自然界其他物种在内的生态集合，而法学、社会学、政治学意义上的环境正义共同体则仅限于人类。鉴于本书的论域是处于不利地位群体的权益保障，我们更多的是借鉴后一种路径的研究，即更多地从法学、政治学及社会学的角度来讨论环境

---

① 〔美〕约翰·罗尔斯：《作为公平的正义》，姚大志译，中国社会科学出版社，2011，第 75 页。

② 姚大志：《何谓正义：当代西方政治哲学研究》，人民出版社，2007，第 32 页。

正义问题。如果仅把环境正义的共同体界定为人类这一物种，根据所要协调的关系领域的不同，我们可以将环境正义划分为代内环境正义和代际环境正义，代内环境正义又可以划分为国际环境正义和国内环境正义，国内环境正义又可以划分为地区间正义和群体间正义等，本书所关注的主要领域是代内正义中的国内群体正义层面。

在环境正义的研究方面较有代表性的学者主要有美国学者彼得·S. 温茨、罗伯特·布拉德等；日本学者户田清、饭岛伸子、丸山德次、岩佐茂、宫本宪一等；中国学者蔡守秋、洪大用、李培超、王韬洋、马晶、梁剑琴等。本书所梳理的主要是以温茨、布拉德等人为代表的美国环境正义思想、日本学者户田清和岩佐茂等人的环境正义思想，兼及我国学者在这一领域的研究。

（一）环境正义的含义

关于环境正义的含义，美国学者及官方较为关注环境污染及环境风险等消极环境后果的分配，强调公民参与环境决策的程序正义；日本学者较为重视环境保全和社会公正问题，较为关注受害补偿和救济；我国学者则更加强调环境资源的公平分配，注重强势群体和弱势群体权利与义务的不对等问题，注重从人权保护的角度来看待环境正义。

一是从分配正义和程序正义角度理解的环境正义，以美国学者和美国环保署为主要代表。在美国学者中，对环境正义给出较为明确界定的有菲洛米娜·C. 斯黛迪（Filomina Chioma Steady）等人。她认为环境正义包含如下原则："所有人和所有社区在环境、健康、就业、居住、迁徙和人权法律方面都享有平等的被保护的权利。任何将环境负担过度强加给那些没有产生环境负担的无辜的局外人或社区的（行为）都是不正义的。"① 斯黛迪强调公民在环境权方面的平等以及环境负担分配的合理性体现了美国环境正义运动的主要诉求。美国环保署给出的环境正义的界定则是："环境正义是指任何人不论种族、肤色、国籍或收入，均会受到平等对待，并可

---

① Filomina Chioma Steady, *Environmental Justice in the New Millennium* (Palgrave Macmillan, 2009), p. 48.

有效参与到环境法规和政策的制定、实施和执行之中。平等对待是指没有任何群体应该忍受工业、政府和商业运营或政策带来的消极环境后果。有效参与是指：①人们有机会参与到可能影响他们环境或健康的事务决定中；②公众意见能够影响监管机构的决策；③（决策机构）在做出决定的过程中会考虑公众的担忧；④决策者寻找和促进具有潜在影响的参与。”[①] 从上述界定的具体内容来看，美国环保署首先强调应平等对待公民，尤其是关注环境污染和环境风险等消极环境后果的公平分配，另外就是特别注重公众在环境决策过程中的参与。

二是从环境保全和社会公正角度理解的环境正义，以日本学者户田清和岩佐茂为主要代表。户田清认为环境正义要兼顾环境保全和社会公平两个方面，他指出：“所谓‘环境正义（Environmental justice）’的思想是指在减少整个人类生活环境负荷的同时，在环境利益（享受资源环境）以及环境破坏的负担（受害）上贯彻‘公平原则（Equity principle）’，以此来同时达到环境保全和社会公平这一目的。”[②] 岩佐茂则认为代际正义要求环境保全，代内正义呼吁社会公平。他指出，代际正义“是指为子孙后代留下良好的环境，这是关系人类持续生存的问题”。[③] 而代内正义的问题“是关系同一世代的人们能否在地域规模以及全球规模上共同享受良好的环境”。[④]

三是从人权保护角度理解的环境正义，以我国学者杜鹏、王韬洋等为代表。如王韬洋认为环境正义“就是由环境因素引发的社会不公正，特别是强势群体和弱势群体在环境保护中权利与义务不对等的议题”。[⑤] 杜鹏则从公民基本权利的角度对环境正义的广义内涵进行过较为完整的概括：“从广义上讲，环境正义首先是一项公民在环境领域的基本权利，是公民

① 美国环保署官方网站：*Environmental Justice*，http://www.epa.gov，访问日期：2013 年 12 月 1 日。

② 韩立新：《环境价值论》，人民出版社，2005，第 177 页。

③ 〔日〕岩佐茂：《环境的思想与伦理》，冯雷、李欣荣、尤维芬译，中央编译出版社，2011，第 160 页。

④ 〔日〕岩佐茂：《环境的思想与伦理》，冯雷、李欣荣、尤维芬译，中央编译出版社，2011，第 160 页。

⑤ 王韬洋：《“环境正义”——当代环境伦理发展的现实趋势》，《浙江学刊》2002 年第 5 期。

的生存权、健康权、平等而不受歧视权、自决权、参与权等项基本权利在环境领域的具体体现；它又是一项贯穿于立法、执法和司法的民主和法治原则，强调了民众在事关自身生存环境的决策中的广泛、积极和有效地参与和决策所体现的广泛民意，以及立法、决策、执法和司法的民主化、法律化和制度化。”①

四是从分配正义和制度正义角度理解的环境正义，以我国学者马晶为主要代表。她较为强调环境正义的群体维度而不是个体维度，较为关注社会结构及社会制度的正义而不是伦理道德及科学技术等。她认为：“所谓环境正义（environmental justice），是指人类社会在处理环境保护问题时，各群体、区域、族群、民族国家之间所应承诺的权利与义务的公平对待。”② 同时，“环境正义问题并不是‘对环境的正义’问题，而是环境利益与负担在各个国家、各个民族、各个地区，以及各个阶层之间的分配问题；环境正义问题也不是从环境的科学技术、环境的行政管理以及环境的伦理道德等某个具体的方面分析和解决环境问题，而是直接从社会结构与社会制度的正义性来认识环境问题。”③

五是从分配正义和权益保障角度理解的环境正义，这是笔者及课题组关于环境正义的基本观点。笔者认为：环境正义“主要是指在环境利益的分配和享用、环境负担和环境风险的承担等方面的公平、平等，以及对公民基本环境权益的平等保护”。④ 从这一角度理解的环境正义，主要包含三个方面的内容：一是分配正义，即在环境利益和环境负担分配方面的公平；二是承认正义，在承认某些群体做出牺牲的基础上才能给予他们合理的补偿；三是程序正义，要求公民参与环境决策等。

（二）环境正义的必要性

环境正义的必要性是对环境正义问题的学理追问，对这一问题的回答程度体现了相关研究的深度和广度，而对这一问题进行思考和回答的主要是哲

① 杜鹏：《环境正义：环境伦理的回归》，《自然辩证法研究》2007 年第 6 期。
② 马晶：《环境正义的法哲学研究》，博士学位论文，吉林大学，2005。
③ 马晶：《环境正义的法哲学研究》，博士学位论文，吉林大学，2005。
④ 刘海霞：《环境正义视阈下的环境弱势群体研究》，中国社会科学出版社，2015，第 63 页。

学、伦理学和社会学领域的学者，如温茨、布克金、饭岛伸子、曾建平等。他们思考的旨趣分别体现在社会秩序的维护、环境问题的根本解决以及科学发展和可持续发展等层面。

第一，环境正义是维持社会团结和社会秩序的必要条件。这一观点的主要持有者是美国学者温茨，他认为现代社会随着分工的产生，人们之间在社会生活中高度相互依赖，由此产生了广泛的社会合作，但这种合作必须建立在人们觉得社会秩序尚属公正的基础上。如果人们普遍感觉政策不公正时，他们就会拒绝合作，而当民族国家这样的共同体内部出现抵制性行为时，社会秩序是难以维持的，即使采用暴力手段也无法奏效。这是我们所处的现代工业社会的脆弱性，而正义是维持这种脆弱社会秩序的必要条件。而环境政策经常要求人们做出大量的牺牲，如果人们感到这些政策一贯偏袒一些集团，而政府又不能为这些政策的合理性做出辩护，就会削弱维持社会秩序所必需的自愿合作。所以，政府必须让人们确信“他们获得了他们公正的利益份额，并且没有被任何一个被认为不公正的环境政策所破坏”。[①] 政府要想让人们相信他们所做出的牺牲是值得的，就不得不采用正当合理的正义原理来设计环境政策，即环境政策必须蕴含环境正义原理。

第二，环境正义是解决环境问题的根本途径，持这类观点的主要有布克金、饭岛伸子等人。美国学者布克金是社会生态学思想的首创者，他受到了马克思主义思想的影响，致力于探寻环境问题产生的社会原因，认为人对人的支配结构决定了人类对自然的支配，环境问题产生的真正原因在于人类社会的不平等结构。现实社会结构中人与人之间的不平等，导致在生态问题上人类社会全部成员对自然的支配，并且导致了在生态问题上的权利与责任的不匹配——有些人可以享有更多权利而不必承担相应的责任。饭岛伸子则从“加害 - 受害”结构的角度看待环境问题，并且指出：“在所有环境问题中，都存在着致害者与受害者”。[②] 因此，必须将环境问题置于“加害 - 受害”结构中进行分析，才能找到解决环境问题的根本

① 刘海霞：《环境正义视阈下的环境弱势群体研究》，中国社会科学出版社，2015，第 26 页。

② 〔日〕饭岛伸子：《环境社会学》，包智明译，社会科学文献出版社，1999，第 122 页。

出路。

第三，环境正义是科学发展和可持续发展的内在要求，持这一观点的学者主要是曾建平、袁学涌等人。科学发展观是自党的十六大以来我国提出的新的发展理念，其中，发展是第一要务，以人为本是其核心。曾建平指出："科学发展观是一种旨在实现人与自然和谐共存、可持续发展的发展观，内在地包含了环境正义的具体要求。"① 他们认为环境正义体现了先进伦理文化发展的要求，有助于解决人类社会的发展与自然资源和自然环境承载能力之间的矛盾，并有助于经济、社会、资源与环境四大系统之间的和谐共存、协调发展，从而建立起包括自然界在内的伦理新秩序等。

（三）环境非正义的表现

在对环境正义的研究中，必然会涉及对环境非正义的思考，并且现实中存在的大量的环境非正义现象，更加激发了人们对环境正义的思考和呼唤。学界对于环境非正义的表现概括较多，根据其涵盖的范围可分为国际层面的环境非正义、地区层面的环境非正义和群体层面的环境非正义等。

从国际层面来看，环境非正义主要表现为发达国家向发展中国家和第三世界国家输出有毒化学废弃物和污染企业等。美国学者格雷内斯·丹尼尔斯（Glynis Daniels）、林达·麦考夫（Linda Rehkopf）、尤金·R. 瓦尔（Eugene R. Wahl）和 E. 沙德鲁（E. Shrdlu）等人的研究表明，向第三世界国家出口有毒废弃物已经成为一个主要的政治问题。由于处理费用的上升，美国和西欧一些机构开始寻找新的地点处理它们的垃圾，发展中国家和第三世界国家正在面临空气、水、土地污染的加剧等问题，同时，发达国家将它们具有工业危害的污染工厂和机器设备转移到发展中国家。越来越多的制造商将危险产业如纺织、石化、冶炼、电子产业等转移到拉丁美洲、非洲、亚洲和东欧。

从群体层面来看，环境非正义主要表现为处于不利地位群体过多地承担了环境污染的后果，也较多地承担了环境风险等消极环境后果。这方面的研究在美国以罗伯特·布拉德和班杨·布赖恩特为代表，在日本则以宫

① 曾建平、袁学涌：《科学发展观视野中的环境正义》，《道德与文明》2005 年第 1 期。

本宪一、饭岛伸子等人为代表。他们的研究表明，有色人种、非裔美国人和贫困社区人口承担了过多环境污染的负担，主要表现在有毒废弃物的留存、倾倒，不健康的生活和工作环境等方面。[①] 饭岛伸子和宫本宪一等人通过研究发现，公害问题所造成的危害往往集中发生在社会地位和经济地位低下的人们身上。[②] 在资本主义国家，公害的危害集中于贫困阶层及受歧视的少数民族，与其他的贫困问题相互作用而成为带有社会性的问题。[③]

从地区层面来看，环境非正义主要表现为地区间发展水平的差异造成的环境差序格局。具体到我国而言，环境非正义主要表现为东部和西部、城市和农村在环境资源和环境负担分配方面的不平等。关于东西部之间的区域不公平，李培超在研究中指出，中国西部不发达地区长期以来被要求限制发展、保护环境，环境保护的成果却主要被东部发达地区无偿享用，表现出明显的区域不公平。[④] 易立春则曾论述过城市和农村之间的环境非正义问题，包括城市环境改善而农村环境恶化的格局，城市污染向农村转移和扩散的趋势，城市工业“三废”、生活垃圾等向边远地区扩散的趋势等。[⑤] 概言之，区域环境非正义主要是环境资源的不公平分配和环境补偿不到位等。

（四）环境非正义的成因

环境非正义现象在社会实践中广泛存在，其成因也是较为复杂的，概观学者们对于环境非正义成因的研究，大致包括基本制度层面、具体制度层面、政策方法层面等。

首先看基本制度层面。学者们较为普遍地认为，资本主义制度与环境非正义密切关联。在这方面的代表性作者有英国学者戴维・佩珀（David

---

① Robert Bullard, *Residential Segregation and Urban Quality of Life*, *in Bunyan Bryant*, *Environmental Justice*: *Issues*, *Policies*, *and Solutions* (Island Press, 1995), pp. 76 – 85.

② 〔日〕饭岛伸子：《环境社会学》，包智明译，社会科学文献出版社，1999，第 122 ~ 123 页。

③ 〔日〕宫本宪一：《环境经济学》，朴玉译，生活・读书・新知三联书店，2004，第 126 页。

④ 李培超：《环境伦理学的正义向度》，《道德与文明》2005 年第 5 期。

⑤ 易立春：《当代中国农村环境正义问题刍议》，《新乡师范高等专科学校学报》2007 年第 5 期。

Pepper)、美国学者格雷内斯·丹尼尔斯（Glynis Daniels）等。佩珀认为资本主义以逐利为根本目标，造成了当前的全球生态困局。丹尼尔斯则分析了资本主义制度与环境不公正之间的联系。他指出，由于自由资本主义制度的运行规则，企业势必以追逐最大限度的利润为目标，较少或根本不考虑自身生产行为给民众带来的环境危害，产生了广泛的环境非正义现象。

其次看具体制度层面。由于环境问题是近几十年逐渐凸显的一个新问题，维护环境正义的具体制度还较为缺乏。造成环境非正义的具体制度原因主要包括以下四个方面：一是社会协商制度的缺乏导致民众的合理诉求没有正常的表达渠道；二是利益协调机制的缺乏导致某些处于不利地位群体的合法权益被侵害；三是民主决策程序的缺失导致民众对于环境决策的不完全知情；四是风险分担机制的缺乏导致处于不利地位群体承担了不合理的份额。①

最后看政策方法层面。温茨认为，作为公共政策的决定因素的成本—效益分析方法是导致环境非正义的重要因素。温茨指出，对同一项环境利益而言，富人显然比穷人具有更强的支付意愿，因而根据人们的支付意愿而衡量的净社会效益最大化的政策，将会导致更多利益向富人倾斜，更多负担向穷人倾斜，从而加剧利益与负担分配的不公平；另外，由于该方法要求将未来的利益贴现，从而产生了在理论上对后代人的生命和健康忽略的结果，这严重违背代际正义。所以，温茨认为成本—效益分析方法会产生严重的环境不公——分配不正义和不尊重基本人权，尤其是不尊重穷人的基本人权，而只对有钱人有利。②

（五）环境正义的原则

环境正义是不可能在社会生活中自动达成的，它的达成是一项艰巨的社会工程。对于如何实现和维护环境正义，学者们提出了一些应该坚持的基本原则，其中较有代表性的是美国学者和我国学者的研究。

---

① 刘海霞：《环境正义视阈下的环境弱势群体研究》，中国社会科学出版社，2015，第124～126页。

② 〔美〕彼得·S. 温茨：《环境正义论》，朱丹琼、宋玉波译，世纪出版集团、上海人民出版社，2007，第268～295页。

一是全美有色人种环境领导人峰会提出的17项原则。召开于1991年的全美第一次有色人种环境领导人高峰会议，制定并通过了17项环境正义原则，这些原则已成为环境正义领域的纲领性原则，对世界各国的环境运动及环境政策产生了重要影响。这17项原则涵盖的内容十分广泛，如生物物种保护、公共政策原则、土地及可再生资源的合理利用、适度消费、减少废物的制造等，但这些原则在基本人权保护、受害者补偿、环境安全及有毒、有害废弃物产生者的责任等方面更为侧重，体现了环境正义的核心要求。例如，第8条“环境正义主张所有工人都享有在安全、健康的环境中工作，而不必被迫在不安全的生活环境与失业之间做出选择的权利”；第9条“环境正义保护处于环境不公正境遇中的受害者拥有得到所受损害的充分补偿和修复，以及优质的医疗服务的权利”。[①] 上述这些基本的环境正义原则，对我们所进行的对处于不利地位群体的权益保障研究具有重要的借鉴意义。

二是布拉德提出的环境正义的框架。布拉德在他主编的《面对环境种族主义》一书中，提出了环境正义的四个框架建议：“一是体现所有个体免受环境退化侵害的权利原则；二是将公共健康预防模式（在损害发生前消除威胁）作为首选策略；三是将举证责任转移给那些造成损害、歧视或没有对不同种族、少数民族或其他需要保护的阶级给予同等保护的污染者或责任者；四是通过有针对性的行动和方法纠正不成比例的压力。”[②] 这一框架建议是基于一个直接的社会问题之上的，即“谁得到了什么，为什么和得到了多少”（who gets what，why，and how much），只有当环境问题被如此深刻地追问时，我们才能真正找到环境问题产生的原因，从而有效地探索破解环境问题的途径。

三是温茨提出的同心圆理论。温茨在实现环境正义方面的一个杰出贡献是提出了同心圆理论，提供了一个实现和维护环境正义的基本框架。温茨否定了运用某种唯一的主导理论来解决所有问题的观点，他在综合分析

---

① 〔日〕岩佐茂：《环境的思想与伦理》，冯雷、李欣荣、尤维芬译，中央编译出版社，2011，第203~204页。

② Robert D. Bullard, *Confronting Environmental Racism: Voices from the Grassroots* (Boston: South End Press, 1993), p. 203.

各种社会正义理论和生态环境理论之后，提出了一个富有弹性的多元理论——同心圆理论，这一理论是基于对人际关系的考量而提出的，主要是在伦理学的框架下展开的，特别强调个体在环境事务中的义务，尤其是在亲密性关系中彼此的义务数量和义务强度。同心圆理论包含十个主题，不但包含如何处理国际环境正义的原则，也包括处理国家内部代内环境正义的原则，还包括如何处理代际、种际，以及人与无机环境之间的正义的原则，是一项颇具指导意义的多元正义论。同心圆理论要求在考虑环境正义相关因素的前提下，依据个体的明智判断力来加以利用，与其他环境正义理论相比，它是一种涵盖更为全面的理论。

四是王小文的“五原则”说。我国学者王小文在其博士论文中提出环境正义应该坚持五个原则，即普遍性原则、尊重的原则、平等和自由的原则、机会平等的原则、补偿的原则。其基本要旨在于倡导人人共享、普遍受益；强调每一社会成员都应有同样的尊严和权利；全体人民享有作为平等的伙伴参与各个级别的决策的权利；主张所有人在政治、经济、文化及环境上均有其基本的自主权，并认为对环境不正义之受害者应给予合理而充分之赔偿及身心之救治，使其所受之害予以补偿和复原等。[①]

（六）环境正义思想对环境权益保障的启发意义

环境正义思想主张在环境问题上不同群体之间权利与义务的对等，呼吁对人们环境权和基本人权的保护，对于环境权益保障工作具有重要的借鉴意义。

首先，环境权益保障是环境正义的核心要求。从现实的层面来看，环境正义首先是处于不利地位群体的利益诉求，是这些群体在自身权益遭到侵害的情况下的呼声。所以，环境正义的核心维度是将环境问题置于社会结构的角度来看待，实现环境正义的关键就在于实现社会公平，加强对重点群体的政策和法律保护。

其次，环境权益保障的实质是分配正义的问题。环境正义的主要议题，是环境资源和环境负担如何分配的问题。我们所言的环境权益保障，

① 参见王小文《美国环境正义理论研究》，博士学位论文，南京林业大学，2007。

实质就是分配正义的问题，它要求尊重所有群体的环境权，实现所有群体在环境问题面前的平等，得到自己所应得的环境资源或环境负担份额。

最后，加强制度建设是环境权益保障的必要条件。某些群体的权益被侵害，主要原因在于我们对环境非正义的产生机理缺乏警惕，从而对相关社会主体的行为缺乏限制。只有从制度层面遏制环境非正义的产生，才能维护社会的公正，实现对环境权益的切实保障。具体而言，在基本制度层面要限制资本逻辑，加强社会主义基本经济制度的探索和建设；在具体制度层面要建立企业环境责任履行机制、社会协商机制、风险分担机制等，用制度来保障环境权益。

第二章　中国环境权益保障相关群体的基本现状*

我国环境权益保障相关群体的基本现状，是我们进行环境权益保障制度构建的现实基础。在对工矿企业一线工人、企业污染受影响群体、水工程移民和生态移民进行问卷调查、深度访谈的基础上，结合政府部门的相关信息和学术界的已有文献，本章对我国环境权益保障相关群体的基本现状予以初步概括。

一　调研情况说明

根据本书的研究要求，课题组拟定了对工矿企业一线工人、企业污染受影响群体、水工程移民和生态移民进行调研的计划，其中，2015 年 3 月至 12 月主要针对一线工人和两类移民进行了问卷调查，2014 年 6 月和 2016 年 4 月主要对企业污染受影响群体进行了案卷卷宗查阅和实地调研等。

（一）工矿企业一线工人调研情况

工人阶级是中国社会的主体之一，对于他们基本状况的调查和研究，是我们了解中国社会状况的重要窗口。基于工作环境的原因，工矿企业一线工人的健康权益较易受到损害。课题组对工矿企业一线工人的调查，主要运用问卷调查等方法，获取一手资料。

1. 调研对象的确定

课题组所在的社会群体较难接触一线工人群体，一开始调研工作展开

* 本章所有图片均为笔者在现场调研时拍摄。

得并不深入。经过认真思考，我们认为，由于工作环境的特征，工矿企业一线工人最容易受到损害的权利是健康权利，我们应将关注的重点放在他们健康权益的保障上。而一线工人中的职业病患者在一线工人中具有一定的代表性，作为一个重点群体，他们在生产过程中是企业生产环境的受影响者，而在患病治疗的过程中，他们又对政府部门在职业病鉴定、住院治疗等方面的状况有着切身体会。所以，对一线工人中职业病患病群体进行调研，可以获得较为全面、完整的资料；而且职业病患者集中收治于职业病医院这样一些医疗机构，使得我们可以对职业病患者进行面对面的调查，获得广泛真实的一手资料。因而，我们将调查对象确定为目前仍在职业病医院治疗的职业病患者，并从2014年下半年起开始搜集职业病及职业病患者的相关资料。

2. 调查问卷的设计及修改完善

调查问卷的设计主要经历了以下几个阶段。一是广泛阅读相关文献，[①]了解背景资料。课题组首先进行了广泛的文献阅读，总结出学术界在这一问题上的基本研究成果，在借鉴已有成果的基础上，对问卷进行设计。二是凝练研究重点，围绕重点问题进行问卷设计。我们将研究的重点锁定为对一线工人健康权益的保障，因而整个调查问卷都是围绕这一重点展开的，我们主要关心的问题是企业在保障工人健康权益方面的优点和不足、工会在监督安全生产和帮助工人维权方面的作用、一线工人自身的健康意识和权利意识等。三是对部分一线工人、企业安全生产负责人、企业技术人员等进行访谈，进一步了解工矿企业一线工人工作环境和健康保护的基本状况，针对实际情况进行问卷设计。

在调查问卷初步设计完成之后，我们调研团队在山东省职防院进行了30份小范围的试调研和5位职业病患者的访谈，然后对回收的问卷和访谈资料进行统计分析，修改了调查问卷中不切实际的问题，增补了一些问题的选项，增加了问题的数量，降低了问题的难度，使问卷更加符合工人和企业的实际情况。

3. 调研过程的展开

课题组于2015年4月、5月、6月分别对山东省职防院、淄博市职防

---

① 参见于建嵘《安源实录：一个阶级的光荣与梦想》，江苏人民出版社，2011；吕途《中国新工人：迷失与崛起》，法律出版社，2013；梁鸿《出梁庄记》，花城出版社，2013。

院和北京朝阳医院职业病科进行了深入病房的问卷调查，各获得有效问卷50份，同时对部分有代表性的病友进行了结构式访谈或深度访谈，获得访谈资料14份。其中一线工人的访谈资料11份，职防院医务人员的访谈资料3份。我们调研期间适逢全国职防院院长会议在山东淄博召开，课题组成员到会并介绍了课题调研的基本状况，得到了与会院长们的热情支持。我们委托了其中的5家职防院（东部1所，中部4所）协助我们进行问卷调查，与会院长们又介绍了西部的1所职防院和1个综合医院职业病科协助我们调研。对这7家职防院，各寄送问卷52份，共364份，回收有效问卷347份。这样，课题组总共获得一线工人职业病患者有效问卷497份。

问卷的具体来源如下：东部地区3所职防院、1个综合医院的职业病科——山东省职防院（50份），淄博市职防院（50份），北京朝阳医院职业病科（50份），南京市职防院（49份）；中部地区4所职防院——河南省职防院（48份），安徽省职防院（50份），吉林省职防院（50份），黑龙江省职防院（50份）；西部地区1个综合医院职业病科和1所职防院——贵州省第三人民医院职业病科（50份）、新疆职防院（50份）。在本书以下行文中，如果不做特别说明，调研数据均出自该次问卷调查。

4. 问卷样本基本状况说明

本次问卷调查共获得有效问卷497份，样本的基本情况如下。

从性别结构来看，男性388名，占78.1%；女性98名，占19.7%（未标注的有11份，占2.2%）。

从年龄结构来看，按所占比例由高到低的顺序，分别是：41~50岁的132名，占26.6%；51~60岁的123名，占24.7%；70岁以上的105名，占21.1%；61~70岁的81名，占16.3%；31~40岁的44名，占8.9%；30岁及以下的10名，占2.0%（未标注的有2份，占0.4%）。

从受教育程度来看，按所占比例由高到低的顺序，分别是：初中教育程度的196名，占39.4%；小学及以下教育程度的138名，占27.8%；高中教育程度的47名，占9.5%；技工学校（相当于初中教育程度）的44名，占8.9%；职业高中或中专（相当于高中教育程度）的32名，占6.4%；专科教育程度的22名，占4.4%；本科及以上教育程度的8名，占1.6%（未标注的有10份，占2.0%）。

从平均月收入水平来看，占比最高的是1501～2500元的，180人，占36.2%；2501～3500元的，130人，占26.2%；3500元以上的，103人，占20.7%；1500元及以下的，60人，占12.1%；无收入的2人，占0.4%（未标注的有22份，占4.4%）。

从所在的企业行业类型来看，属于2010年环境保护部公布的16类（本调研样本涵盖其中14种行业）高污染行业的有345人，占总数的69.4%。按照各行业所占比例从高到低排列，居前五位的分别为：煤炭行业121人，占24.3%；钢铁行业51人，占10.3%；机械行业50人，占10.1%；采矿行业46人，占9.3%；化工行业29人，占5.8%。其他人数较多的行业还有：水泥行业20人，占4%；制药行业16人，占3.2%；建筑行业15人，占3.0%；冶金行业13人，占2.6%；石化、建材、纺织行业各12人，各占2.4%等。

从在企业的身份类型来看，国有企业正式职工257人，占51.7%；县乡（镇）私营企业工人78人，占15.7%；国有企业非正式职工61人，占12.3%；大中城市私营企业工人46人，占9.3%；转业或退伍军人10人，占2.0%（其他32人，占6.4%；未标注的有13人，占2.6%）。[①]

从所属工种来看，人数在5人以上的工种按由高到低的顺序为：矿工160人，占32.2%；电焊工38人，占7.6%；司炉工34人，占6.8%；油漆工20人，占3.4%；纺织工11人，占2.2%；电解工10人，占2.0%；主控台8人，占1.6%；国防施工和电工都是7人，各占1.4%。

（二）工矿企业周边居民调研情况

由于我国工矿企业众多，尤其是东部发达省份工矿企业更加密集，受企业污染影响的群体数量巨大。但本书主要聚焦于狭义上的污染企业周边居民，即生活在污染企业周边，而且企业的污染行为已经对其正常生活、身体健康、林木庄稼、土地房屋以及牲畜家禽养殖物等造成较大影响的群体。但这一部分群体在现实中数量较多，从全国范围内选取样本有较大难

① 此处虽然国有企业正式职工占比最高，但并不能说明国有企业职业病患病率最高，只能在一定程度上说明国有企业正式职工患病后得到工伤医疗保险治疗的比例较高。

度，课题组主要采取了案卷卷宗查阅等方法。

课题组在研究过程中了解到，中国政法大学成立了为污染受害者提供法律帮助的研究机构和民间团体——“污染受害者法律帮助中心”，该中心自1998年成立以来，接听了数以万计的咨询电话，并对相关咨询案例进行了记录，可以为本书的研究提供丰富的一手材料。经过先期协调和联系，课题组分别于2014年6月和2016年4月两次赴该中心查阅相关案卷卷宗，获得了大量的鲜活案例。

课题组在法律帮助中心进行的调研工作是对2011～2015年的咨询案例进行梳理。课题组调取了该中心五年来的来访咨询记录，将其中因企业污染而进行咨询的案例进行记录，剔除其中记录不清晰和重复咨询的案例，共获得188份企业污染导致周边居民权益受损的案例，在进行逐一登记的基础上，分析这些案例的地域分布、污染企业类型、企业污染方式、居民权益受损情况、居民采取的维权行动、环保部门和政府部门及企业的回应情况等，以获得我国企业污染受影响案例的基本概貌，各年度详细数量见表2－1。

表2－1 企业污染受影响案例各年度分布情况（2011～2015年）

单位：份

项　目	2011年	2012年	2013年	2014年	2015年	合计
案例数量	25	11	54	33	65	188

（三）水工程移民和生态移民调研情况

对水工程移民和生态移民基本状况的调研主要涉及调研地点的选择、调查问卷的设计及修改完善和调研过程的展开等基本环节，此外，我们也将对问卷样本的基本状况做一个说明。

1. 调研地点的选择

对于生态移民和水工程移民调研地点的选择，课题组坚持的基本原则是典型性与可行性相结合的原则，即所选地区既要有较强的代表性，又要在课题组经费和能力允许的范围之内。首先是生态移民调研地点的选择。西部地区是众多河流的发源地，出于水土保持和全国生态大局的考虑，从

20世纪90年代末期开始，我国在西部地区逐步实施了生态移民战略，如青海、内蒙古、新疆、宁夏等地均已实施了生态移民工程。可以说，较为典型意义上的生态移民在区域上基本处于我国的西部地区，所以，对生态移民的调研也应该集中在西部地区，课题组选择了地处西北的宁夏吴忠市红寺堡区和青海省海东市乐都区和民和回族土族自治县的三个移民扶贫安置社区、地处西南的四川省成都市龙泉驿区，分别作为西北和西南生态移民的代表。其次是水工程移民调研地区的选择。我国水工程移民人数众多，分布广泛，考虑到工程的规模和代表性以及调研的可行性，课题组选择了三峡移民和云南省的水工程移民，这两类移民虽然都同属水工程移民，但三峡移民选择的样本是省外异地分散安置的群体，云南水富地区则是本县就近集中安置的群体，他们对于移民政策满意度的不同，对我们在移民政策的制定和评估等方面具有重要的参考意义。所以，课题组最终选择的生态移民和水工程移民的调研地点是宁夏吴忠市红寺堡区的大河村和朝阳村；青海省海东市乐都区和民和回族土族自治县的三个移民扶贫安置社区；四川省成都市龙泉驿区的春秋名邸社区、蓝色理想社区、怡和新城社区和书南小区社区；云南省昭通市水富县的邵女坪社区和温泉社区以及山东省济南市唐王镇的老僧口南村、柴家村，遥墙镇的小杜家村和淄博市张店区傅家镇傅家村、苏村、南家村等。下文我们对这些地区的基本情况做一个简单介绍。

（1）宁夏吴忠市红寺堡区大河乡大河村、红寺堡镇朝阳村

宁夏吴忠市红寺堡区目前是我国最大的生态移民区，截至2013年，辖2镇3乡、1个街道、61个行政村、2个城镇社区，总人口179390人，其中回族人口占总人口的61%。课题组分别在红寺堡区大河乡大河村和红寺堡区红寺堡镇朝阳村进行了问卷调查和访谈（见图2-1~图2-5）。大河村共有六个安置点，第1、3、5安置点是汉族，第2、4、6安置点是回族。现有住户806户，约3430人。大多数人主要是在1999~2002年从西海固搬迁至此。在农忙期间大多数村民在家务农，少部分年轻力壮的外出打工。朝阳村与大河村情况类似，均为红寺堡地区第一批迁入移民的村子。

图 2－1　宁夏吴忠市红寺堡区政府办公楼

图 2－2　宁夏吴忠市红寺堡区大河乡大河村

图 2－3　宁夏吴忠市红寺堡区大河乡大河村移民住宅

图 2－4　宁夏吴忠市红寺堡区红寺堡镇朝阳村村委会

图 2－5　宁夏吴忠市红寺堡区红寺堡镇朝阳村村容村貌

（2）青海省海东市乐都区安居小区、祥泰佳苑；民和回族土族自治县中川乡农场村

青海省海东市乐都区安居小区的居民主体是 2012 年从海东市乐都区马厂乡迁来的，有 900 多户 3600 多人，其中大约一半务农，一半打工，小区没有业主委员会，基本处于无人管理的状态；祥泰佳苑社区的居民主体是 2012 年从南北两山 14 个乡镇迁移过来的贫困人口，共 1152 户，4324 人。民和回族土族自治县中川乡农场村的安置点有 100 多户 600 多人。2005 年、2009 年分两批迁入。基本都是从事农业生产，有的是上半年在家务农，下半年出门打工。村民基本都是土族，文化程度普遍不高，绝大部分人不会说汉语，与外界的交流受到限制（见图 2－6～图 2－12）。

图 2-6 青海省海东市乐都区安居小区

图 2-7 青海省海东市乐都区生态扶贫移民安置小区内景

图 2-8 青海省海东市乐都区祥泰佳苑移民安置小区

图 2-9　青海省海东市乐都区祥泰佳苑移民安置小区简介标志牌

图 2-10　青海省民和回族土族自治县中川乡农场村村容村貌

图 2-11　青海省民和回族土族自治县中川乡农场村村民自建的木制房屋

图 2－12 青海省民和回族土族自治县中川乡农场村统一规划的牲畜栏舍

（3）四川省成都市龙泉驿区春秋名邸、蓝色理想、怡和新城、书南小区

四川省成都市龙泉驿区万兴乡大兰村位于最偏远的极贫极旱山区，辖区面积 9.25 平方公里，总人口 468 户 1646 人。移民安置中将大兰村的村民分别安置在成都市龙泉驿区春秋名邸社区、蓝色理想社区和书南小区社区等地，课题组展开调研的是春秋名邸和蓝色理想两个社区。成都唯一的大型生活垃圾填埋场——成都市固体废弃物卫生处置场，位于洛带镇附近，从 1993 年开始使用，垃圾处置对周边村庄的环境产生了极大影响，因此对周边居民实施了移民搬迁。怡和新城和书南小区就是生活垃圾填埋场移民的两个安置点。成都市龙泉驿区生态移民安置的特点是非农安置，在成都市区安置住房，移民由原来的农民身份转为城市居民，相应地也没有了土地，其中大兰村的移民达到退休年龄的老人每月可领取 1100 元以上的养老金，其他社区的移民及大兰村的青壮年移民则主要靠打工生活（见图 2－13～图 2－17）。

（4）云南省昭通市水富县邵女坪社区和温泉社区

云南省是我国水电资源第二大省，根据云南水电的网站信息，云南省已经建成的有漫湾水电站等 3 座，正在建设中的有景洪水电站、向家坝水电站等 14 座，还在规划中的有怒江梯级电站等 7 座。[1] 水电站的建设在带来

① 《云南水电简介》，http：//www.ynsd.roboo.com，访问日期：2016 年 1 月 3 日。

图 2－13　四川省成都市龙泉驿区春秋名邸

图 2－14　四川省成都市龙泉驿区蓝色理想

图 2－15　四川省成都市龙泉驿区怡和新城

图 2－16　四川省成都市龙泉驿区书南小区

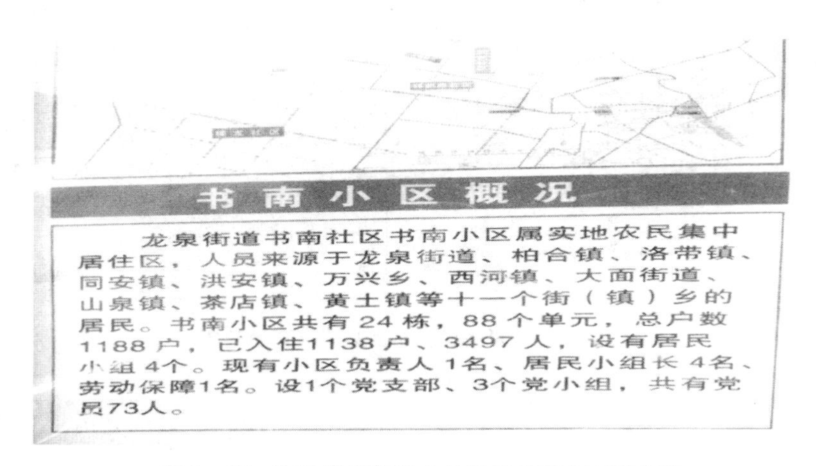

图 2－17　四川省成都市龙泉驿区书南小区简介牌

巨大经济效益的同时，必然伴随着工程移民的问题。云南省昭通市水富县境内有向家坝、张窝、杨柳滩、大鱼孔 4 座大中型水电站，近年来动迁移民 6972 人。水富县在荒山、荒滩、大破沟上建起温泉社区、邵女坪社区、盐丰小区 3 个安置点。课题组在其中的邵女坪社区和温泉社区进行了问卷调查和访谈，并随机访谈了一位同是向家坝水电站移民的绥江县城居民（见图 2－18 ~ 图 2－20）。

图 2－18　云南省昭通市水富县邵女坪社区

图 2－19　云南省昭通市水富县邵女坪社区移民住宅楼

图 2－20　云南省昭通市水富县温泉社区

（5）山东省济南市历城区和淄博市张店区部分三峡移民村庄

三峡工程是世界历史上移民人数最多的单体工程，根据国务院三峡工程建设委员会办公室提供的信息：截至2009年年底，三峡工程累计搬迁安置移民129.64万人，其中，农村人口55.77万人，出县（区）外迁安置19.6万人。[①] 这些外迁的移民迁至四川、江苏、浙江、山东、湖北、广东、福建、安徽、江西、湖南和上海11个省市，其中山东省是安置三峡移民唯一的北方省份，截至2011年6月底，共有10095名三峡移民迁入山东。[②] 这些迁入山东的三峡移民分别被安置在济南、青岛、潍坊、烟台、淄博、济宁、威海、泰安等地，一般是一个村的移民分散安置在上述各市的某一个区。课题组展开问卷调查的地区主要集中在济南市历城区唐王镇的老僧口南村、柴家村，遥墙镇小杜家村和淄博市张店区的傅家镇傅家村、苏村、南村等村庄、社区。我们对其中的老僧口南村的移民状况进行了调研，基本情况如下：该村共安置了两批三峡移民，第一批2000年迁入，3户14人；第二批2003年迁入，十来户，33人。第一批安排到了唐王镇的好几个村，第二批就全部安排到了老僧口南村。他们基本都在外打工，年终回来领福利，村里给盖的房子，归个人所有。本村村民都不种地了，地归村委会统一管，年终领福利，只有实物没有钱。三峡移民的户口都在这里，人都出去发展了。每人每年500斤面粉。安家费给村里，村里给盖房子。子女教育方面，有留在这儿上学的，也有跟父母出去的。移民集中居住，第一批是平房，第二批是楼房（见图2-21~图2-29）。[③]

2. 调查问卷的设计及修改完善

生态移民和水工程移民基本状况调查问卷的设计，是一项比较复杂的工程。笔者在阅读国内相关研究文献的基础上，形成初步的调查问卷，2015年7月，首先在山东省济南市历城区唐王镇老僧口南村对三峡移民的基本状况进行了访谈和问卷调研，并请部分宁夏红寺堡地区的移民对问卷

---

① 《三峡移民工程》，国务院三峡工程建设委员会办公室官方网站，http：//www.3g.gov.cn，访问日期：2016年1月3日。

② 《三峡移民在山东：迁得出，稳得住，逐步能致富》，新华网，http：//www.sd.xinhuanet.com，访问日期：2016年1月3日。

③ 根据2015年8月3日课题组在济南市历城区唐王镇老僧口南村的调研资料整理，主要被访谈人：村委会张某等4人，访谈人：刘海霞、李艳、李海东、房平锐。

图 2－21　山东省济南市历城区唐王镇老僧口南村居委会

图 2－22　山东省济南市历城区唐王镇老僧口南村村容村貌

图 2－23　山东省济南市历城区唐王镇老僧口南村第一批三峡移民的房子

图 2－24　山东省济南市历城区唐王镇老僧口南村第一批三峡移民的院子

图 2－25　山东省济南市历城区唐王镇老僧口南村第一批三峡移民的门窗

图 2－26　山东省济南市历城区唐王镇老僧口南村第一批三峡移民自己改造的铝合金窗户

图 2－27　山东省济南市历城区唐王镇老僧口南村第二批三峡移民的楼房

图 2－28　山东省淄博市张店区傅家镇苏村（旧村改造后又叫泉山小区）

图 2－29　山东省淄博市张店区傅家镇南家村三峡移民住宅

进行了回答和评估，然后对问卷进行修改完善，形成最后问卷进行调研。

问卷的设计主要聚焦生态移民可持续发展权利的保障方面，而可持续发展的要素在于生产能力的保障或延续，基于可持续发展的权益保障，问卷重点考虑到以下几个因素：一是不同安置方式移民的满意度如何，二是生态移民对于移民工作的整体满意度如何，三是生态移民目前的最大的困难是什么。

3. 调研过程的展开

针对生态移民和水工程移民的调研主要集中在2015年8月至12月。2015年8月，课题组调研团队首先赴西北地区，对宁夏回族自治区吴忠市红寺堡地区和青海省乐都市马厂乡、民和回族土族自治县中川乡进行问卷调研和实地考察，调研对象是该地区的生态移民，并有针对性地进行了访谈调研；2015年9月，调研团队赴西南地区的四川省成都市龙泉驿区的春秋名邸、蓝色理想、怡和新城、书南小区等社区进行调研，调研对象也是该地区的生态移民，与西北地区不同，成都市的生态移民基本是非农安置；2015年10月，调研团队赴云南省昭通市水富县邵女坪社区和温泉社区进行调研，调研对象是向家坝水电站移民，该地区的移民也是非农安置；2015年9月至12月，调研团队主要在山东省济南市唐王镇和淄博市张店区进行调研，调研对象是散布在这两个地区的三峡移民。

4. 问卷样本基本状况说明

本次调研采取进村入户的形式进行问卷调查，全部由课题组调研团队亲自完成，共获得有效问卷440份。现将样本基本状况（见表2－2～表2－7）列表说明。

表2－2　性别比例

单位：人，%

性　别	人　数	所占比例
男　性	210	47.7
女　性	227	51.6
未标注	3	0.7

表 2－3　年龄分布

单位：人，%

年龄段	人　数	所占比例
18～25 岁	53	12.0
26～44 岁	135	30.7
45～60 岁	164	37.3
61 岁及以上	85	19.3
未标注	3	0.7

表 2－4　民族构成

单位：人，%

民　族	人　数	所占比例
汉　族	351	79.8
回　族	33	7.5
蒙古族	1	0.2
苗　族	3	0.7
土　族	49	11.1
未标注	3	0.7

表 2－5　文化程度

单位：人，%

文化程度	人　数	所占比例
不识字	112	25.5
小学及以下	132	30
初中	123	28.0
高中	43	9.8
专科	12	2.7
本科及以上	15	3.4
未标注	3	0.7

表 2－6　家庭人口数

单位：人，%

家庭人口数	人　数	所占比例
2	8	1.8
3	50	11.4

续表

家庭人口数	人　数	所占比例
4	104	38.5
5	125	28.4
6	68	15.5
6 口人以上	81	18.4
未标注	4	0.9

表 2－7　家庭平均月收入

单位：人，%

家庭平均月收入	人　数	所占比例
1000 元及以下	136	30.9
1001～2000 元	142	32.3
2001～3000 元	89	20.2
3000 元以上	60	13.6
无	1	0.2
未标注	12	2.7

二　工矿企业一线工人基本状况

对工人阶级的关注和重视是马克思主义的优良传统。马克思恩格斯一贯高度重视工人阶级在社会发展过程中的历史地位，为工人阶级的解放付出了毕生心血。随着工业化进程的不断发展，我国工人的数量不断增加，其人口数量仅次于农民，成为我国最大的职业群体之一，对工人的称呼也有生产工人、产业工人、农民工等多种称谓。1982～2010 年，中国工人的总量从 8377 万人增加到 16934 万人，人数翻了一番。① 2017 年末全国农民工总量 28652 万人。② 根据全国总工会提供的

① 李若建：《工人群体的分化与重构——基于人口调查数据的分析》，《中国人口科学》2015 年第 5 期。

② 《2017 年中国农民工总数及就业人员产业分布现状分析回顾》，产业网，http：//www.chyxx.com/industry，访问日期：2020 年 5 月 16 日。

信息，截至2017年，全国工会会员已达3.03亿人，其中农民工会员1.4亿人。[①]

关于工人的所指，秦海霞从群体角度对工人群体进行过界定："工人群体是凭借体力和操作技能资源直接操作生产工具，生产物质产品、提供劳务服务或者为这些生产、服务提供辅助帮助，在管理与被管理关系中属于后者的群体"。[②] 李若建则认为工人是"生产、运输设备操作人员及有关人员"；[③] 秦海霞认为："狭义上的工人分布在制造业、采掘业和电力煤气水的生产供应业，广义上的工人阶层除这三个行业外，还包括建筑业和交通运输业的生产和服务人员。"[④] 本书基于上述相关界定，并进一步从环境权益保障的视角，将关注的重点聚焦于在工矿企业就业的一线工人，其范围大致与秦海霞所描述的狭义工人的范围相同，就这些工人所就业的企业性质而言，则既包括国有大中型企业，也包括民营中小企业等。

就工矿企业一线工人环境权益保障而言，我们关注的重点是这些企业的生产环境对工人健康状况的影响，即一线工人的职业健康问题。关于工人阶级的职业健康，恩格斯在《英国工人阶级状况》中曾经有过深入分析，他翔实地考察和研究了英国工人阶级职业健康的基本状况，阐述了关于工人阶级职业健康的思想。在恩格斯工人阶级职业健康思想的指导下，社会主义中国把维护工人职业健康作为自觉的价值追求，并注重发挥社会主义制度的独特优势，为工人的职业健康提供制度保障。党的十九届四中全会重申了我国全心全意依靠工人阶级的根本立场，表明了新时期我国维护工人阶级职业健康的坚定决心。

---

① 《中国职工总数达3.91亿人，比2012年增长11.8》，环球网，https://baijiahao.baidu.com，访问日期：2020年5月16日。

② 秦海霞：《变迁社会中的身份适应：私营企业工人群体主体意识研究》，人民出版社，2014，第7~8页。

③ 李若建：《工人群体的分化与重构——基于人口调查数据的分析》，《中国人口科学》2015年第5期。

④ 秦海霞：《变迁社会中的身份适应：私营企业工人群体主体意识研究》，人民出版社，2014，第8页。

（一）我国职业健康整体情况

我们对2000年以来国家卫计委（现国家卫生健康委员会）每年发布的职业病防治工作情况通报和其他相关资料进行了统计。据不完全统计，2000年至2014年（其中不包含2004年的数据），中国大陆除西藏以外的省区市（其中2005年为28个，2006年为29个）累计新发职业病病例为262904例，其中尘肺病209731例，约占总数的79.77%；慢性职业中毒16045例，约占总数的6.10%；急性职业中毒7948例，约占总数的3.02%。根据自2005年以来统计的行业病例数据，职业病多发行业分别为煤炭（79850例）、有色金属（16506例）、铁道（5595例）、冶金（3571例）、机械（983例）和建筑（948例）等行业（见表2－8）。

表2－8　2000年以来我国职业病新发病例数基本状况

单位：例，%

年份	省区市范围	新发职业病例数	前三位的病种数量及占比	占比较大的行业类型
2000	30 不包括西藏	11718	尘肺病（9100，77.66） 慢性职业中毒（1196，10.21） 急性职业中毒（785，6.70）	—
2001	30 不包括西藏	13218	尘肺病（10505，79.47） 慢性职业中毒（1166，8.82） 急性职业中毒（759，5.74）	—
2002	30 不包括西藏	14821	尘肺病（12248，82.64） 慢性职业中毒（1300，8.77） 急性职业中毒（590，3.98）	—
2003	30 不包括西藏	10467	尘肺病（8364，79.91） 慢性职业中毒（882，8.43） 急性职业中毒（504，4.82）	—
2005	28 缺西藏、新疆	14089	—	煤炭（5788，41.08） 冶金（2304，16.35） 轻工（1063，7.54）

续表

年份	省区市范围	新发职业病例数	前三位的病种数量及占比	占比较大的行业类型
2006	29 缺陕西、西藏	11519	尘肺病（8783，76.25） 慢性职业中毒（1083，9.40） 急性职业中毒（467，4.05）	煤炭（4714，40.92） 有色金属（1480，12.85） 建材（743，6.45）
2007	30 不包括西藏	14296	尘肺病（10963，76.69） 慢性职业中毒（1638，11.46） 急性职业中毒（600，4.20）	煤炭（6553，45.84） 有色金属（1147，10.12） 建材（912，6.38）
2008	30 不包括西藏	13744	尘肺病（10829，78.79） 慢性职业中毒（1171，8.52） 急性职业中毒（760，5.53）	—
2009	30 不包括西藏	18128	尘肺病（14495，79.96） 慢性职业中毒（1912，10.55） 急性职业中毒（552，3.05）	煤炭（7501，41.38） 有色金属（1691，9.33） 冶金（1267，6.99）
2010	—	27240	尘肺病（23812，87.42） 慢性职业中毒（1417，5.20） 急性职业中毒（617，2.27）	—
2011	30 不包括西藏	29879	尘肺病（26401，88.36） 慢性职业中毒（1541，5.16） 急性职业中毒（590，1.97）	煤炭（15421，51.61） 铁道（2889，9.67） 有色金属（2695，9.02）
2012	30 不包括西藏	27420	尘肺病（24206，88.28） 慢性职业中毒（1040，3.79） 急性职业中毒（601，2.19）	煤炭（13399，48.87） 铁道（2706，9.87） 有色金属（2686，9.80） 建材（1163，4.24）
2013	30 不包括西藏	26393	尘肺病（23152，87.72） 慢性职业中毒（904，3.43） 急性职业中毒（637，2.41）	煤炭（15078，57.13） 有色金属（2399，9.09） 机械（983，3.72） 建筑（948，3.59）
2014	30 不包括西藏	29972	尘肺病（26873，89.67） 慢性职业中毒（795，2.65） 急性职业中毒（486，1.62）	煤炭（11396，38.02） 有色金属（4408，14.71） 开采辅助（2935，9.79）

续表

年份	省区市范围	新发职业病例数	前三位的病种数量及占比	占比较大的行业类型
小计	—	262904	尘肺病（209731，79.77） 慢性职业中毒（16045，6.10） 急性职业中毒（7948，3.02）	煤炭（79850） 有色金属（16506） 铁道（5595） 冶金（3571） 机械（983） 建筑（948）

注：由于2004年数据仅包含17个省，所以在表中未标出。详见徐桂芹《2000～2009年全国职业中毒状况规律分析和对策探讨》，《中国安全生产科学技术》2011年第5期，第96～100页。

资料来源：该表的数据主要来源于国家卫计委（现国家卫生健康委员会）自2000年以来对职业病防治工作情况的通报，除此之外，2002年的资料来源于王鸿飞《2002年全国职业病报告发病情况分析》，《中国职业医学》2006年第1期，第46～47页；2003年的资料来源于尹萸、陈曙、王鸿飞《2003年全国劳动卫生监督监测和职业病报告发病状况》，《中国卫生监督杂志》2005年第4期，第276～278页。还有部分资料来源于张兴、吉俊敏、张正东《2007～2012年全国职业病发病情况及趋势分析》，《职业与健康》2014年第22期，第3187～3189页。

（二）中小企业和私营企业基本情况

相对于国有大中型企业，我国的中小企业和私营企业在职业病的发病率方面占较高比例，并且呈现增长趋势。“我国各类企业中，中小企业占90%以上，吸纳了大量劳动力，特别是农村劳动力。职业病危害也突出地反映在中小企业，尤其是一些个体私营企业。”① 根据徐桂芹等人的研究，在中小企业中急性职业中毒、慢性职业中毒的发病比例处于较高水平，有的情况下甚至超过50%的比例（见表2－9）。“据2000～2009年全国职业中毒状况分析，急性职业中毒在中小企业中发生比例较高，主要原因为中小企业设备简陋，无任何防护设施，管理混乱，职业病防治观念淡漠，应急培训比例较低等。”②

---

① 卫生部新闻办公室：《2006年全国职业病报告情况和职业病危害形势》，http：//www.chinacdc.cn，访问日期：2015年3月20日。

② 徐桂芹：《2000～2009年全国职业中毒状况规律分析和对策探讨》，《中国安全生产科学技术》2011年第5期。

表2-9　职业中毒在中小企业中的发病比例

单位：%

项目	2007年	2008年	2009年
急性职业中毒	51.17	47.63	69.85
慢性职业中毒	82.97	66.74	—

资料来源：徐桂芹：《2000~2009年全国职业中毒状况规律分析和对策探讨》，《中国安全生产科学技术》2011年第5期。

在2007年发生的职业中毒事故中，私有企业的数量居于各类企业之首。“在301起职业中毒事故中，一半以上发生在非公有经济类型的企业，其中以私有经济类型企业居首，为135起，涉及307人中毒，占总中毒人数的51.17%，死亡45人，病死率为14.66%。”① 同样，根据2009年的相关数据，在尘肺病发病形势方面，中小企业的比例也超过了60%。“中、小型企业尘肺病发病形势严峻，超过半数的尘肺病分布在中、小型企业。66.74%的急性职业中毒病例发生在小型企业。”②

三　工矿企业周边居民基本状况

在环境危机广泛蔓延的背景下，民众受到污染危害的概率增大。但在这些广义的污染受害者中，工矿企业周边居民由于所处地域的限制和自身规避能力的限制，他们遭受到更为直接和严重的生命健康和财产危害，构成了我国污染受害者的主体。根据我们在中国政法大学“污染受害者法律帮助中心”的调研，2011年至2015年，因企业污染而咨询的人次占五年来咨询总人次的70%以上（见表2-10）。环保部2014年公布的相关信息显示：“由于规划和产业布局原因，我国有1.1亿居民住宅周边1公里范围内有石化、炼焦、火力发电等重点关注的排污企业。”③

① 佚名：《2007年全国职业病发病情况》，《劳动保护》2009年第2期。

② 《卫生部2009年职业病防治工作情况通报》，中央政府门户网站，http：/www.gov.cn，访问日期：2015年3月14日。

③ 《环境保护部发布中国人群环境暴露行为模式研究成果》，中华人民共和国环境保护部网站，http：//www.zhb.gov.cn，访问日期：2016年4月24日。

表 2－10　企业污染受害人次在咨询总人次中的占比统计

单位：人次，%

项　目	2011 年	2012 年	2013 年	2014 年	2015 年	5 年合计
污染受害咨询总人次	48	28	77	43	96	292
企业污染受害咨询人次	27	13	55	37	75	207
企业污染受害咨询所占比例	56.3	46.4	71.4	86.0	78.1	70.9

资料来源：课题组 2016 年 4 月在中国政法大学“污染受害者法律帮助中心”的调研数据。

（一）受影响地区分布情况

根据对 2011 年至 2015 年企业污染受害咨询的 188 个案例的统计，企业污染受害群体分布在中国大陆除青海之外的 30 个省区市。其中居于前列的主要有江苏（23 例）、山东（19 例）、河北（18 例）以及北京、湖北、湖南（均为 12 例）等省市（见图 2－30）。进一步统计发现，东部地区污染企业所占数量最多，共 103 例，占案例总数量的 54.8%；中部地区次之，共 60 例，占案例总数量的 31.9%；西部地区最少，共 25 例，占案例总数量的 13.3%（见图 2－31）。可以说，企业污染受害群体主要集中在经济发达的东中部地区，尤其是江苏、山东、河北等东部地区。这些地区在经济迅速增长的同时，也由于大量工矿企业污染而造成对民众权益的侵害。

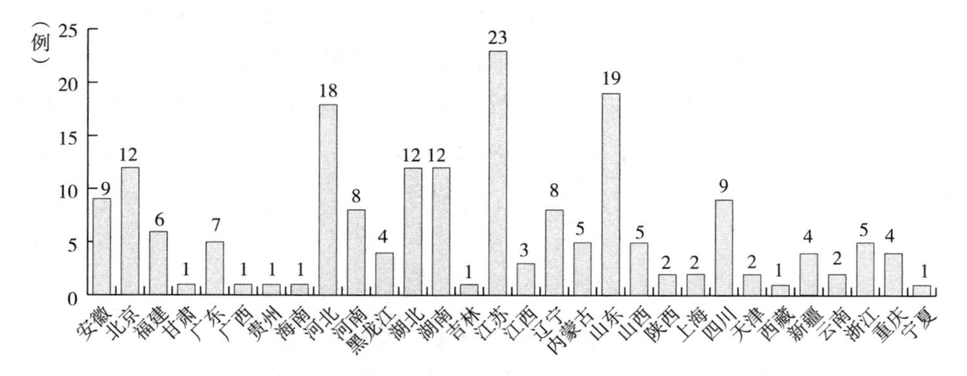

图 2－30　企业污染受害咨询案例的地域分布情况

资料来源：课题组 2016 年 4 月在中国政法大学“污染受害者法律帮助中心”的调研数据。

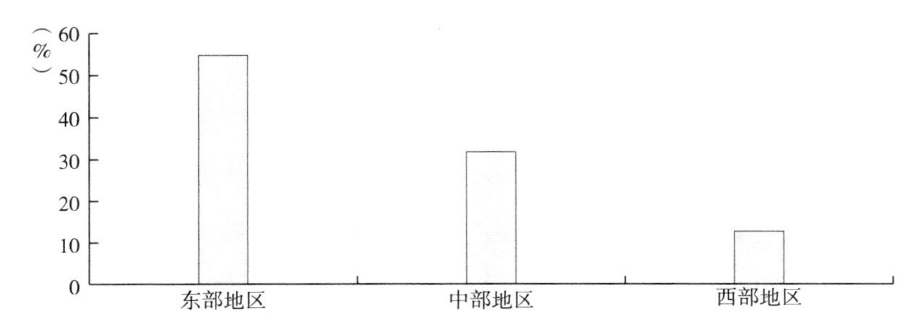

图 2－31　企业污染受害咨询案例在我国东、中、西部地区的分布情况

资料来源：课题组 2016 年 4 月在中国政法大学“污染受害者法律帮助中心”的调研数据。

（二）企业主要类型

在 188 个咨询案例中，污染企业涉及化工、钢铁、煤炭、采矿、冶金、建材、水泥、制药、造纸、农药、塑料、铝业、锰业、垃圾、固废处理、变电站、食品等多个行业，其中居于前五位的行业类型分别是：化工类，占比 16.5%；建材类，占比 8.0%；垃圾、固废处理类，占比 12.8%；采矿类，占比 4.3%；钢铁类，占比 3.7%；煤炭类，占比 3.7%（见图 2－32）。

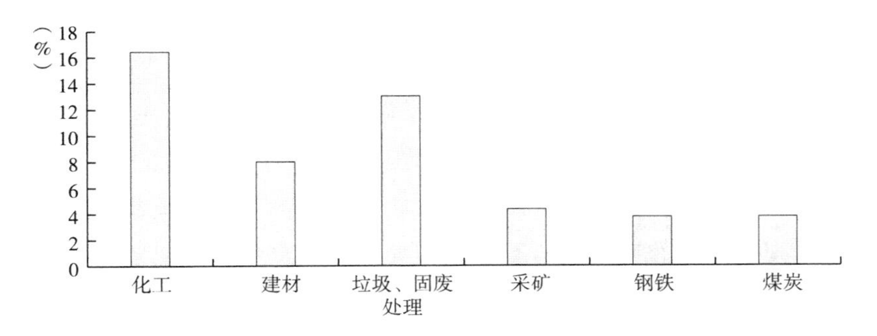

图 2－32　居于前五位的污染企业行业类型

资料来源：课题组 2016 年 4 月在中国政法大学“污染受害者法律帮助中心”的调研数据。

上述企业的污染方式主要有粉尘、噪声、废水、废气、固体废弃物、重金属污染等，同时也有辐射污染、震动影响、爆炸等方式，其中居于前四位的污染方式分别是：废水污染，占比 30.8%；废气污染，占比 27.3%；粉尘污染，占比 13.8%；噪声污染，占比 10.8%（见图 2－33）。

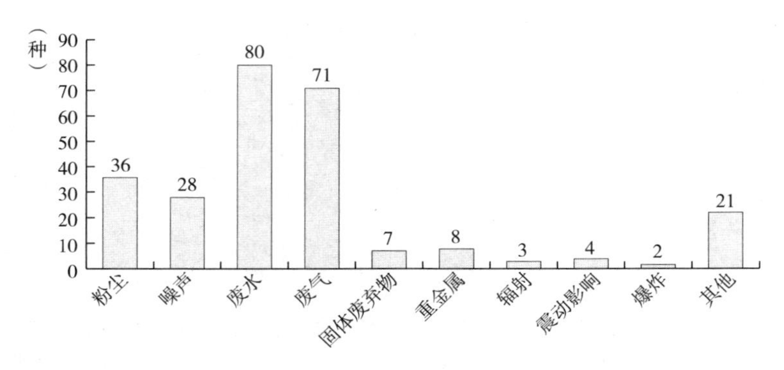

图 2－33　企业的污染方式统计

资料来源：课题组 2016 年 4 月在中国政法大学“污染受害者法律帮助中心”的调研数据。

（三）居民权益受损影响情况

从我们的统计情况来看，污染企业周边居民的权益受侵害状况主要表现为生活影响，健康影响（包括轻微健康影响、患病、患癌症、死亡、新生儿畸形），财产损失（包括林木、庄稼或草场损失、牲畜、家禽、水产类损失、房屋等财产损失），对生产生活环境的影响（包括土地污染或无法耕种、影响饮用水、影响灌溉用水、地面沉降和学校关停）。在这些受到侵害的案例中，受侵害较多的权益主要有：林木、庄稼和草场损失，占比 17.1%；患病，占比 15.8%；牲畜、家禽、水产类损失，占比 12.9%；生活影响，占比 11.3%；轻微健康影响，占比 8.8%；患癌症，占比 8.8% 等（见图 2－34）。在这些权益侵害的案例中，林木、庄稼、草场、牲畜、家禽、水产、房屋等财产损失在一定程度上可以用金钱等方式加以补偿；而对于居民健康造成的影响，如导致居民患病、患癌症、死亡或新生儿畸形等，是很严重的侵害行为，它对于居民身体健康的侵害是不可逆的或不可挽回的，是用金钱等补偿方式所无法弥补的，因而此类侵害具有严重的社会危害性，是应该下大力气避免的。

根据对案例的统计，周边居民采取的措施主要有向环保部门反映、向信访部门反映，与企业协商，向国土局或渔政部门反映，向当地政府反映，向省政府反映，集体抗议、上访，起诉企业，起诉环保局，求助媒体等，其中居于首位的是向环保部门反映，占比 42%；居于第二位的是向当地政府反映，占比 21.6%；居于第三位的是起诉企业，占比 8.5%；居于第四位的是

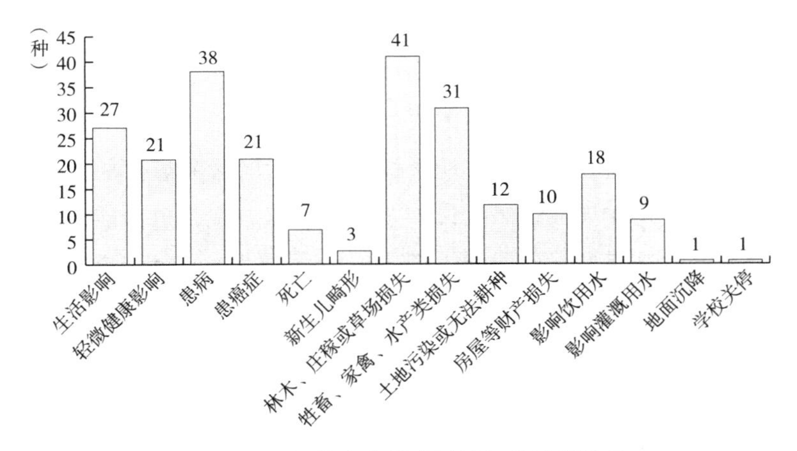

图 2－34　污染企业周边居民权益受损情况

资料来源：课题组 2016 年 4 月在中国政法大学“污染受害者法律帮助中心”的调研数据。

与企业协商，占比 8%（见图 2－35）。从居民进行咨询和采取的各种措施来看，居民具有强烈的制止企业污染的意愿，这一意愿能否达成，以及在多长时间内能够达成，对于居民的社会合作程度具有明显的正相关作用。如果企业的污染能在短时间内被制止，居民的财产损失或健康损失就会减少，居民对政府的信任程度就会提高，政府在民众中的公信力也会得到提升；反之，如果居民制止污染的强烈愿望没有达成，居民对于政府的信任程度则会大大降低。

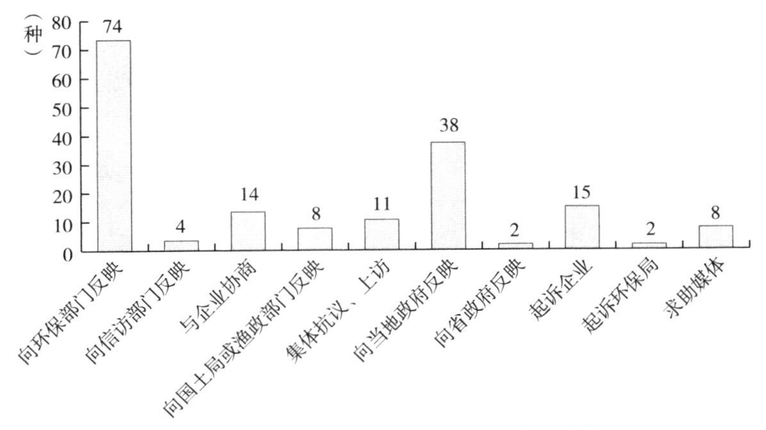

图 2－35　受到污染危害的居民采取的行动统计

资料来源：课题组 2016 年 4 月在中国政法大学“污染受害者法律帮助中心”的调研数据。

工矿企业周边居民在遇到污染侵害的早期，一般都是采取较为缓和的合法维权方式，如向环保部门反映、向当地政府反映、向媒体反映、向信访部门反映等，如果问题久拖不解决，居民的权益一再受损，周边居民与污染企业和当地政府之间的矛盾就会被激化，此时极易导致较为激烈的群体性事件，居民可能采取集体抗议、上访等抗争方式，也可能采取游行示威等方式，有的甚至发展到围堵工厂、破坏企业设施、封堵道路、与警察冲突等激烈形式。而这些以抵抗企业污染为目的的群体性事件，参与人数往往较多，社会影响较大，对于社会的稳定具有较大的负面影响。根据我们的初步整理，进入21世纪以来，由于企业污染而造成的较有影响的环境群体性事件有近20起，这些事件对于正常的生产生活秩序都造成了较大影响，对于政府的公信力和社会稳定均产生了不利影响，这些事件的不断发生，在一定程度上是污染企业周边居民捍卫自身权益的结果，警示我们要尽快完善相关规定，给予周边居民有力的权益保障。

四 水工程移民和生态移民基本状况

水工程移民和生态移民都属于被动型、非自愿移民，被迫迁移对他们的生产、生活以及未来前景都产生了巨大影响，导致他们面临的风险大大增加，他们被迫要改变原有的生产方式和生活方式，但限于受教育水平和自身素质，他们又很难完成这种改变，所以，其在社会适应性上存在一系列的困难和问题，长期处于较为贫困的状态。可以说，这种被迫性的迁移使他们的可持续发展权益受到了不同程度的剥夺或损害。

（一）移民数量庞大

我国是当今世界上水库移民最多的国家。新中国成立以来，我国修建各类水库8.5万多座，其中，大中型水库3800多座，截至2006年6月底，全国大中型水库移民2500多万人，其中农村移民2288万人。[①] 1950~1957

① 《国家发展改革委关于印发大中型水库移民后期扶持政策宣传提纲政策解答的通知》，水工程移民和水利扶贫网，http：//sym. mwr. gov. cn，访问日期：2016年4月6日。

年，修建了20多座大中型水库，移民总数30多万人；1958～1978年，修建了280多座大型水库，移民253万人；1979年至今，修建大型水库70多座，移民250多万人。[①] 2002年以来，中水移民开发中心共完成50多个水库移民相关课题研究，21个省（自治区、直辖市）93座水库移民遗留问题处理规划的咨询，20多个移民工程项目的监理监测。在这些水利水电工程中，移民数量最多的是三峡工程，规划移民140万；其次是南水北调工程，规划征地搬迁移民44万，生产安置人员57万。表2－11列举了新中国成立以来我国部分万人以上的水工程移民状况。

表2－11　新中国成立以来我国部分万人以上的水工程移民状况

工程项目名称	移民数量	起讫时间	涉及区域
引黄济青工程	2.6574万人	1986～1989年	山东省青岛市、滨州市
三峡工程	140万人	1992～2010年	重庆市、湖北省、四川省、江苏省、浙江省等
小浪底水利枢纽工程	18.25万人	1995～2003年	河南省、山西省
尼尔基水利枢纽工程	5.5万人	2001～2006年	黑龙江省、内蒙古自治区
瀑布沟水电站	10万人	2002～2009年	四川省汉源县等
构皮滩水电站	搬迁建房安置1.8210万人；生产安置1.8174万人	2002～2008年	贵州省瓮安县、余庆县等
向家坝水电站	9万人	2003年以来	四川省、云南省
南水北调工程	征地搬迁44万人，生产安置57万人	2008年以来	河南省、湖北省、山东省、河北省等

注：本表根据文献资料和网络信息整理而成。主要参考资料按顺序排列如下：①周晓荷、郝园园：《“引黄济青”工程总投资9.5亿，100万人义务劳动》，http：//news.bandao.cn，访问日期：2016年4月6日；②向晶方：《百万移民铸就壮丽丰碑》，《三峡日报》2010年10月27日；③王显勇、陈兆开等：《南水北调工程征地移民理论与政策研究》，中国水利水电出版社，2010，第25～26页；④王赐江：《冲突与治理：中国群体性事件考察分析》，人民出版社，2013，第99页。⑤贵州省水库和移民生态局网站关于构皮滩水电站的介绍，http：//www.gzsskhstymj.gov.cn，访问日期：2016年4月7日；⑥《宜宾向家坝水电站开工在即9万移民将迁离家园》，http：//www.mwr.gov.cn，访问日期：2016年4月9日；⑦中国水利部网站关于南水北调工程的介绍，http：//www.mwr.gov.cn，访问日期：2016年4月6号。

---

① 杜景灿、张宗玟、龚和平、卞炳乾：《水电工程移民长效补偿研究》，中国水利水电出版社，2011，第4～7页。

与我国水工程移民的历史相比，生态移民的历史要短得多。一般认为，我国大规模的生态移民始于2001年，其标志性文件是《关于易地扶贫搬迁试点工程的实施意见》（计投资〔2001〕2543号），该文件指出，易地扶贫搬迁试点既是扶贫工作的新途径，又是促进生态环境改善的有益尝试。可见，我国的生态移民从政府规划的层面而言，是与扶贫工作联系在一起的。由于政府规划力量的介入，我国生态移民的数量也是相当庞大的。根据国家发改委网站提供的信息，截至2015年，我国生态移民试点已扩大到17个省份，共搬迁贫困群众680万余人。其中，2001～2010年，搬迁贫困群众286万余人；“十二五”以来，搬迁贫困群众394万人。而在“十三五”期间，全国建档立卡贫困人口中有易地扶贫搬迁需求的约1000万人。①

（二）移民地域相对集中

虽然我国是世界上移民最多的国家，但我国的水工程移民和生态移民并不是均匀分布的，并且和我国东部密集、西部稀少的人口分布状况相反，我国移民最多的区域是西部地区，其次是中部地区，最后才是东部地区。

我国水工程移民的主体集中在西部地区和部分中部地区。百度地图提供的资料显示，我国大中型水电站几乎覆盖了我国的主要流域，其分布地域主要包括西南地区、东南地区、东北地区和部分西北地区、中部地区等。其中，大中型水电站集中的流域分别是黄河流域、长江流域和珠江流域。具体到这三大流域水电站的分布情况来看，黄河流域的水电站主要集中在青海省、甘肃省、山西省和河南省境内；长江流域的水电站主要集中在云南省、贵州省、四川省、重庆市、湖北省和陕西省境内；珠江流域的水电站主要集中在云南省、广西壮族自治区和广东省境内。上述这些地区的水工程移民构成了我国水工程移民的主体。如世界上移民最多的三峡工程，其移民总数约为140万人，其中约100万在重庆。②

---

① 《国家发改委扎实推进易地扶贫搬迁成效显著》，国家发改委网站，http：//www.sdpc.gov.cn，访问日期：2016年4月9日。

② 《重庆全面完成三峡库区二期移民任务》，重庆市水利局网站，http：//www.cqwater.gov.cn，访问日期：2016年4月9日。

从我国生态移民的地域分布来看，他们主要分布在我国的西北、西南地区和部分中部地区。目前开展生态移民试点的主要有内蒙古自治区、宁夏回族自治区、贵州省、云南省、广西壮族自治区、四川省、陕西省、青海省和山西省等17个省区。如作为全国最大的异地生态移民扶贫开发区的宁夏回族自治区仅吴忠市的红寺堡地区，自1999年以来，就累计异地搬迁安置宁南山区8县移民23万人。

（三）矛盾容易激发

从上述分析可见，我国的水工程移民和生态移民数量庞大、地域集中，本来就面临人多地少、资源紧张、安置困难的局面；加之这两类移民都是政府主导的移民，对迁移时限的要求较高，往往是在短期内动迁大量移民，更容易使潜在的矛盾被激发出来。这些原因都造成了移民地区在迁移过程中和迁移之后矛盾的易发性和多发性。中国社会科学院法学研究所曾对2000年1月1日至2013年9月30日期间我国境内百人以上的群体性事件做过统计分析，其中因拆迁征地引发的群体性事件为97起，占全部群体性事件的11.4%，拆迁征地成为引发群体性事件的第三大诱因；从群体性事件的发生地域来看，广东省居全国之首，占全国群体性事件总数的30.7%。[①] 其中，由于水库移民征地造成的上访及群体性事件数量众多，仅在1985年至1990年，“广东水库移民到各级政府及有关部门上访达3万多人次。仅到省政府及水利水电主管部门上访就有5000人次。”[②] 再如贵州省构皮滩水电站建设过程中也引发了一系列矛盾、纠纷和冲突，其中“瓮安库区800余名‘婚出人口’及其上千名亲属多次赴州、省和北京上访，已成为影响该县社会稳定的突出问题”。[③]

在被调查的440份样本中，选择在移民过程中存在矛盾的样本为126份，占总数的28.6%。其中，位于前列的矛盾分别是：用水分配矛盾，占

① 关于中国科会科学院法学研究所对群体性事件的详细分析参见李林、田禾主编《中国法治发展报告（2014）》，社会科学文献出版社，2014，第270～288页。

② 曾建生、黄美英、曹建新：《广东水库移民理论与实践》，华南理工大学出版社，2006，第95页。

③ 王赐江：《冲突与治理：中国群体性事件考察分析》，人民出版社，2013，第73页。

总数的28.6%；土地分配矛盾，占总数的19%；补偿金额及其发放的矛盾，占总数的14.3%；宅基地分配矛盾，占总数的12.7%；村庄管理矛盾，占总数的12.7%（见图2－36）。上述这些矛盾主要发生在移民与乡镇政府之间（占总数的31%）、移民与村干部之间（占总数的23.8%）、移民与县市政府之间（占总数的18.3%）以及移民与移民之间（占总数的18.3%）（见图2－37）。对于引发上述矛盾的主要原因，移民认为，居于前列的原因分别为：上级政策执行不到位，占总数的38.9%；村干部管理水平不够，占总数的22.2%；缺乏沟通协调机制，占19.8%；没有充分发扬民主，占16.7%（见图2－38）。

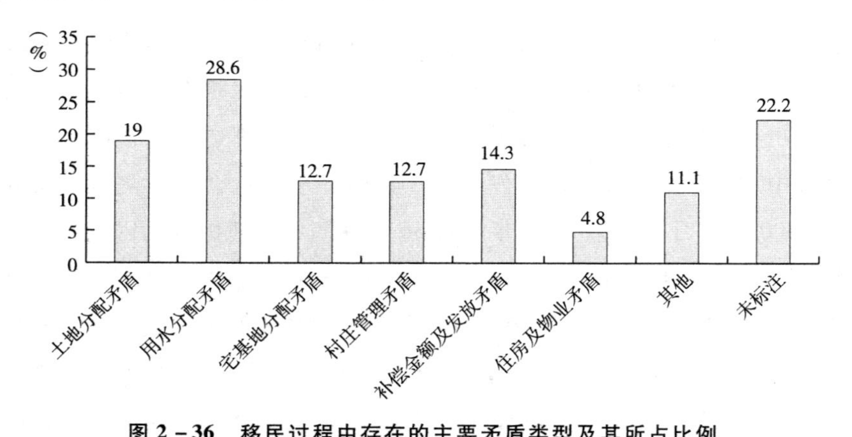

图2－36　移民过程中存在的主要矛盾类型及其所占比例

资料来源：课题组2015年8～12月在宁夏、青海、四川、云南、山东五省区的问卷调研，详见附录三、附录四。

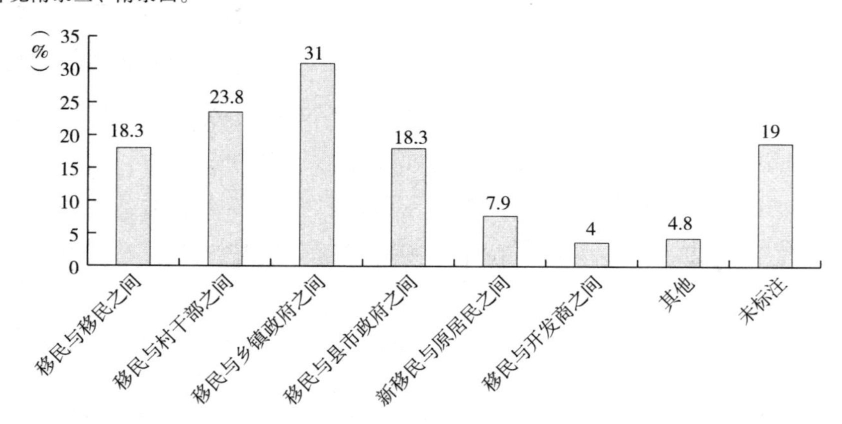

图2－37　移民过程中发生矛盾的主要主体及其所占比例

资料来源：课题组2015年8～12月在宁夏、青海、四川、云南、山东五省区的问卷调研，详见附录三、附录四。

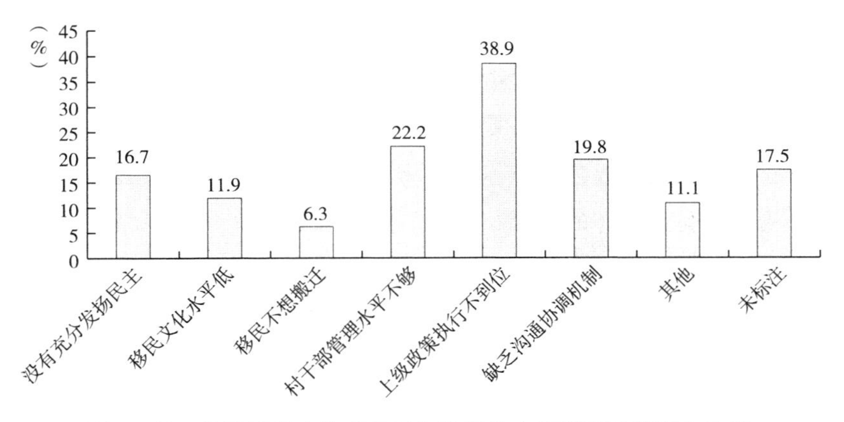

图 2－38　移民过程中造成矛盾和冲突的主要原因及其所占比例

资料来源：课题组 2015 年 8～12 月在宁夏、青海、四川、云南、山东五省区的问卷调研，详见附录三、附录四。

（四）安置方式趋于多元

无论是水工程移民，还是生态移民，近年来在安置方式方面都发生了一定的变化，其中较为显著的变化就是从原来的农业安置向非农安置转变，并且农业安置难度越来越大，甚至在西南地区如四川、云南等地出现了全部是非农安置的情况。根据我们的问卷调查（样本总数为 440 份），无土安置的样本为 138 份，占调查总样本的 31.4%；人均 2 亩以下安置的样本为 175 份，占调查总样本的 39.8%（见图 2－39）。

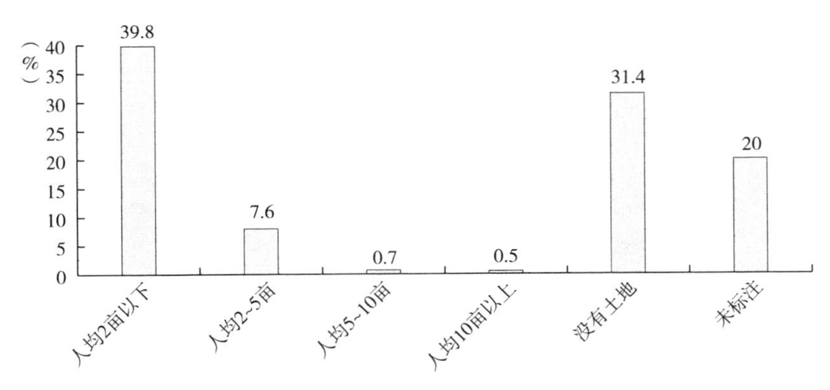

图 2－39　移民农业安置和非农安置的情况

资料来源：课题组 2015 年 8～12 月在宁夏、青海、四川、云南、山东五省区的问卷调研，详见附录三、附录四。

发生这一变化主要有以下三个方面的原因。一是土地资源日益紧缺。长期以来，国家对水工程移民安置方式的基本要求是“有土从农”，也即只要有足够的土地就选择农业安置的方式。但由于我国本来就存在人多地少的矛盾，加之水工程建设要淹没较多的土地、生态移民区域也基本是土地贫瘠或土地受到破坏的地区，土地资源本就稀少，所以从资源限制的角度而言，农业安置的难度越来越大。二是土地成为地方政府和社会资本力量进行利益交换的媒介。随着土地资源的紧缺，土地的升值空间增大，同时与土地相关的产业前景看好。一些社会资本看中土地的投资价值，或者想利用土地发展较大的产业，出现了市场对土地的巨大需求，而这些需求者通过各种途径对地方政府施加影响，要求将土地转让给自己，也导致本来就稀缺的土地存量更加告急，处于弱势的移民群体要想得到土地，难度是非常大的。从我们调研所了解的情况来看，西北地区和西南地区生态移民迁出区域的土地都有被地方政府整体卖给或租给社会资本的情况。三是移民意愿发生变化。近些年来农村外出务工人员日益增多，年轻一代真正从事农业生产的已不多见，他们已不具备从事农业生产的基本技能，大多在城区及其周边从事第二产业或第三产业，所以对于青壮年移民而言，他们对无土安置并不像老年移民那样失落。

第三章　现有制度在环境权益保障方面的作用分析

本章主要梳理我国现有制度及相关规定在环境权益保障方面的作用，主要包括现有制度在环境权益保障方面的努力和成绩、在现有制度条件下环境权益保障面临的困境，以及造成上述困境的原因分析。

一　现有制度在环境权益保障方面的努力和成绩

长期以来，我国认真完善各项法律和规章制度，在保障相关群体的环境权益方面付出了巨大努力。从我国已有的制度存量来看，现有制度在一线工人职业健康工作和水利水电移民工作方面，不间断地做出努力，并取得了很大的成绩。

（一）我国在一线工人职业健康工作中的努力和成绩

职业健康工作是一项十分艰巨复杂的任务，其形势不断变化，各方面矛盾错综复杂。新中国成立以来，尤其是改革开放以来，我国在工人职业健康工作方面做了若干努力，根据不断变化的新形势，应对不断产生的新矛盾，积极保障工人阶级的职业健康。

1. 党和国家领导人高度重视

我国领导人多次强调人的生命的宝贵，并指出发展不能以牺牲人的生命为代价。如胡锦涛同志曾指出：“人的生命是最宝贵的。我国是社会主义国家，我们的发展不能以牺牲精神文明为代价，不能以牺牲生态环境为代价，更不能以牺牲人的生命为代价。”[①] 李克强总理曾指出：“人的生命最为宝贵，要采取更坚决措施，全方位强化安全生产……”[②]

关于职业病防治工作，中共中央领导人在多次讲话中都有所强调，国务院政府工作报告中也反复重申。如胡锦涛同志2008年10月在全国总工会新一届领导班子成员和中国工会十五大部分代表座谈时指出：“要把加强安全生产、防治职业病等工作放在突出位置，切实保障广大职工群众生命安全和身心健康。”[③] 温家宝同志于2011年3月和2012年3月、李克强总理于2014年3月，在国务院政府工作报告中都反复强调，要对职业病进行预防控制和规范管理。

关于安全生产工作，党和国家领导人更是日益重视。2006年3月5日和3月29日，温家宝同志和胡锦涛同志都曾就安全生产问题发表过重要讲话，并做出了一系列具体部署。温家宝同志在第十届全国人民代表大会第四次会议上所作的政府工作报告强调要切实加强安全生产工作，指出“安全生产责任重于泰山，经济发展必须建立在安全生产的基础上”。[④] 并对加强安全生产工作的措施作出了具体部署，如强化各级政府和企业的责任意识、加快煤炭等行业改革重组步伐、加大安全生产投入等。胡锦涛同志在中共中央第三十次集体学习时指出：“加强安全生产工作，关键是要全面落实安全第一、预防为主、综合治理的方针，做到思想认识上警钟长鸣、制度保证上严密有效、技术支撑上坚强有力、监督检查上严格细致、事故处理上严肃认真。”[⑤] 2014年3月、2015年3月，李克强同志在政府工作报告中都对安全生产进行了强调，指出安全生产这根弦任何时候都要绷紧。2020年4月，习近平同志进一步对安全生产作出重要指示，要求强化企业主体责任落实，牢牢守住安全生产底线，切实维护人民群众生命财产

① 《胡锦涛文选》第2卷，人民出版社，2016，第432页。

② 《十八大以来重要文献选编》中，中央文献出版社，2016，第392页。

③ 胡锦涛于2008年10月在全国总工会新一届领导班子成员和中国工会十五大部分代表座谈时的讲话，摘自中华社会救助基金会网站，http://www.csaf.org.cn，访问日期：2015年8月2日。

④ 温家宝于2006年3月5日在第十届全国人民代表大会第四次会议上所作的政府工作报告，详见中国政府网，http://www.gov.cn，访问日期：2015年8月2日。

⑤ 胡锦涛于2006年3月在中共中央政治局第三十次集体学习时的讲话，详见《新华日报》2006年3月29日。

安全。他指出："生命重于泰山。各级党委和政府务必把安全生产摆到重要位置，树牢安全发展理念，绝不能只重发展不顾安全，更不能将其视作无关痛痒的事，搞形式主义、官僚主义。要针对安全生产事故主要特点和突出问题，层层压实责任，狠抓整改落实，强化风险防控，从根本上消除事故隐患，有效遏制重特大事故发生。"①

2. **中央政府积极应对**

从中央政府的层面来看，2005 年 10 月，我国政府积极响应世界劳工组织（ILO）和世界卫生组织（WHO）在 2030 年全球消灭尘肺病的号召，加入国际劳工组织《职业安全和卫生及工作环境公约》（第 115 号公约），承诺切实履行政府的责任。2011 年我国将 312 万名企业"老工伤"人员和工亡职工供养亲属纳入工伤保险统筹管理。2015 年的国务院政府工作报告又提出降低失业保险、工伤保险等缴费率。2019 年，人社部、国家卫健委下发通知。要求自 2020 年起，煤矿、非煤矿山、冶金、建材等尘肺病重点行业将开展为期三年的工伤保险扩面和工伤预防专项行动，原则上做到应保尽保，以降低工伤发生率。

从中央所属部门来看，国家卫生和计划生育委员会、国家安全生产监督管理总局等部门出台了一系列部门性政策和规定，对于职业病防治和个人健康权益保障进行规范和管理。

为了规范用人单位的卫生条件和对职业病患者进行诊断，卫生部于 2002 年先后公布了《职业健康监护管理办法》和《职业病诊断与鉴定管理办法》，并随着我国职业病防治形势的变化对上述两个办法及时予以修订。2013 年，卫生部以第 91 号令公布了新版《职业病诊断与鉴定管理办法》，对原来的相关规定做了较大修改，主要是强化了职业病诊断机构、用人单位和劳动仲裁部门对职业病患者提供服务的职能，更大限度地为职业病患病群体提供医疗、工伤和法律救助。规定"劳动者依法要求进行职业病诊断时，职业病诊断机构应当接诊，用人单位也必须在接到诊断单位通知十日内，提供其掌握的诊断所需材料。例如，劳动者对单位

① 《习近平对安全生产作出重要指示》，中华人民共和国中央人民政府网站，http：//www.gov.cn/xinwen/，访问日期：2020 年 6 月 15 日。

提供的职业史和危害接触史有异议，可提请当地劳动仲裁”等。2015年，卫计委以5号令公布了《职业健康检查管理办法》，取代了2002年版的《职业健康监护管理办法》。新办法包括六章二十八条，对于职业健康检查机构的职责做了详细规定，对需要进行职业健康检查的类别进行了规范等。

为了规范和指导全国的职业健康工作和规范用人单位的工作环境，国家安监总局也出台了相应规定。2011年，国家安监总局出台了《国家安全监管总局关于加强职业健康工作的指导意见》，该意见共含六个部分三十三个条目，主要在落实用人单位的主体责任、防控和消减职业危害、保障劳动者的生命健康权益等方面提出了指导性意见。2012年，国家安监总局又颁布了《工作场所职业卫生监督管理规定》，该规定包含五章六十条，对用人单位的职责、工作场所的设施要求、检查监督工作的开展、法律责任的认定等都做出了较为详细的规定。

3. 职业病防治立法工作日趋完善

新中国成立以来，尤其是改革开放以来，全国人大和国务院先后出台了一系列职业病防治和职工健康权益保障的相关法律、法规、条例等，有效规范了我国的职业病防治工作和工人健康保障工作，使其逐步趋于有法可依。

1987年12月，国务院颁布了《中华人民共和国尘肺病防治条例》，该条例共包括六章二十八条，主要针对的是有粉尘作业的企业、事业单位。条例对乡镇企业给予特别关注，要求其主管部门必须指定专人负责乡镇企业尘肺病的防治工作；提出了所在单位对初次从事粉尘作业的职工进行教育和考核的要求；并指出由“卫生行政部门、劳动部门和工会组织”对尘肺病防治工作进行监督；同时规定了对尘肺病防治工作的奖惩规定，尤其具有操作性和震慑力的是对于违反该条例行为的处罚规定，包括警告、限期治理、罚款和停业整顿等。

2001年10月，第九届全国人大常委会第二十四次会议通过了《中华人民共和国职业病防治法》，该法自2002年5月1日起施行；2011年，全国人大常委会对该法进行了多达45项的修改，并于2011年12月31日重新公布施行，目前该法内容共计七章九十条。修改后的《职业病防治法》

在职业病的预防、认定方面做出了若干明确具体的规定，并且明确规定用人单位的主要负责人对本单位的职业病防治工作全面负责，从立法层面取得了很大进步，对于我国的职业病防治工作具有重要的规范作用。

2002 年 4 月，国务院公布《使用有毒物品作业场所劳动保护条例》，该条例共含八章七十一条，旨在保证作业场所安全使用有毒物品，预防及控制和消除职业中毒危害，保护劳动者的生命安全和身体健康及其相关权益。条例规定了用人单位在预防职业中毒方面的责任，要求用人单位依法参加工伤保险；对工会组织在职业卫生宣传教育和培训、职业病防治监督等方面的工作做出了规定；同时提出加强对有关职业病发病机理和发生规律的基础研究，提高有关职业病防治科学技术水平等。

2003 年 4 月，国务院颁布《工伤保险条例》，该条例于 2004 年 1 月 1 日起施行。条例共包括八章六十四条，相对详尽地规定了工伤保险的缴纳、管理、支取等方面的内容，对于促进用人单位为职工缴纳工伤保险、及时为职工提供医疗费用等具有重要意义，在现实层面上使职工的工伤、职业病治疗有章可循，规范了用人单位和劳动保障部门的行为，在维护职工权益方面发挥了很大作用。

2009 年 5 月，国务院办公厅印发了《国家职业病防治规划（2009 ~ 2015 年）》，对于职业病防治工作进行了总体规划，提出全国职业病规划的总体目标：到 2015 年，新发尘肺病病例年均增长率由现在的 8.5% 下降到 5% 以内，基本控制重大急性职业病危害事故的发生，硫化氢、一氧化碳、氯气等主要急性职业中毒事故较 2008 年下降 20%，主要慢性职业中毒得到有效控制，基本消除急性职业性放射性疾病。

4. **职业病分类目录不断细化**

随着国家对职业病防治工作的日益重视，我国对职业病病种的规定不断趋于完善。1957 年，我国首次发布了《关于试行“职业病范围和职业病患者处理办法”的规定》，将职业病确定为 14 种；1987 年对其进行调整，增加到 9 类 99 种；2002 年，卫生部联合劳动保障部发布了《职业病目录》，将职业病增加到 10 类 115 种，与 1987 年职业病分类比较，增加 1 类，即将职业性放射性疾病从物理因素所致疾病分类中提出，单独分为一类；2013 年 12 月，国家卫生计生委、人力资源和社会保障部、国家安全监管总局、全国总工会四部门又联合印发了《职业病分类和目录》。该分类和目录将职业病分为职业性尘肺病及其他呼吸系统疾病、职业性皮肤病、职业性眼病、职业性耳鼻喉口腔疾病、职业性化学中毒、物理因素所致职业病、职业性放射性疾病、职业性传染病、职业性肿瘤和其他职业病，共计 10 类 132 种。

5. 部分地方政府探索新路径

职业病防治工作在中央领导的基础上，最终需要落实到地方政府的层面，有时甚至需要下沉到基层政府的层面。从地方政府的层面来看，在职业病防治方面走在前列的主要是广州、深圳、江西等地。

广州市在职业病防治方面的特色在于加大了对用人企业的规范和引导力度。2015 年 2 月，广州市人民政府公布了《广州市职业卫生监督管理规定》，该规定共包括五章四十二条，对该市的职业病防治和职业卫生进行监督管理和规范。该规定明确了用人单位是职业病防治的责任主体；并提出将企业职业病防护工作纳入诚信体系建设，一旦企业发生不良记录，将抄送相关信贷、招投标等单位；同时规定，安监等部门对船舶制造、箱包皮具、宝石石材加工、木质家具制造等重污染行业单位每年至少检查 1 次等。对企业行为的规范和引导是职业病预防的关键所在，也应成为国家层面上的制度趋向。

深圳市在职业病防治方面的特色在于各部门齐抓共管和较高的职业病补偿等方面。以 2010 年公布的《深圳市职业病防治规划（2011～2015）》为例，该规划在确定用人单位是防治第一责任人的基础上，对与职业病防治相关的各个政府部门的职责进行了具体规定，这些部门包括发展改革、科工贸信、财政、环保、卫生行政与监督、教育、公安、监察、民政、司法、人力资源和社会保障、国资监管、住房建设、税务、市场监管、法制办、海关等部门和工会、妇联以及行业协会等，这些细化的规定，有利于各部门之间协调合作，形成职业病防治的社会合力。

江西省在推进工伤保险覆盖面方面做出新规定。2015 年 2 月，针对一线建筑工人工伤待遇落实难的问题，江西省人社厅、住建厅等四部门联合行动，扩展建筑施工企业参加工伤保险的覆盖面，规定建筑业工伤保险从单一的用人单位参保拓展为可按项目工程造价参保，要求各地新开工建设项目要实现100%参保，在建项目要实现80%参保，为一线工人提供更有力的保险保障等。

6. 部分工会和社会组织作用突出

工会从其性质上来看，是中国共产党领导的职工自愿结合的工人阶级群众组织，从其功能上来看，是党联系职工群众的桥梁和纽带，是职工利益的代表。可以说，在维护一线工人健康权益方面，工会组织具有得天独厚的传统优势。目前我国国有企业中基本都设有工会组织，这些工会组织在一定程度上可以发挥协调企业和工人关系、维护工人合法权益的作用。但近二三十年来我国经济形势发生了急剧变化，新兴企业主阶层逐年壮大，农民工群体迅速膨胀。而在众多的私营企业中，工会组织的建制化还不够广泛，致使大量的新兴农民工缺乏合法组织的保护，权益受侵害状况突出。在这种新形势下，工会组织需要克服失语和无作为的状态，切实发挥维护工人合法权益的作用。

在维护工人健康权益方面，一个突出的典型是浙江省义乌市总工会。[①]义乌市总工会以表达和维护职工合法权益为重点，成立“义乌市总工会职工法律维权中心”，联合、协调社会各方力量维护工人的合法权益。进行了一系列组织机构的创新，拓展了非公企业工会组织体系，建立镇街村联合工会，建立市场工会和行业工会等，并会同市安监局在全市企业中开展“工会主动参与职业卫生安全”长效管理机制建设活动，注重对职工安全健康权的整体维护和事前维护，加强企业内部维权机制建设，推进职代会制度、平等协商和集体合同制度、职工教育培训制度等。“以工人队伍的多元变化为行为出发点，彻底跳出了单位制的思维和工作方法，在大市场、大社会、大组织的层面上建构工会工作体系，形成全覆盖的工会工作体系。”[②] 在维护一线工人权益方面积累了若干成功经验。

---

① 韩福国：《工会转型与组织资源整合——“义乌工会社会化维权模式”的过程》，载周红云主编《社会管理创新》，中央编译出版社，2013，第186~212页。

② 韩福国：《工会转型与组织资源整合——“义乌工会社会化维权模式”的过程》，载周红云主编《社会管理创新》，中央编译出版社，2013，第210页。

除了义乌市总工会这一制度化的社会组织外，还有一些基金会或法律援助中心在帮助一线工人维护健康权益和职业病防治方面也发挥了突出作用。如成立于2004年中国煤矿尘肺病防治基金会，在救助尘肺病矿工、预防尘肺病发生方面，发挥了较大作用。截至2014年底，基金会已经累计治疗12.55万名尘肺矿工，设立定点医院41家，在主要产煤省区建立了代表处（联络办）21处，大力推广肺灌洗先进技术，不断规范尘肺病综合治疗工作。[①] 再如缘起于2011年的“大爱清尘基金”，是由著名记者王克勤联合中华社会救助基金会共同发起的，致力于救助中国600万尘肺病农民，并致力于推动预防和最终消灭尘肺病。[②]

（二）我国水工程移民和生态移民政策不断完善

移民问题是一项涉及政治、经济、社会等各个方面的复杂系统工程，我国在新中国成立初期至20世纪80年代，对于水工程移民的权益保护并未给予太多的关注，新中国成立之初，我国也没有设立专门的移民管理机构。但移民后续问题的显现，迫使国家在宏观层面做出相应的机构增设和政策调整。1985年，原水电部专门设立水库移民机构，开始了移民工作的规范化管理。目前，我国水利工程移民的最高管理机构是水利部水库移民开发局，各省的水利厅也都有相应的下属机构；在生态移民方面，我国目前主要由国家发改委牵头，各地方政府则有专门的扶贫机构负责生态移民的管理工作。移民的管理机构基本上处于比较健全的水平。自20世纪80年代中期以来，国家在移民的政策规定方面，密集出台了一系列相关的法律法规和政策规定，使移民政策不断完善，在移民的权益保障方面取得了较大进步。下文我们择要列举在水工程移民和生态移民工作中的标志性文件及法规。

1.《国家建设征用土地办法》

1953年，政务院通过《国家建设征用土地办法》（该办法于1957年又经国务院进一步修正），对于征用土地及其补偿办法做了规定。如“国家

---

① 杨召奎：《全国累计报告职业病83万例，尘肺病占九成》，http：//www.workercn.cn，访问日期：2015年3月20日。

② “大爱清尘”官网，http：//www.daaiqingchen.org，访问日期：2016年1月5日。

建设征用土地……必须对被征用土地者的生产和生活有妥善的安置”“征用土地的补偿费，由当地人民委员会会同用地单位和被征用土地者共同评定。对于一般土地，以它最近二年至四年的定产量的总值为标准；对于茶山、桐山、鱼塘、藕塘、桑园、竹林、果园、苇塘等特殊土地，可以根据具体情况变通办理”“遇有因征用土地必须拆除房屋的情况，应该在保证原来的住户有房屋居住的原则下给房屋所有人相当的房屋，或者按照公平合理的原则发给补偿费”“对被征用土地的水井、树木等物和农作物，都应该按照公平合理的原则发给补偿费”，等等。[①] 同年随后召开的全国水利会议明确规定了水库移民应遵循的原则：“兴修水库或开辟蓄洪区尽可能在少迁移人口的原则下举办；必须保证被迁移人口的生活水平不低于迁移前的水平；在迁移时尽可能由政府发给足够的迁移赔偿费；尽可能地做到不损害接受移民地区的群众利益；同时还要进行艰苦细致的政治工作，做到对新迁来户不排挤、不欺生。”[②]

2. **《中华人民共和国土地管理法》**

1986 年，第六届全国人大常委会通过并颁布了《中华人民共和国土地管理法》，对土地征用做出了进一步的规范，提高了征地补偿的标准，并对“安置补助费”做了初步规定。如“征用耕地补偿费，为该耕地被征用前三年平均年产值的 3 至 6 倍”“国家建设征用土地，用地单位除支付补偿费外，还应当支付安置补助费。征用耕地的安置补助费，按照需要安置的农业人口数计算”，等等。[③] 2004 年 8 月，全国人大常委会对该法进行修正，除重点为移民恢复生产外，逐渐考虑基础设施配套建设，充分尊重地方意见。

3. **《大中型水利水电工程建设征地补偿和移民安置条例》**

1991 年，国务院颁布《大中型水利水电工程建设征地补偿和移民安置条例》（国务院令第 74 号），该条例是我国首次针对水利水电工程移民制

---

① 《国家建设征用土地办法》（修正），法律图书馆网站，http：//cache. baiducontent. com，访问日期：2016 年 4 月 23 日。

② 杜景灿、张宗玟、龚和平、卞炳乾：《水电工程移民长效补偿研究》，中国水利水电出版社，2011，第 4 页。

③ 《中华人民共和国土地管理法》（1986 年版），法律图书馆网站，http：//cache. baiducontent. com，访问日期：2016 年 4 月 23 日。

定的专门条例，共五章二十七条，在新中国的水工程移民史上具有里程碑式的意义。条例“总则”中阐明，国家提倡和支持开发性移民，采取前期补偿、补助与后期生产扶持的办法；并规定了水利水电工程移民的几项原则，主要包括正确处理国家、集体、个人之间的关系，移民区和移民安置区应当服从国家整体利益安排；逐步使移民生活达到或者超过原有水平等。同时，该条例对移民安置规划给予重视，规定移民安置规划应当与设计任务书（可行性研究报告）和初步设计文件同时报主管部门审批。没有移民安置规划的，不得审批工程设计文件、办理征地手续，不得施工；在安置地点的选择方面，规定优先在本乡、本县内安置，其次是在受益地区内安置，然后是外迁安置；该条例规定，按照规划必须搬迁的移民不得借故拖延搬迁和拒迁，而且经安置的移民不得擅自返迁，移民扶持时间为五至十年等。①

4.《关于易地扶贫搬迁试点工程的实施意见》

《关于易地扶贫搬迁试点工程的实施意见》（计投资〔2001〕2543 号）指出，易地扶贫搬迁工程是新世纪扶贫工作和实施西部大开发战略的重要举措，也是促进西部地区生态环境改善的一个有益尝试，决定在西部地区开展易地扶贫搬迁试点工作，拉开了我国生态移民的序幕。该意见对我国的生态移民政策具有基础性的作用，引导着我国生态移民工作的基本方向。该意见关于易地搬迁的基本规定主要有以下四个方面：一是工程所需资金由国家和地方共同负担，并在条件允许的情况下，搬迁群众可承担部分费用；二是试点工程坚持扶贫与生态建设相结合的原则，群众自愿的原则，先开发、后搬迁的原则等，力图把扶贫工作和生态恢复建设结合，促进西部地区经济、社会和生态环境协调发展；三是易地搬迁不搞统一模式，单个安置点的规模可大可小、安置形式可以多种多样；四是鼓励和倡导贫困群众发扬自力更生精神，坚持开发式扶贫的方针，不搞“包下来”的政策。②

---

① 《大中型水利水电工程建设征地补偿和移民安置条例》（1991 年），北极星电力新闻网，http：//news. bjx. com. cn，访问日期：2016 年 4 月 26 日。

② 《关于易地扶贫搬迁试点工程的实施意见》，http：//www. scfpym. gov. cn，四川扶贫与移民网，访问日期：2016 年 4 月 27 日。

5.《关于深化改革严格土地管理的决定》

2004年10月，国务院出台《关于深化改革严格土地管理的决定》（国发〔2004〕28号），强调要进一步完善最严格的土地管理制度，并在征地补偿办法、被征地农民安置方式以及征地程序等方面做出更为详细的、适应时代要求的规定。如“县级以上地方人民政府要采取切实措施，使被征地农民生活水平不因征地而降低。要保证依法足额和及时支付土地补偿费、安置补助费以及地上附着物和青苗补偿费”“县级以上地方人民政府应当制定具体办法，使被征地农民的长远生计有保障”“劳动和社会保障部门要会同有关部门尽快提出建立被征地农民的就业培训和社会保障制度的指导性意见”“对拟征土地现状的调查结果须经被征地农村集体经济组织和农户确认……要加快建立和完善征地补偿安置争议的协调和裁决机制，维护被征地农民和用地者的合法权益。经批准的征地事项，除特殊情况外，应予以公示”，等等。[①]

6.《关于完善征地补偿安置制度的指导性意见》

2004年11月，在国发〔2004〕28号文件的基础上，国土资源部颁布《关于完善征地补偿安置制度的指导性意见》，对于征地补偿标准、被征地农民的安置途径、征地工作程序等提出了若干意见，进一步提高了补偿标准，拓展了安置途径，并更加规范了征地程序。如“土地补偿费和安置补助费的统一年产值倍数，应按照保证被征地农民原有生活水平不降低的原则，在法律规定范围内确定；按法定的统一年产值倍数计算的征地补偿安置费用，不能使被征地农民保持原有生活水平，不足以支付因征地而导致无地农民社会保障费用的，经省级人民政府批准应当提高倍数；土地补偿费和安置补助费合计按30倍计算，尚不足以使被征地农民保持原有生活水平的，由当地人民政府统筹安排，从国有土地有偿使用收益中划出一定比例给予补贴。经依法批准占用基本农田的，征地补偿按当地人民政府公布的最高补偿标准执行”；在被征地农民的安置方式上，规定了农业生产安置、重新择业安置、入股分红安置、异地移民安置等多种方式；在征地工

① 《国务院关于深化改革严格土地管理的决定》，中华人民共和国国土资源部网站，http://www.mlr.gov.cn，访问日期：2016年4月23日。

作程序方面，具体规定了三个步骤：一是告知征地情况，二是确认征地调查结果，三是组织征地听证。这些规定在一定程度上规范了移民征地工作，减少了移民后续问题的发生等。

7.《大中型水利水电工程建设征地补偿和移民安置条例》

《大中型水利水电工程建设征地补偿和移民安置条例》于2006年3月由国务院第130次常务会议通过，2006年7月公布（国务院令第471号），原1991年的同名条例同时废止（后面将其称为“新条例”，以区别于1991年的“旧条例”）。“新条例”是国务院在《中华人民共和国土地管理法》和《中华人民共和国水法》等相关法律法规的基础上，结合我国水利水电工程移民工作的新情况制定的，共八章六十三条。与1991年的“旧条例”相比，“新条例”更加强调以人为本，对移民安置规划编制、移民安置、后期扶持等工作做了非常详细的规定。在移民安置原则方面，“新条例”提出：“以人为本，保障移民的合法权益，满足移民生存与发展的需求”；“控制移民规模”；“可持续发展，与资源综合开发利用、生态环境保护相协调”等原则。对于移民规划安置大纲，“新条例”做了非常详细的规定：一是大纲编制的主体是项目法人，没有成立项目法人的则由项目主管部门会同移民区和安置区县级以上地方人民政府编制；二是大纲的内容应包括移民安置的任务、去向、标准、生产安置方式、移民生活水平评价、迁移后生活水平预测、水库移民后期扶持政策等；三是大纲编制应当广泛听取移民和移民安置区居民的意见，必要时，应当采取听证的方式等。在具体的安置工作方面，“新条例”也做出了较为详细的规定：一是移民区和移民安置区县级以上地方人民政府负责移民安置规划的组织实施；二是对本县、本省以及跨省安置的移民分别规定了不同的资金移交主体；三是规定搬迁费和个人财产补偿费由移民区县级人民政府直接全额兑付给移民。“新条例”在执行力度上增加了刚性要求，一是规定了国家对移民工作实行全过程监督与评估，二是对移民资金的拨付实行稽查制度，三是明确规定了应当追究法律责任的违法行为等。[①]

---

① 《大中型水利水电工程建设征地补偿和移民安置条例》，中央人民政府网站，http://www.gov.cn，访问日期：2016年4月26日。

8.《关于完善大中型水库移民后期扶持政策的意见》

国务院《关于完善大中型水库后期扶持政策的意见》（国发〔2006〕17号），于2006年5月成文，2008年3月公布。该扶持意见重点在于帮助水库移民脱贫致富，对于水库移民后期扶持的目标、范围、标准、期限和扶持方式等都提出了指导性意见。在扶持目标方面，该意见指出，近期目标是解决水库移民的温饱问题以及库区和移民安置区基础设施薄弱的突出问题；中长期目标则是加强库区和移民安置区基础设施和生态环境建设，使移民生活水平不断提高，逐步达到当地农村平均水平。具体扶持标准是每人每年补助600元。在扶持年限方面，对2006年6月30日前搬迁的，再扶持20年；对2006年7月1日以后搬迁的，从其完成搬迁之日起扶持20年。扶持方式是直接发放和项目扶持两种方式。[①]

二　在现有制度条件下环境权益保障面临的困境

虽然我们在一线工人职业健康和两类移民政策完善等方面取得了一定成绩，但在现有制度条件下，我国环境权益保障仍然面临一系列困难，如一线工人职业病患者面临企业责任认定困难，住院手续烦琐、医药费负担较重等困难；工矿企业周边居民面临事后被动维权、行政投诉收效不大、法律诉讼途径困难等困境；移民搬迁后主要面临生活困难、花费增加、打工困难等问题。

（一）工矿企业一线工人面临的困境

根据课题组2015年4月至8月的调研，一线工人中的职业病患者在患病后遇到了较多的困难。这些困难主要包括：企业责任认定困难；住院手续烦琐，医药费负担较重、病情随病程的延长而加重；对家庭生活造成不良影响。

1. 企业责任认定困难

企业赔偿和治疗责任的认定，是职业病患者得到及时有效治疗的必要

---

① 《关于完善大中型水库后期扶持政策的意见》，中央人民政府网站，http://www.gov.cn，访问日期：2016年4月27日。

经济条件。在企业责任的认定方面，国有企业一般较为规范，自觉缴纳工伤保险，工人患病后可以较为顺利地获得工伤保险的赔偿和治疗费用。但在私有企业责任的认定方面，状况则不太理想。在私有企业打工的人员，一旦患病，很难通过正常渠道获得赔偿或治疗，有的私有企业的工人患者根本得不到工伤保险赔付，被迫自费进行治疗。更有甚者，还有患者因为讨要赔偿或治疗费用而遭到企业的殴打或报复。如某东部沿海省份某工人患病前长期在一私有铁矿厂工作，工种为井下掘进，患矽肺病后找老板要钱治病，老板说没钱，并且也没有为他购买工伤保险。该工人目前治病的8000多元钱是弟弟妹妹们帮忙凑的。①

2. 住院手续烦琐，医药费负担较重

根据我国的相关规定，职业病患者的指定就医医院是各地的职业病防治医院或综合医院的职业病科，否则不能获得工伤保险费用，但目前的规定程序较为烦琐，患者需要自己去社会保障部门工伤保险处办理相关手续，一般情况下，相关住院手续的办理需要一个月左右的时间，这对于已经患病的工人来说，既加重了他们的精力消耗，也可能造成治疗时机的延误。

在医药费负担方面，对于能够享受到工伤保险的患者而言，报销比例还显得偏低，有些特别具有疗效的药物没有包含在报销范围之内。如我们在与东部某省的病友座谈中了解到，在治疗矽肺病的药物中，汉甲的效果很好，但不在该省规定的报销范围之内，有的患者为了得到较好的疗效，只好自费购买汉甲。② 还有些患者在得了一种职业病之后，引发了其他并发症，而相关规定仅职业病的治疗费用可以报销，其他并发症的治疗则不在报销范围之内，给患者造成了较大的经济负担。

3. 病情随病程的延长而加重

职业病一般潜伏期较长，发现后治疗过程也相对漫长，有的疾病可能是终生难以治愈的。在调研中发现，部分患者的病情随着病程的延长而逐渐加重，患者的身体健康状况不断降低，体力下降，自理能力下降。如某

---

① 资料来源：课题组在山东淄博某职防院的访谈。被访谈人：吴某，男，45岁。访谈人：刘海霞，访谈时间：2015年5月6日。

② 课题组在山东淄博某职防院的病友座谈会。被访谈人：刘某，男，53岁。访谈人：刘海霞，访谈时间：2015年5月6日。

矽肺病患者的案例，该工人1982年起在某铁矿厂工作，该企业原来是国有企业，后经破产、改制，现为民营企业。2007年，该工人查出矽肺病；2008年鉴定为Ⅰ+期矽肺病，六级伤残；2009年鉴定为Ⅱ期矽肺病，三级伤残；2015年进展到Ⅲ期。每年都需要来住院，胸口发闷，身体疼痛，生活质量受到严重影响。①

在身体状况每况愈下的同时，有些患者在住院治疗期间产生了较为严重的心理不适状况，对自身生活和家庭未来都产生了较深的焦虑情绪。在与他们交谈的过程中，感到对生活和未来失去信心的人不在少数，他们对自身疾病治愈的可能性心存疑虑，同时对企业不管不问的态度非常失望。很多职业病患者患病前是企业的劳模、骨干，在工作中任劳任怨，积极努力，但患病后发现企业并不积极落实相关待遇或赔偿，产生了较大的心理落差。

4. 对家庭生活造成不良影响

职业病的特点是不易治愈，尤其不可能在短期内治愈，患者需要长期住院，有的职业病患者需要常年住院，对家庭生活及未成年子女的教育产生了较为严重的不良影响。

首先是住院期间家庭收入的下降。一般而言，住院期间企业不给工人发放全额工资，甚至有的企业在报销医药费后不再给工人发工资，导致其家庭收入下降或经济来源中断。如工人张某，患矽肺病7年，患病前在某私营耐火材料厂工作，患病后丧失劳动能力，每年在医院住300多天，厂里负担其每年的医疗费用十六七万元。但住院期间厂里不再给他发放工资，每天15元的生活费也需要自己去厂里讨要，不要不给。②

其次是中青年职业病患者未成年子女的教育面临困难。在我们调研的职业病患者中，年龄最小的仅有29岁，30岁至45岁的职业病患者不在少数，这些患者的子女绝大多数尚未成年，有的才四五岁，有的上小学或中学。在患者住院期间，他们的未成年子女长期面临家长缺位的状况，造成

① 课题组在山东淄博某职防院的访谈。被访谈人：刘某，男，53岁。访谈人：刘海霞，访谈时间：2015年5月6日。

② 课题组在山东济南某职防院的访谈。被访谈人：张某，男，43岁。访谈人：刘海霞，访谈时间：2015年4月13日。

亲情的缺失，产生很多教育方面的问题；同时，由于家长住院且收入来源减少，他们往往不能继续接受更好的教育。

最后是长期住院对患者的家庭关系等产生不利影响。职业病患者常年住院，需要亲属的长期陪床照料，对家属正常的生产生活秩序均产生了不利影响；同时，由于自身长期住院，职业病患者应尽的家庭义务，如孝敬老人、关爱配偶等更是无从谈起，家庭生活受到了较为严重的影响。在我们对职防院的调研中，发现所有的病房都是3～4人或更多床位的设计，没有考虑到职业病患者及其家属单独交流的需要，尤其是那些每年住院时间超过10个月的患者，基本没有与家属进行私人化交流的空间，不利于家庭关系的维系和巩固。

（二）工矿企业周边居民面临的困境

在污染企业与周边居民的利益博弈中，无论是现实的制度安排还是实际的力量对比，企业都处于明显的强势地位，周边居民处于明显的劣势，是被动承受污染损害的一方。对于污染企业通过污染环境加之于自身的侵害，周边居民制止侵害的渠道不畅，反抗能力有限，遭受侵权并且得不到合理补偿的可能性很大。污染企业周边居民在维护自身权益方面面临严重的困境，这一困境在目前的状况下很难通过合法途径来突破，因而产生了一些居民通过非法途径自力救济的事件。下文中我们仍然结合在污染受害者法律帮助中心的咨询案例，对污染企业周边居民的维权困境加以分析。

1. 事后被动维权

环境污染对人体健康造成的不良后果往往是不可逆的，最好的应对方式是提前预防，避免污染的发生。而污染企业周边居民由于受教育水平的限制，往往比较缺乏环境知识，在企业入驻本地区之初并不能预见到它的污染行为，而且作为普通居民，他们也并没有对入驻企业的审批权力，所以，在企业入驻这一环节，周边居民是处于被动无知状态的。同时，企业的污染行为何时发生，属于哪种污染，污染的危害程度有多大，这些都是企业的单方面行为，周围居民也处于被动无知的状态；况且，企业污染后果的显现有一定的滞后性，等居民意识到污染的后果时，自身的生命健康或财产安全已经遭受了不可逆的损失。即他们基本不可能提前预防发生在他们身上的侵害，只能在企业的侵害行为发生后被动维权，这就形成了他们维权方面的被动局面和“后发”劣势。

这种被动局面主要表现在以下三个方面。一是污染造成的损失额度不易确定。污染企业对居民庄稼、林木等农业产品的侵害是渐进的，往往要等到收获季节才能确定损失的额度，很难即时提出补偿的准确数额。二是污染侵害的不可逆性。污染企业造成的侵害有些是不可逆的，也是不可能完全补偿的，如对居民健康的侵害、对新生儿健康的影响等，这些侵害一旦产生，居民的健康就基本不可能恢复到患病前的状况，有的甚至直接导致居民的死亡等，这类侵害对于居民是十分残酷的。三是因果关系难以确定。企业的污染是直接针对其周边环境的，对于周边居民的侵害是间接和隐蔽的，居民受到侵害，想要索赔时，面临的问题是难以确定污染行为和损失之间的因果关系，得到法律支持的概率较低。

这种事后维权的被动局面，导致居民只能先遭受企业长期的污染侵害，在污染后果累计显现之后才能采取维权行为，但由于操作层面的原因，加上他们自身经济能力的局限和可利用社会资源的局限，维权成功的概率很低，能够获得赔偿的可能性极小，并且发生在他们身上的健康侵害是不可能被完全赔偿的，再高额的经济赔偿也无法弥补某些民众付出的生命代价。

2. 居民没有能力制止企业的污染行为

除了少数违规建设的小型企业外，大部分污染企业都是经过当地政府批准并在工商部门注册的，在名义上是合法生产的单位，虽然其存在违规偷排的行为，但我国的法律法规并没有赋予周边居民责令其停产的权力，所以他们自身并不能制止企业的污染行为，不能进行及时的自我防卫。在企业的生产过程中，对于个别居民的意见往往不予重视，甚至通过各种手段对有意见的居民进行打击报复，以震慑其他居民并维持自己的生产。

如我们在调研中发现的某市一搪瓷厂，就建在距居民住宅不足 5 米的区域，该厂在晚上进行生产，发出很大的噪声，并释放粉尘、有害气体等，导致周边居民晚上不敢开窗户，对周边居民的正常生活影响很大，居民找到企业要求改进，企业不但不改进，还派人在夜间往居民家中扔投石头等杂物，并对居民进行肢体攻击，以单个居民或几户居民的力量根本不足以与企业进行抗争。①

3. **行政投诉收效不大**

居民在受到权益侵害后，不能通过自己的能力制止企业的污染，因而在受到污染侵害后，居民一般首先会选择向环保部门反映或投诉，在188份案例中，向环保部门投诉或反映的有74例，占案例总数的39.4%。但在74例向环保部门反映的案例中，环保部门明确给出回复的有27例，获得回复的比例为36.5%；环保部门不受理或没有答复的有28例，占比37.8%；其他情况及未标注的有19例，占比25.7%。也即当居民由于企业污染而向环保部门求助时，获得回复的比例不足50%（见图3-1）。

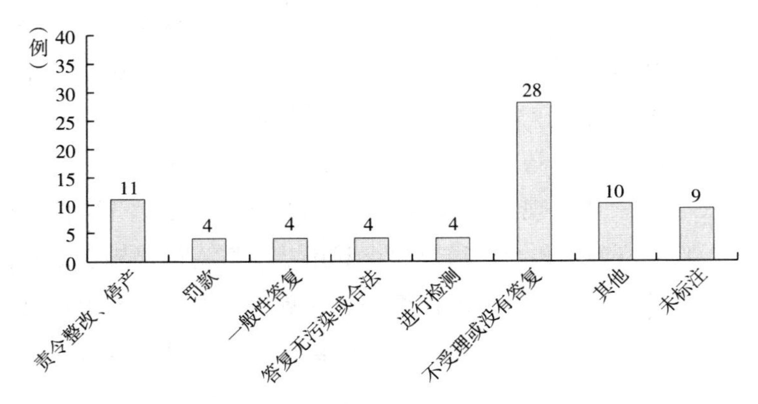

图3-1　当地环保部门对居民投诉的回复情况

资料来源：课题组2016年4月在中国政法大学“污染受害者法律帮助中心”的调研数据。

更进一步来看，在这27例回复中，没有明确指令的一般性答复有4例；答复无污染或合法的有4例；而真正做出责令整改、停产、罚款或进行检测的仅为19例，占反映案例总数量的25.7%；在发出整改或停产通知的11例中，仅有1例企业停产或搬迁，其余10例都没有执行环保部门要求，而是继续生产和排污，并且有1例对群众进行打击报复。也就是说即使环保部门对污染企业做出了整改、停产或罚款等决定，但这些命令得到执行的比例是极低的，污染企业对于环保部门的决定基本是不予理睬或阳奉阴违的。

---

① 课题组在东部某省的访谈。被访谈人：张某，男性，45岁，访谈人：刘海霞，访谈时间：2015年10月31日。

4. 与企业协商难以达成一致

除了向环保部门和当地政府反映情况以外，还有部分居民采取了直接与企业协商的方式，而这一方式同样较难达成赔偿等维权意愿。在居民与企业协商的14个案例中，没有一例获得全额赔偿，企业给予部分赔偿的有4例，企业推脱、不予赔偿的有4例，企业给予治疗的有1例，企业继续生产的有1例，还有1例是20人被拘留，有的被判刑（见图3－2）。

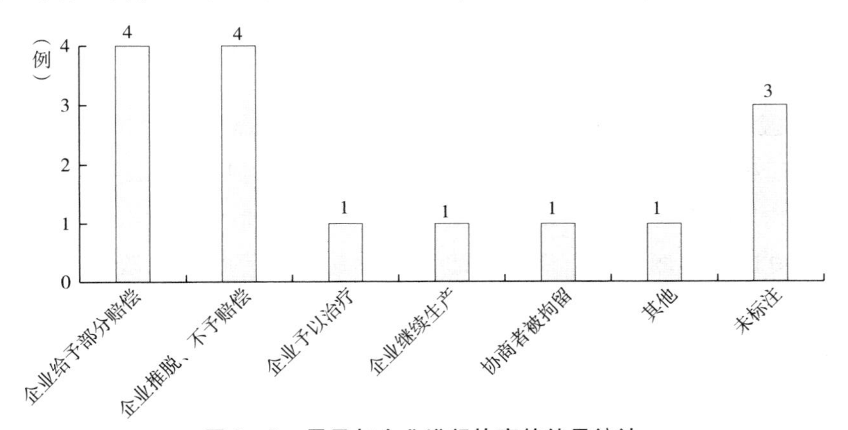

图3－2 居民与企业进行协商的结果统计

资料来源：课题组2016年4月在中国政法大学“污染受害者法律帮助中心”的调研数据。

5. 诉讼途径困难重重

在行政投诉和与企业协商都难以取得预期效果的情况下，居民还有没有其他的维权途径呢？根据我国法律的规定，居民还可以采取诉讼的方式维护自身权益，但诉讼这一途径维权的方式依然是不容乐观的。在188个案例中，居民起诉企业的有15个案例，其中立案的8例，应该说这个立案的比例还是比较高的。但在这8项获得立案的案例中，除1例尚未开庭外，其他经过了开庭审理阶段的7个案例中，仅有1例胜诉，但后续的执行不到位，企业的赔偿款并未支付；有4例败诉，占立案总数的50%，还有1例虽于2008年立案，但到2011年仍未判决；还有1例情况不明。在可以确定的法院立案审理的8个案例中，仅有1例是居民胜诉，却遭遇到虽然胜诉但后续执行不到位的情况，可见居民采取诉讼手段获得预期效果的可能也是极其渺茫的。

（三）水工程移民和生态移民面临的困境

对于水工程移民和生态移民而言，迁移对他们的生产、生活以及未来前景都产生了巨大影响，他们被迫改变原有的生产方式和生活方式，但限于受教育水平和自身素质，他们又很难完成这种改变，所以，他们在社会适应性上存在一系列的困难和问题，长期处于较为贫困的状态。可以说，这种被迫性的迁移使他们的可持续发展权益受到了不同程度的剥夺或损害。

1. 搬迁后生活困难

我国移民数量众多，移民持续时间长，各个时期的移民政策不尽相同，尤其是新中国成立初期至 20 世纪 80 年代的政策很不完善，造成了较多的历史遗留问题，其中很重要的一点就是移民的贫困问题。关于这一点，国务院相关文件曾明确指出："由于扶持政策不统一、扶持标准偏低、移民直接受益不够等多种原因，目前水库移民的生产生活条件依然普遍较差，有相当多的移民仍生活在贫困之中。"[①] 辽宁省针对水库移民的调查也指出：辽宁省的"87 座水库中有 75 座水库涉及移民安置问题，绝大部分移民采取就地安置的方式……多年出现移民吃粮难、住房难、吃水难、就医难、就学难、行路难、用电难等问题"。[②]

我国关于贫困的标准近年来基本稳定，但每年根据物价指数等又有所调整，具体的贫困标准 2010 年为年人均收入 2300 元，2014 年为年人均收入 2800 元，2015 年为年人均收入 3000 元左右。[③] 根据这一标准，在我们的调研样本中，约有 26.4% 的移民处于贫困水平。具体来说，在 440 份调研问卷中，家庭平均月收入在 1000 元以下的有 136 份，占总数的 30.9%，其中，4 口人及 4 口人以上的家庭有 116 份。将上述调研情况粗略换算，即被调查移民中月人均收入低于 250 元、年人均收入低于 3000 元的人口数占被调

① 《关于完善大中型水库后期扶持政策的意见》，中央人民政府网站，http：//www.gov.cn，访问日期：2016 年 4 月 29 日。

② 《辽宁省移民后期扶持工作取得实效》，中国水利部网站，http：//www.mwr.gov.cn，访问日期：2016 年 4 月 9 日。

③ 《2015 年贫困标准公布：中国目前贫困标准 3000 元左右》，北京证券网，http：//cache.baiducontent.com，访问日期：2016 年 4 月 29 日。

查总数的 26.4%（移民家庭平均月收入和人口数目详见图 3－3、图 3－4）。从我国贫困人口的总体情况来看，2014 年贫困人口总数为 7000 多万，若按我国 2013 年末人口总数为 136072 万人来算，① 我国贫困人口数量在总人口中比例约为 5.1%。而上述水工程移民和生态移民中贫困人口 26.4% 的比例，高出国家贫困人口比例 20 多个百分点。

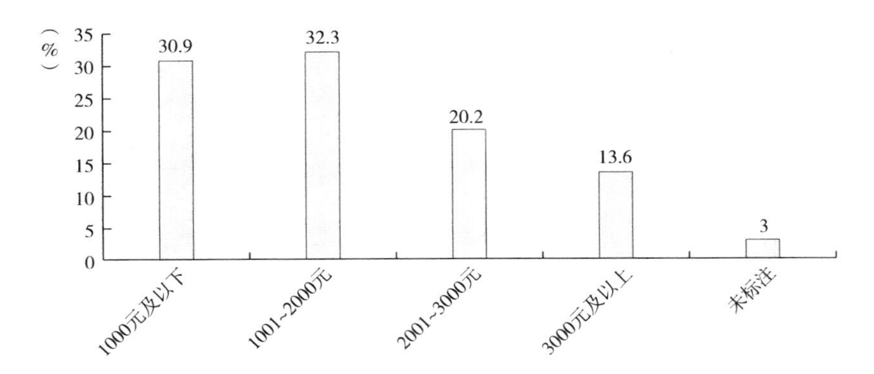

图 3－3　移民家庭平均月收入状况

资料来源：课题组 2015 年 8～12 月在宁夏、青海、四川、云南、山东五省区的问卷调研，详见附录三、附录四。

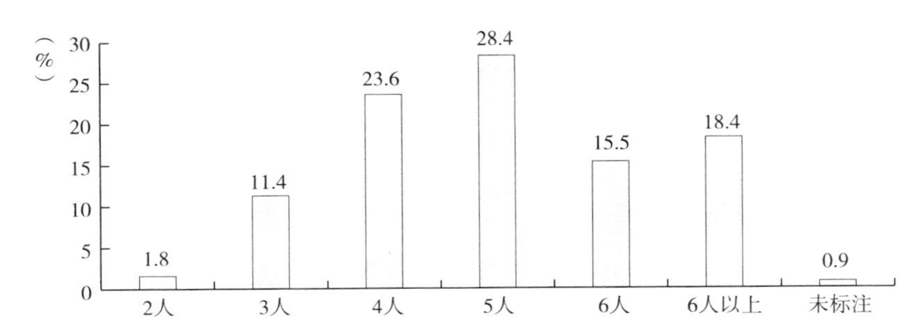

图 3－4　移民家庭人口数状况

资料来源：课题组 2015 年 8～12 月在宁夏、青海、四川、云南、山东五省区的问卷调研，详见附录三、附录四。

2. 搬迁后花费增加

移民在搬迁之前，基本是以农业生产为主，大部分粮食、蔬菜等能自

① 《2013 年年末全国总人口》，国家统计局官网，http：//data.stats.gov.cn，访问日期：2016 年 4 月 29 日。

己生产，需要花钱的地方较少。而搬迁之后，土地面积减少或完全没有了土地，粮食、蔬菜等基本不能自己生产，需要花钱购买粮食、蔬菜等，花费支出增加。同时，有些地区近些年移民工作与小城镇的建设结合进行，有的移民迁到了交通更为便利的城镇地区，其物价指数本来就高于农村，再加上城镇中的一些新增需求、子女教育环境的变化等，需要花钱的地方就更多了。所以，移民普遍感觉搬迁后花费增加。在课题组关于搬迁后遇到的最大困难的调研中，排在第一位的是花费增加，占总数的40.9%（见图3－5）。

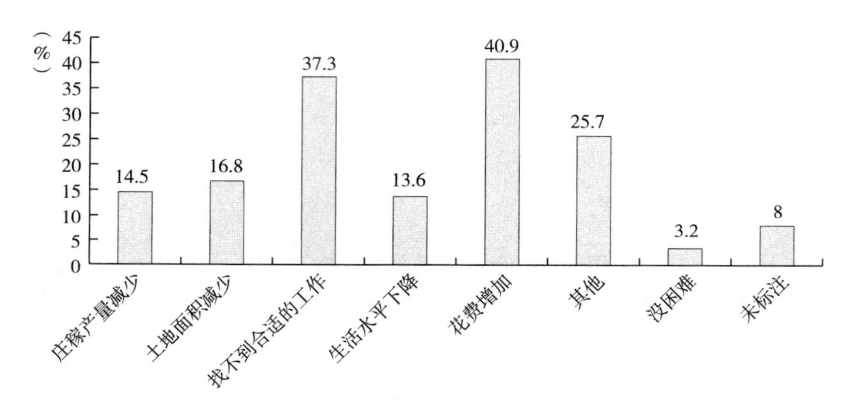

图3－5　移民搬迁后遇到的前五位的困难

资料来源：课题组2015年8～12月在宁夏、青海、四川、云南、山东五省区的问卷调研，原问题选择项为10项，（详见附录三、附录四，第32题），此处做了合并。

3. 打工困难

移民搬迁后一般都会面临土地减少或没有土地的状况，农业收入和副业收入减少，此时非常有必要通过打工来补贴部分家用，因此，大部分中青年移民打工的愿望比较迫切。但从我们的调研情况来看，这一愿望不太容易实现。在我们的440份问卷中，有164份认为搬迁后遇到的最大困难是找不到合适的工作，占样本总数的37.3%。其中男性76人，占比46.3%；女性86人，占比52.4%。年龄在18～25岁的人数为14人，占比8.5%；年龄在26～44岁的人数为48人，占比29.3%；年龄在45～69岁的人数为69人，占比42.1%；如果我们将年龄在26～60岁的中青年人员界定为有打工刚需的人群，则调查问卷中这两部分的人数之和为131人，占比 79.9%。在存在打工困难的人群中，不识字的人数为 33 人，占比 20.1%；小学及以下的人数为 48 人，占比 29.3%；初中文化程度的人数为 60 人，占比 36.6%；该三项之和即初中及以下文化程度的人数，为 141 人，占比 86%。

4. 异地安置移民融入当地生活困难

有些大型的水利水电工程，需要动迁的移民数量多，而库区可供移民的环境容量有限，需要将移民进行异地安置。而异地安置，往往由于自然条件和社会文化的巨大差异而导致移民的适应不良，比较难于融入迁入地区的生活。如我国三峡工程中的部分移民从重庆忠县、开县迁到山东的济南、淄博、东营等地，从我国的西南地区迁入较为典型的北方地区，两地间隔遥远，气候条件、植被分布和农作物品种差别很大，文化传统和风俗习惯也有巨大差异，这些客观条件增加了移民迁移后适应新生活的困难，使他们搬迁后面临适应气候、学习新技能、掌握当地语言、了解当地文化等众多挑战，较难真正融入迁入地的生活。

在我们调研的 43 份山东三峡移民中，对搬迁后的生活感到很满意的样本数为 0，感觉较满意的样本数为 6，感觉一般的样本数为 16，感觉较不满意的样本数为 16，感觉很不满意的样本数为 3，如果我们以很满意和较满意的数量之和统计移民对搬迁后生活的满意率，以较不满意和很不满意的数量之和来统计移民对搬迁后生活的不满意率，则调研样本中山东三峡移民对搬迁后生活的满意率为 14%，不满意率为 44.2%（见图 3－6）；而根据我们调研的总样本来计算，总体被调查移民对搬迁后生活的满意率为 54.8%，不满意率为 14.5%。山东三峡移民的满意率较整体满意率低约 40 个百分点，而不满意率则高近 30 个百分点。如某位移民反映的适应性困难有："老家的财产都丢了搬到这里来，什么都不习惯，不熟悉地形，没有熟人，普通话也说不好，办事困难，生活不方便；由于生活习惯不同，移民的后代在当地找对象困难，男孩、女孩到了二十七八岁还找不着对象，即使结婚后因观念不同离婚的也比较多等。"①

---

① 课题组在山东淄博地区的访谈，被访谈人：张某，女，63 岁，访谈人：刘海霞，访谈时间：2015 年 10 月 31 日。

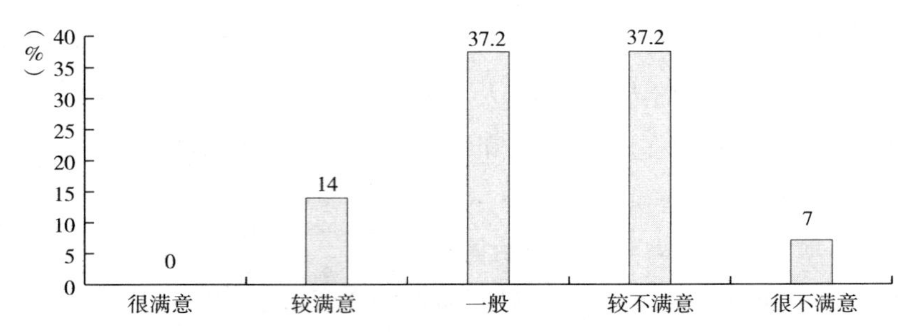

图 3－6　山东境内三峡移民对搬迁后生活的满意度情况

资料来源：课题组 2015 年 8～12 月在宁夏、青海、四川、云南、山东五省区的问卷调研，详见附录三、附录四。

5. 生产生活可选择范围减少

无论是水工程移民还是生态移民，他们在搬迁前的生活环境基本都是在农村地区或山区，这些地区有较为丰富的环境资源，可以为他们提供多样的食物来源、能量来源、房屋建造材料和审美素材等。而搬迁后，这些环境要素均被改变，移民无法再通过运用周围环境资源的方式满足自己的多样需求，他们被迫改变生产和生活方式，并且由于环境要素的减少，他们在生产生活中的可选择范围明显缩小。对于这种因环境要素的改变而导致移民可选范围缩小带来的问题，谢元媛在对内蒙古敖鲁古雅地区生态移民的研究中曾有过描述，现将某移民对这一状况的感受转述如下："以前在（老）敖鲁古雅，我们都到屯子前面的激流河边的草地上，就着花生米、鹿肉干喝酒，身旁是漂亮的小野花，还有都柿、牙各大（红豆），随手采来下酒，大家谈天说地，非常交心。那时候到谁家都留吃饭，谁家都有点野味。现在不行了，各家也都没啥好吃的了，都不敢留别人吃饭……都愁死了，不让打猎，弄啥给你吃？啥吃的都去街里买，以前在（老）敖鲁古雅自己家门口稍微种点就够吃了。打猎的东西家家都吃不完……现在比以前可差远了，自己都快要饭了！"① 从这段描述可见，该地区的移民在搬迁后可以得到的食物来源明显减少，可以享用的生活空间也明显变少，生活质量是有所下降的。根据印度学者阿马蒂亚·森"以自由看待发展"的相关理论，

---

① 谢元媛：《生态移民政策与地方政府实践——以敖鲁古雅鄂温克生态移民为例》，北京大学出版社，2010，第 140～141 页。

发展的本质是可选择范围的增加而不是减少，而移民搬迁后可选择减少本身就有违发展的理念。

三　造成上述困境的原因分析

上述环境权益保障面临的困境是多方面的，其形成原因也是复杂多样的。从产生上述困境的主体原因来看，主要有政府部门、相关企业和相关群体自身等三个方面；从产生上述困境的制度原因来看，主要包括制度内容缺失和制度执行不力等。

（一）一线工人面临困境的原因分析

由上述章节可见，工矿企业一线工人面临一定的健康风险且在患病后面临较多困难。造成这一状况的原因既有政府在立法、执法方面的缺陷，也有企业在生产环境、参加保险以及教育培训方面的不足，同时工人自身健康意识薄弱也是重要原因。

1. 政府方面

第一，在立法、执法等方面存在一定缺陷。目前我国与职业病防治相关的法律、法规主要有《工伤保险条例》《职业病防治法》《职业病诊断与鉴定管理办法》《职业病分类和目录》《职业健康检查管理办法》《国家职业病防治规划（2009～2015年）》等。在法律规定方面，已经相对详细，但缺点是原则性规定多，规范性规定少，对于违反规定的行为没有做出相应的约束性规定，导致这些法律、条例的刚性不够，在执法层面出现了众多有法不依的现象，突出表现为用人单位不给职工购买工伤保险、患病后不承担医疗费用甚至使用暴力殴打职工、报复主张医疗费的职工、工会对企业的违规行为无力纠正等。

第二，相关政府部门的监督管理力度不够。我国职业病防治相关法律规定了对于职业病防治进行监督管理的三类部门——国务院安全生产监督管理部门、卫生行政部门和劳动保障行政部门，但这种规定三个监管部门的做法，导致了部门责任意识的淡薄，没有哪一家部门认为自己应对工人的健康负全部责任，从而导致了实际监管中的疏漏，缺乏一个专门机构负责工人的健康权益保护工作。政府部门对于职业病防治监管的疏漏，致使有些企业有法不依的现象比较严重，导致工人健康权益受损。

第三，对职业病预防知识的宣传和普及力度不够。尽管我国已通过法律规定了对职业病预防知识进行宣传，加大了对职业病预防知识的宣传力度，但是目前的职业病预防知识宣传中仍存在一定的不足。一是宣传时间偏短，从有关部门的实际操作来看，我国的职业病预防知识宣传一般集中在五一国际劳动节的前一周，其后就销声匿迹了；二是宣传参与的主体少，职业病预防知识宣传一般是由职业病医院或医院的职业病科开展，而与一线工人密切相关的村镇、社区等却处在缺位状态；三是宣传手段落后，目前的宣传主要采用壁报、黑板报、公告栏等形式，而在网络化时代，这样的宣传手段显然是跟不上时代的；四是宣传效果不佳，由于上述宣传主体、宣传手段等方面的缺陷，我国职业病预防知识的宣传没有达到应有的效果，在我们所调查的职业病患者中，有 59.2% 的人员患病前没接触过职业病预防知识宣传（见图 3-7）。

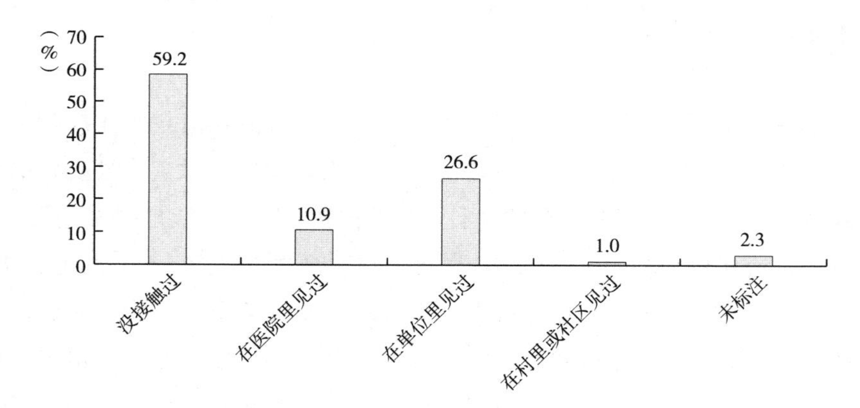

图 3-7 职工在患病前接触职业病预防知识宣传的情况

资料来源：课题组于 2015 年 4 ~ 8 月对我国 10 所职业病防治院进行的问卷调查，详见附录一、附录二。

2. 相关企业方面

第一，企业对安全生产环境重视不够。有些企业从节约成本的角度考虑，对于改进工作环境的必要设备不予配备，导致生产环境中粉尘过多，工人职业病高发。我们的问卷调查显示，在生产过程中，有 7.5% 的企业没有向职工发放任何防护用品；还有 19.5% 的企业在安全生产方面没有采取任何措施；同时，17.9%的企业对于工人要求改善工作环境的建议不予理睬等。

第二，企业对工人的健康状况重视程度不够。一是大部分企业未按规定进行上岗前、在岗期、离岗时的体检，二是部分企业没有为工人建立完整的职业健康监护档案。在我们获得的调查问卷中，对于上岗前、在岗期、离岗时的体检，企业都组织过的仅占10%，有多达90%的企业未按规定组织职工进行三项体检。而在这些三项体检都组织的企业中，国有企业正式职工占到了62%；没有组织过任何体检的企业占总数的9.3%，其中，私营企业及村办企业占到了39.1%。

第三，部分企业未按规定为全部职工购买工伤保险，造成工人患病后无保险可用的尴尬局面。根据我国职业病防治法的规定，企业应该为每位职工购买工伤保险，这一规定一是为了工人在患病后有较强大的资金保障，不至于陷入无钱治病的状况，二是通过保险这一特定形式帮助企业分担风险。但由于部分企业负责人对于为职工购买工伤保险的意义认识不足，这一要求在现实中并未得到很好的贯彻。调查问卷显示：企业为每位职工购买工伤保险的比例为43.7%，不按规定购买工伤保险（包括三种情况：为一部分职工购买、工人患病后才购买和没有购买）的比例占到46.5%（见图3-8）。而如果企业没有为工人购买工伤保险，工人在患病后就很难向劳动保障部门要求工伤保险支付，造成有些患者被迫自费进行治疗的无奈局面。在这种情况下，有些工人去找企业要求赔付，但基本不能如愿，甚至被企业殴打或报复。

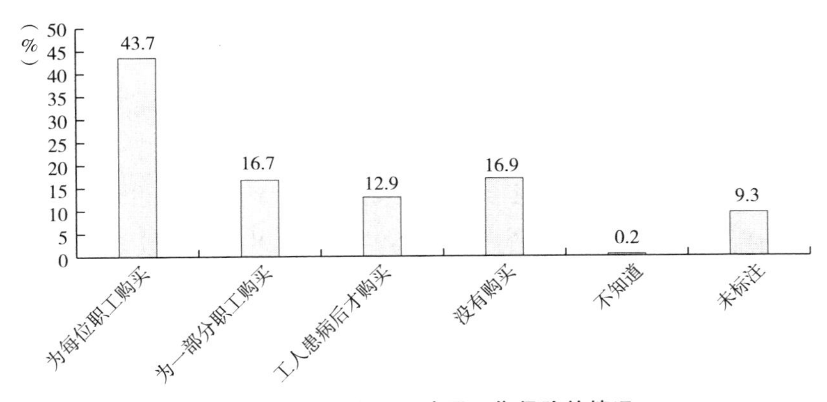

图3-8　企业为职工购买工伤保险的情况

资料来源：课题组于2015年4~8月对我国10所职业病防治院进行的问卷调查，详见附录一、附录二。

第四，超过半数的企业没有按规定对工人进行岗前职业卫生知识培训，这是导致工人没有职业病防范意识的重要原因。只有工人了解工作本身的职业危害，知道在工作过程中可能性的致病因素，掌握必要的职业病预防知识，工人才能在实际工作过程中加强防范，降低职业病的发病率。现实情况是工人的受教育水平普遍偏低，如在我们的调查人群中，小学及以下程度的占 27.8%，初中或技工学校文化程度的占 48.3%；而高中以上文化程度的仅占 21.9%。在这种整体较低的文化水平状况下，如果不对工人进行必要的岗前职业卫生知识培训，工人很难有能力自己了解相关知识。所以，工人上岗前的培训就显得尤为重要。但根据我们的调查情况，企业对工人进行岗前职业卫生知识培训的比例仅为 28.4%，而工人中没有接受职业卫生知识培训的比例高达 59.8%（见图 3－9）。职业卫生知识的缺乏直接导致我国职业病的高发。

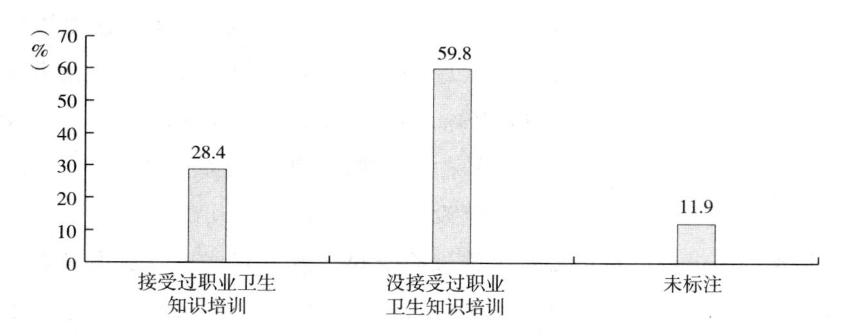

图 3－9　患病职工在上岗前接受职业卫生知识培训的情况

资料来源：课题组于 2015 年 4～8 月对我国 10 所职业病防治院进行的问卷调查，详见附录一、附录二。

第五，企业工会在职业病预防和病后维权方面没有发挥应有作用。调查显示，职业病患者所在企业没有工会的比例为 16.1%，其中非国有企业（包括大中城市私营企业、县乡私营企业、村办企业等）占比为 87.5%；工人认为所在企业的工会在监督安全生产方面发挥很大和较大作用的比例为 12.5%，认为作用不大和没作用的比例为 38.6%，认为一般的比例为 46.9%（见图 3－10）；工人认为所在企业工会在帮助工人维权方面的作用有很大和较大作用的比例为 9.5%，认为一般的比例为 47.9%，认为作用不大和没作用的比例为 41.3%（见图 3－11）。而影响工会发挥作用的主要原因在于工会没有充分代表工人的利益，工会隶属于企业，无法独立开展工作等。

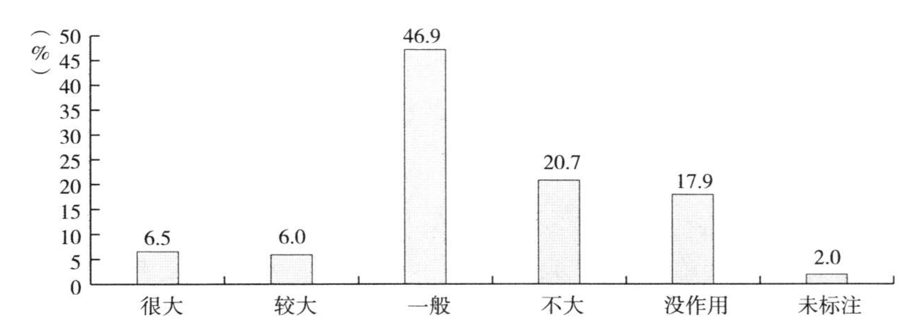

图 3－10　一线工人对所在企业工会在监督安全生产方面作用的评价

资料来源：课题组于 2015 年 4～8 月对我国 10 所职业病防治院进行的问卷调查，详见附录一、附录二。

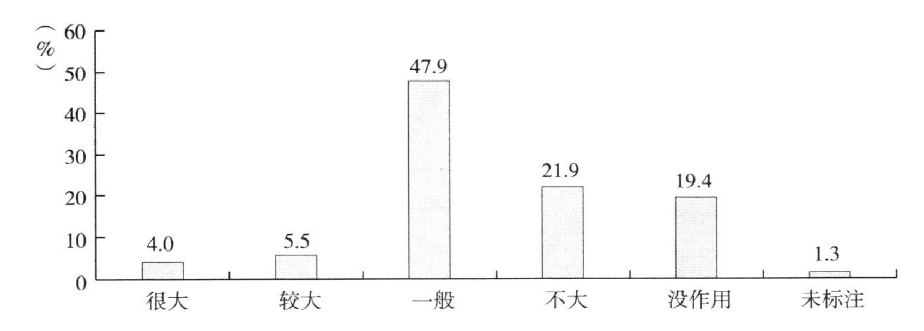

图 3－11　一线工人对所在企业工会在帮助工人维权方面作用的评价

资料来源：课题组于 2015 年 4～8 月对我国 10 所职业病防治院进行的问卷调查，详见附录一、附录二。

第六，部分企业工作时间过长，不利于工人身体健康的维护。在课题组调研的过程中，我们发现部分企业安排工人工作的时间过长，导致工人缺乏必要的休息时间来恢复体力，降低了机体免疫力，为职业病的发作埋下了隐患。从病理学的角度来看，无论是在新中国成立初期，还是在当今时期，过长的工作时间都会导致工人的身体过度疲劳，影响自身机体正常功能的运转，导致免疫力的下降。

第七，企业缺乏采纳工人合理建议的民主机制。在我们的调研中发现，不少工人对于企业都曾提出过减少粉尘或其他改善工作环境的建议，但这些建议被采纳的比例仅为 21.5%，有 17.9% 的工人反映企业对于他们改进工作环境的建议不予理睬，还有 9.1% 的工人指出他们所在的企业没有反映意见的渠道（见图3－12）。对于企业的工作环境，一线工人最清楚它的问题及改进的方法，但这些改进的建议并没有被认真对待，导致工作环境长期处于恶劣状态。如某国有企业风钻车间没有安装喷水设备、粉尘太多，工人要求实施“湿式作业”，并没有太大的技术难度，但通过找领导和写报告等方式都没有解决，仍然维持原来的要求，工作环境得不到改善。[①] 从这些情况来看，工人对于自己的工作环境在没有能力进行选择的情况下，也没有能力对其进行改善，致使他们长期工作在粉尘、噪声、辐射、光污染等恶劣的工作环境中，对身体健康的伤害是必然的结果。

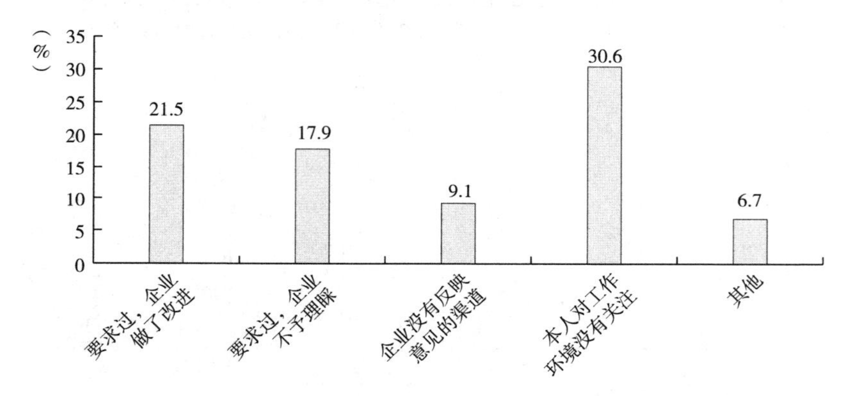

图3－12　一线工人在工作过程中要求企业改善工作环境的状况

资料来源：课题组于2015年4～8月对我国十所职业病防治院的问卷调查，详见附录一、附录二。

此外，某些行业的一线生产环境不仅污染严重，而且危险因素较多，突发情况较多，如煤炭行业的井下作业环境就是非常复杂且经常变化的环境，在这些条件下，只有一线工人最了解当下的工作环境是否适宜，是否需要采取一些临时性的应对措施，但在实际的生产流程中，并不能由一线工人做出决定，而是要接受管理层的指令，而指令的非现场性及延后性，造成安全生产方面的重大问题甚至是人员伤亡。而且长期以来一线工人缺乏民主权利，这也导致他们在面对突发事件时很少自主思考应对措施。

① 课题组在东部某省职业病医院的访谈，被访谈人：崔某，男性，65岁；访谈人：刘海霞，访谈时间：2015年4月14日。

3. 工人自身方面

首先是健康意识薄弱，对职业病预防知识了解不够。问卷调查数据显示，对于容易导致职业病的各种因素如“粉尘、噪声、强光、辐射、化学物质、重金属”等，患病工人中知道6项的占1.8%，知道5项的占1.2%，知道4项的占1.8%，知道3项的占6.2%，总共知道3项及3项以上的仅占11.1%。而对上述因素会导致职业病这一情况都不知道的占33.8%（见图3-13）。如此低的对致病因素的认知率，使工人严重缺乏职业病预防意识，导致他们在危险的环境中工作而不进行主动的防护。

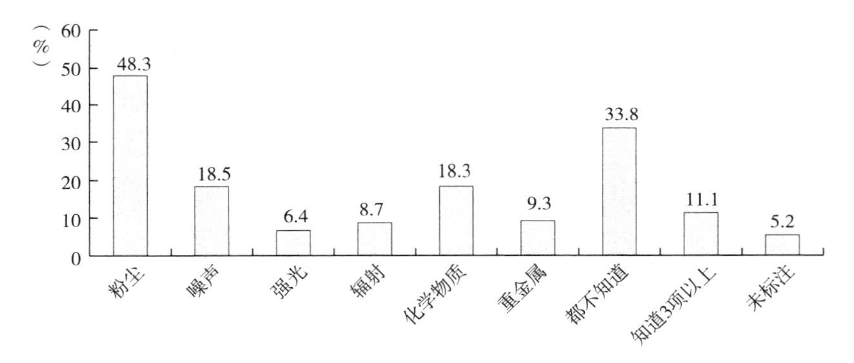

图3-13　一线工人对容易导致职业病因素的知晓率情况

资料来源：课题组于2015年4~8月对我国10所职业病防治院进行的问卷调查，详见附录一、附录二。

其次是权利意识不强，对相关法律、条例不了解。我国的相关法律规定，工人有在安全环境中工作的职业卫生权利、获得职业卫生知识培训的权利、患职业病后获得工伤保险的权利、企业为自己购买工伤保险的权利以及上岗前、在岗期、离岗时体检的权利等。调研数据显示，知道上述3项以上权利的仅占总数的4.2%，而对上述权利都不知道的比例高达64.2%（见图3-14）；对与职业病密切相关的法律、条例，如《职业病防治法》、《工伤保险条例》、《职业病分类和目录》和《国家职业病防治规划（2009~2015）》的知晓率也非常低。其中知道四部及以上法律、条例的仅占总数的1.2%，而对上述法律都不知道的则占到了总数的79.9%（见图3-15）。

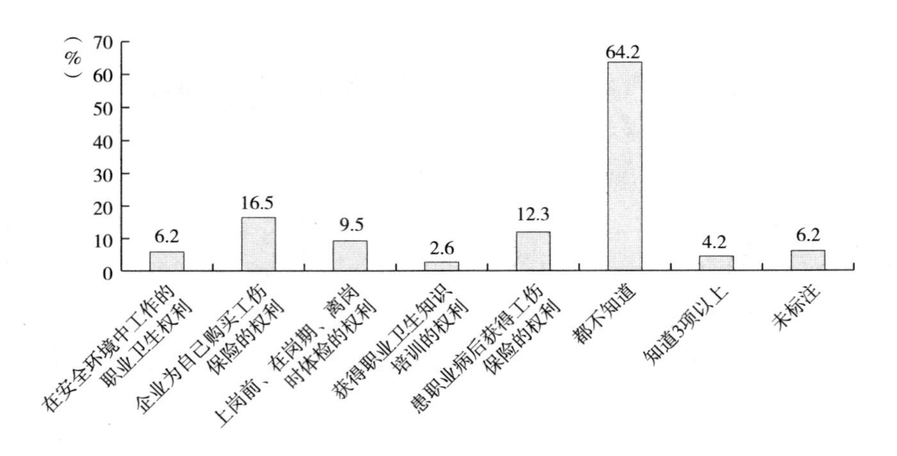

图 3-14　一线工人患病前对自身权利的知晓情况

资料来源：课题组于 2015 年 4 月至 8 月对我国 10 所职业病防治院进行的问卷调查，详见附录一、附录二。

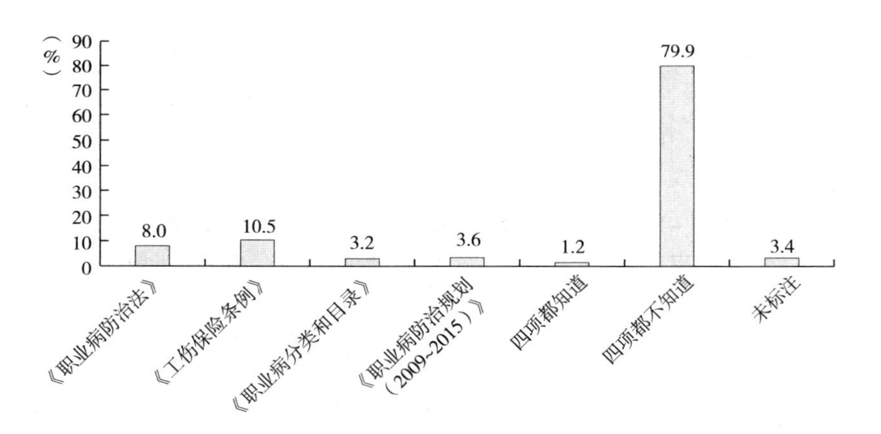

图 3-15　一线工人患病前对职业病相关法律的知晓情况

资料来源：课题组于 2015 年 4～8 月对我国 10 所职业病防治院进行的问卷调查，详见附录一、附录二。

（二）工矿企业周边居民维权困境的原因分析

从上文可见，工矿企业周边居民在自身权益受到侵害之后，采取行政投诉手段收效甚微，与企业协商难以达成一致，法律诉讼途径胜诉率很低，且易于遭受不执行的后果等，他们的维权道路障碍重重，造成这一困境的原因是多方面的，既有法律缺失的原因，也有行政方面的原因，同时还有居民与企业力量对比和企业赔付能力等现实层面的原因。

1. 部分政府部门重视程度不够

工矿企业周边居民是伴随着我国乡镇企业的发展和工业化进程而产生的，在一定程度上还属于社会生活中“新生事物”，尚未引起有关政府部门的足够关注。政府部门对于他们权益的易受侵害性还没有足够的重视，对于他们权益受损后的生产、生活后果缺乏系统总结，对于他们权益受损后由于心理失衡而发生的非理性行为缺乏认识，对于这类群体环境权益保障在维护社会秩序和国家安定中的作用认识不足。

由于关注不足和重视不够，很多地区对于工矿企业周边居民的权益保障措施几乎处于空白状态，对于相关企业的侵害行为缺乏制约性的法律规定，对于自身应该承担的预防工矿企业周边居民权益受损的职责不甚明确。当由于企业污染而导致环境群体性事件爆发时，政府部门并没有合理规范的应对程序。

2. 立法方面的不足

法律是公民维护自身权益最有力的武器，而从我国目前的立法情况来看，法律在保护污染企业周边居民的权益方面，存在立法缺失和针对性不强等不足。

（1）立法缺失

从工矿企业与周边居民的力量对比来看，工矿企业是强势的、主动的一方，而周边居民则是被动的一方。一是企业作为有组织的法人，力量强大，人员较多，从力量对比上强于公民个人；二是企业对于排污行为有控制权和决定权，而周边居民只有被动承受的可能，在污染行为发生后才能采取行动。从法理层面来看，应该加强对污染企业的规范和控制，使其与周边居民的关系走上良性发展的道路。从立法层面来看，基本思路应该是加强对企业的规范和管理，使企业和居民的双边互动有法可依。但从我国现有的法律规定来看，周边居民在制止企业污染、维护自身权益方面还存在若干立法不足，这是污染企业周边居民陷入维权困境的首要的原因。

立法缺失主要表现为：①污染企业因为自身污染而给周边居民带来损害，自然应该承担相应的法律责任，但我国尚没有专门针对企事业单位的“环境责任法”，在现有的法律条文中，也没有明确规定企业由于自身污染而造成居民损失时的相应责任，这是立法方面的空白；②《中华人民共和国公司法》（2013 年修正，2014 年施行）中也没有关于公司环境责任的规定；③2014 年修订、2015 年施行的《环境保护法》对企事业单位的环境责任做出了若干新规定，对企业的污染行为具有较强的规范管理作用，但其欠缺之处在于，仅在第五章第五十八条做出了社会组织可以就污染提起诉讼的规定，而没有就公民个人如何制止企业的污染做出相应规定，造成公民个人无权对企业污染行为提起诉讼的被动局面，周边居民基本没有从法律途径制止企业污染行为的可能。

（2）立法针对性不强

从污染企业对周边居民侵权的特点来看，污染企业对周边居民的权益侵害是有组织的法人对公民个人的侵害，是工业文明背景下的新型侵权关系，它与公民个体之间侵权的不同在于，一是污染企业对周边居民的侵害是间接的，而不是直接的，污染企业对环境造成侵害，然后对居民的生产、生活产生侵害，不像公民个体之间的侵害那样直接可见，因果关系不容易证明；二是污染企业对周边居民的侵害是累积显现的，不是在短时期内立即出现的，当污染后果显现出来时，污染企业可能已经不存在了，而且也可能已经超过了诉讼的时效。由于这一侵权行为的特殊性，周边居民在维权时遭遇到特殊的困难，但对于这些困难，我国的法律在立法层面尚没有给予足够的重视，因而缺乏针对这类侵权行为的有针对性的、具体有效的规定。

目前我国与污染企业的责任较为密切的法律主要包括《中华人民共和国环境保护法》、《中华人民共和国侵权责任法》等，这两部法律在规范企业的行为和保护居民的权益方面做出了一些努力，但对于居民维权的难度还没有足够的重视，缺乏更加具体有效的规定。《侵权责任法》于 2009 年通过、2010 年开始施行，其重要贡献在于列出了“环境污染责任”专章，规定了污染者应当承担侵权责任，并规定了污染者应当承担因果关系举证责任等，对于周边居民维权具有重要的意义，但该章仅包含四条内容，对于居民维权的复杂性和艰难性缺乏足够的认识，不足以应对复杂的现实状况；《环境保护法》第六章第六十六条规定，提起环境损害赔偿诉讼的时效期限为三年，由于企业污染后果显现的滞后性，这一时效期限规定对于追溯污染企业的责任来说，显然是太短了；而且，如果污染后果显现之后，企业已经解体搬迁了，责任如何追溯，相关法律也没有做出明确规定。这些都导致居民在维权时处处碰壁，难以找到有效的法律依据。

3. **企业赔付能力的限制**

工矿企业对周边居民的权益侵害造成了居民的重大损失，当居民索赔时却难以得到应得的赔偿，除了立法和执法方面的不足之外，还有企业实际赔付能力的问题。由于企业污染影响的广泛性，受侵害的居民往往数量较多，少则几十人，多则成百上千人，这些人的损失数额较大，有时即使穷尽企业的全部资产也难以赔付。这也是某些企业拒不赔付或不执行赔付判决的原因之一。也即企业作为环境污染和权益侵害的肇事者，理应赔偿相应群体的损失，但它自身并不具备完全的赔付能力，这是典型的“结果大于原因”的例证，是居民难以获得应得赔偿的客观原因之一。

（三）造成水工程移民和生态移民困境的原因分析

水工程移民和生态移民在迁移后面临诸多困境，既有规划安置和补偿标准等政策方面的原因，也有移民社会资产链条断裂等社会方面的原因，还有政府部门工作不到位的原因，并且与非自愿型移民自立意识的缺乏有关。

1. **移民规划和安置的科学性和民主程度不够**

我们所研究的移民都是政府主导型的移民，政府的移民规划对于移民的后续生产生活具有基础性影响，合理详尽的移民规划是移民工作顺利完成的首要条件。但在当前的移民规划方案编制过程中，还存在一定的不足。

其一是移民规划编制的民主性不够，对于移民的安置规划，政府决定的成分多，移民可以决定的成分少；其二是对于迁移地点的选择方面，前期论证不足，对于迁移的后续问题准备不足，对于迁入地区的环境承载能力估计不足；其三是移民规划的细节不够，对于移民的多元诉求考虑不足，如在各类迁移中，几乎都有把一家父母、子女或同胞兄弟分到不同社区或地区的情况，而这类情况完全可以在前期规划中予以考虑。

在移民过程中，存在大量的政府“替民做主”现象，移民的自主性基本得不到发挥。仅就关系移民切身利益、高度私人化的住房、生产资料来说，移民基本没有自主选择住什么样的房子和进行哪类生产活动的机会，在整个过程中的“有效参与”很少。一是住房方面，大部分移民安置点的住房都是政府部门统一修建的，房屋的构造和面积基本都是一样的，但移民家庭的人口结构和个体要求千差万别，而这些个体差异没有被充分重视，在房屋的构造设计方面没有照顾到移民家庭的不同需求，导致建成的移民房屋“千房一面”，不能很好地满足移民的住房需求；同时，这些搬迁用房基本都是在移民到达之前先行建设，在建设过程中移民基本没有可能时时参与监督，不少房屋存在赶工期、用料不好、质量差等建设问题，直接影响移民搬迁后的生活质量。二是对于移民搬迁后的生产方式，原则上应由移民根据自己的情况做出选择，否则劳动者与生产资料不相匹配，很难产生应有的效益。但在有些地区，对于移民搬迁后的生产方式存在“一刀切”现象，如有的地区统一给每户移民配备两个大棚，让移民搬迁后种菜，但这些移民之前只种过小麦和玉米，不会种大棚，结果是安置点的大棚基本都处于闲置状态，移民们却远赴外省去打工。这既是对生产资料的极大浪费，也给移民的生产带来了不必要的困难。

2. 移民补偿标准和发放存在不足

移民搬迁补偿可以为移民提供基本的生活保障或生产资金，对于移民的后续生活具有重要意义，因此，补偿金的数额及发放形式十分关键。从调研情况来看，我国部分地区在补偿金的标准和发放方面还存在一定不足。

这些不足主要有：一是补偿标准较低，我国关于移民的文件中对于补偿标准的规定是逐年提高的，但在实际操作中，有些涉及移民数量较多的项目，补偿的标准还是偏低的。二是补偿金被拖欠或克扣。调研中发现，补偿金被克扣或变相克扣的现象时有发生，这也是移民群体性事件发生的主要原因之一。如有的地区的补偿款被县政府扣发。如在西南某省的调研中，有移民反映：三峡公司早就拨付了他们的土地补偿费，却一直没有发放到他们手中，移民们很不满意。[①] 有的地区的补偿款被乡政府以现房扣款、公共设施

① 课题组在西南某省的访谈。被访谈人：张某，男性，33 岁，访谈人：刘海霞，访谈时间：2015 年 10 月 3 日。

建设等多种名义克扣了，导致本就微薄的补偿款更少。如在东部某省的调研中有移民反映：生产安置费、公共设施费、长途运输费都收，政府补助不够交的，迁入的地区还又扣了3000元钱等。[①] 三是补偿不能完全覆盖移民的损失。移民搬迁造成的损失主要有房屋等生活资料的损失、土地等生产资料的损失这些有形损失和社会关系、社会资产、情感联系、发展机会等无形的损失，移民补偿原则上应该是对移民损失的完全覆盖，既包括有形的损失也包括无形的损失，但只给了有形损失的部分补偿，显然是不完全的补偿。理想的情况应该是再追加一部分奖励资金，作为对移民支援国家建设的补偿，但现有的补偿标准连移民的损失都不能完全覆盖，更遑论移民奖励等补偿了。

3. 移民无形资产链条的断裂

根据美国学者迈克尔·谢若登（Michael Sherraden）的资产理论，人所拥有的资产包括有形资产和无形资产两大类，有形资产包括货币储蓄、股票、债券、不动产等；而无形资产是模糊的，通常不太确定地基于个人因素或社会经济关系。无形资产包括享有信贷、使用信贷所得的收入、人力资本、文化资本、非正式社会资本、正式社会资本或组织资本、政治资本。其中，文化资本一般是指与社会环境和正式机构打交道的能力；非正式社会资本有时被称为“社会网络”，表现形式为家庭、朋友、关系和联系。[②]

从社会资本的角度来看，移民在搬迁前与当地的社会建立了密切的联系，如紧密的家族亲戚关系、对于当地政府部门的熟悉、人际关系网络的建立等，也即拥有一定的文化资本和非正式社会资本，这类资本对于个体在社会中的生存是必要的。而移民搬迁后，与迁入地区社会正式机构打交道的渠道不太畅通；与周围群体建立的紧密联系被切断，通过多年努力建立起来的社会资本链条断裂了。虽然这些资本是无形的，但对于移民的心理安全和生活状况的影响是深远的。社会资本链

---

① 课题组在东部某省的访谈。被访谈人：李某，男性，61岁，访谈人：刘海霞，访谈时间：2015年10月31日。

② 〔美〕迈克尔·谢若登：《资产与穷人——一项新的美国福利政策》，高鉴国译，商务印书馆，2007，第121～126页。

条的断裂直接导致移民对生活的不适应，处处碰壁，不顺畅，影响安全感等。

4. **部分政府部门工作不到位**

在移民搬迁过程中，移民由于本身能力的局限性，会遇到若干的现实困难，需要政府部门提供比较人性化的细致服务，但这些工作未引起有些政府部门的重视。如移民搬迁过程中的家具搬迁问题，就需要基层政府提供较好的运输工具，尽量满足移民将家具一同搬走的愿望，减少移民后续的经济负担。但在调研中发现，有的基层政府部门规定每人只能带150斤的行李，他们被迫扔掉了很多家具，而搬到新的地区后又需要添置新的家具，造成经济上的负担。[①] 另外，移民搬迁到新的地区后，对当地的政府部门、相关规定、风俗习惯等都不熟悉，需要移民管理部门和村委会干部等做好后续的服务工作，但相关部门的工作并没有及时跟上。有些移民搬迁到新的地区之后，过年过节时很容易产生思乡情，有较强的心理失落感，移入地区的政府部门需要及时提供社会支持和心理支持，采取走访、探望、团拜等多种形式关心帮助移民，但这一工作似乎也没有得到很好的坚持，导致移民存在失落情绪和委屈心理。

5. **移民自立意识不足**

我国的水工程移民和生态移民都是在政府主导下进行的，在这种状况下，移民对政府部门存在强烈的“高指靠性”，所谓“高指靠性”是指“移民希冀政府承担搬迁安置的全部责任，希冀政府负责解决安置困难的社会心态”,[②] 也即移民对于搬迁和搬迁后的生活存在很强的依赖心理，甚至存在借机提出无理要求的现象。在高指靠心理的影响下，移民对于自己搬迁后的生活困难缺乏自主克服的积极性，消极等待心态严重，抱怨现象突出。在西北地区的生态移民中，也存在只依靠政府救济而自己不努力进行生产的情况，还有些移民为了获得政府的救济，故意把房屋等设施损毁，再去申请补助等，在西南地区的水电移民中，我们看到若干移民沉溺

① 课题组在东部某省的访谈。被访谈人：李某，男性，61岁，访谈人：刘海霞，访谈时间：2015年10月31日。

② 李强、陶传进：《工程移民的性质定位兼与其它移民类型比较》，《江苏社会科学》2000年第6期。

于麻将桌上，不积极主动地寻找就业机会和增收渠道，自立意识严重缺乏。这是部分移民不能获得可持续发展的重要原因。

上述诸多困境表明，我国现有的制度还存在若干盲区，需要我们从我国的现实国情出发，构建新的更具针对性的制度体系，以弥补现有制度的不足。

第四章　国际社会环境权益保障制度概览

环境权益保障制度的构建是一项系统工程，需要构建一系列相互连贯的制度体系。从宏观角度来看，这一制度体系的构建除了需要整合人权思想、正义理念、环境正义思想等理论资源之外，还需要系统总结国际社会在一线工人、工矿企业周边居民和非自愿移民权益保障中的经验及教训，便于我们在进行制度设计时借鉴运用。

一　一线工人健康权益保障

伴随着工业化进程在全球范围内的推进，一线工人的健康问题引起了国际社会的普遍关注。在维护工人权益和保障工人健康方面，国际社会成立了专门的组织机构和委员会，制定了一系列公约和建议书，并定期召开国际范围内的职业卫生大会，积累了若干有益经验，创立了一些有针对性的特色制度。

（一）专门机构和委员会历史悠久

国际社会成立的保障工人健康权益的机构和委员会主要有国际劳工组织（International Labour Organization，ILO）和国际职业卫生委员会（International Commission on Occupational Health，ICOH）。二者均具有悠久的历史，在工人健康权益保障方面发挥了巨大的推动作用。

国际劳工组织是联合国处理劳工问题的专门机构，成立于1919年。其基本宗旨是改善劳动条件、扩大社会保障、保证劳动者的职业安全与卫生等。国际劳工组织目前有187个成员国，[①] 已召开105届国际劳工大会、

① “About the ILO”，http：//www. ilo. org/global，访问日期：2016年5月28日。

300 多次理事会会议。该组织的主要职责是以“公约”和“建议书”的形式制定国际劳工标准，劳工标准主要包括基本劳工人权、劳动管理和工作条件、特定人群和职业标准等，已制定 188 项公约和 203 项建议书。[①] 我国自 1983 年起参与国际劳工大会，目前共批准了 25 项国际劳工公约，约占 ILO 制定的公约总数的 13.3%。

比国际劳工组织成立更早的是国际职业卫生委员会，它成立于 1906 年，每三年组织召开一次国际职业卫生大会，截至 2018 年已组织 32 届大会。大会议题围绕职业安全与健康等问题展开，参与国家和人员众多，在国际社会具有重要影响。如第 21 届大会参与国家 58 个，代表 1603 名；第 22 届大会参与国家 50 个，代表 2222 名；第 25 届大会参与国家 80 多个，代表近 4000 名；第 26 届大会有 3000 多名专家；第 27 届大会参与国家 80 个，代表约 2000 名；第 29 届大会有 1700 多名代表。其中，第 27 届大会的主题是“职业安全卫生中的平等与公正”，第 29 届大会的主题是“职业卫生：工作中的基本权利，社会的财富”。[②] 我国于 1984 年首次派代表团参加大会。

（二）职业卫生立法不断完善

国际范围内对工人健康权益的维护经历了漫长的过程，各国的职业卫生立法也随着形势的变化而不断发展，其基本趋势主要有三个：一是覆盖范围由女工、童工或重点行业到全体从业者，二是从关注单一有害物质的危害到关注工作场所的整体优化，三是从事后的救助补偿到事先的全面预防。国际劳工组织在各国职业卫生立法方面发挥着重要的推动作用，美国、英国、日本、德国等国在职业卫生立法方面具有重要的示范性

① 《国际劳工组织》，http://baike.baidu.com，访问日期：2016 年 5 月 28 日。

② 各届大会参与国家和代表数量以及大会主题主要参考以下资料：李玉瑞《第二十一届国际职业卫生大会简介》，《国外医学》（卫生分册）1985 年第 2 期；何凤生《第 22 届国际职业卫生大会》，《中国劳动卫生职业病杂志》1988 年第 4 期；王林《职业卫生与行为医学——第 25 届国际职业卫生大会简介》，《中国行为医学科学》1997 年第 1 期；傅华《第 26 届国际职业卫生大会主题报告介绍》，《劳动医学》2000 年第 4 期；何凤生、邹昌淇等《第 27 届国际职业卫生大会简讯》，《中华劳动卫生职业病杂志》2003 年第 2 期；戴俊明、周志俊《第 29 届国际职业卫生大会（ICOH）报道》，《环境与职业医学》2009 年第 2 期。

影响。

第一阶段：劳动时间和劳动条件立法阶段。这一时期的立法内容以限制劳动时间和改善工作条件为主，英国是这一时期立法的先驱。英国在工业大生产中的领先地位使其较早地遭遇到了劳资矛盾的困扰，并于1833年率先制定了世界上第一个《工厂法》（*The Factory Acts*）。[①] 该法是对工厂经营进行规范的系列法规，意在改善雇员的工作环境，尤其是女工和童工的工作环境。该法对工厂劳动时间和其他劳动保护措施做出了强制性规定，其中将童工的劳动时间限定为每天8小时，并对童工的教育进行了规定，对于其他国家的立法起到了示范作用。其后，俄国、意大利、比利时等国也先后颁布了以限制劳动时间和改善工作条件为主要内容的《工厂法》。美国马萨诸塞州于1877年颁布了全美第一个《工厂检查法》，日本也于1914年通过了《工厂法》。后来，英国又多次修改《工厂法》（1937年、1948年、1959年、1961年）。

第二阶段：职业卫生标准立法阶段。该阶段立法的内容以制定全国统一的职业卫生标准为重点，美国是这一阶段的立法先驱。1970年，美国国会通过《职业安全卫生法》（*Occupational Safety & Health Act*，OSHA），该法旨在确保美国每一个工人都拥有安全、健康的工作环境，规定了全美各州都应遵守的职业安全标准，改变了过去由各州分别制定安全卫生法规的局面，开职业安全立法之先河。该法对劳动者的职业安全卫生知情权和雇主的告知义务做了规定，除了要求张贴公告和书面告知等告知方式外，该法还赋予雇员查询记录、参加听证会、陪同视察、调查工作场所等权利以保障其知情权。[②] 受其影响，日本于1972年颁布了《日本劳动安全卫生法》，该法内容涉及广泛，它以保护工人安全健康为底线，涵盖了标准、法规的制定、安全卫生监督、工伤保险及补偿等诸多事项。英国于1974年开始颁布《职业安全与卫生法》，该法被誉为最全面、最严谨的职业安全卫生法律。它的立法目标主要有三个方面："其一，保障工作人员的健康、安全和福利；其二，保障非工作人员的健康或安全不受工作人员活动的影

---

① 《新牛津英语词典》，上海外语教育出版社，2001，第657页。

② 刘恺：《美国〈职业安全卫生法〉立法简史——兼论对我国职业安全卫生立法的启示》，《华中师范大学学报》（人文社会科学版）2011年第S1期。

响；其三，控制有害物质排入大气。”[①]

第三阶段：预防性法规阶段。这一阶段的立法内容以对事故和职业病的科学预防为重点，国际劳工组织起到了重要的推动作用。1981 年，ILO 通过了《职业安全与卫生公约》（第 155 号）及其建议书（第 164 号），指出了人类工程学在预防职业危害方面的重要性：“以往发生的各种事故其原因大部分可归咎于人的失误。如果在设计与管理上利用人类工程学的有关数据，就可用简单而经济的方法而使工作条件与环境得到良好的改善。”[②] 倡导使用人类工程学的相关知识改善企业的工作环境和相关设施，并将此类知识应用于职业安全与卫生的培训中。第 155 号公约指出国家相关政策的根本目标是：“在合理可行的范围内，把工作环境中的危险因素减少到最低限度，以预防来自工作、与工作有关或在工作过程中发生的事故和对健康的危害。”[③] 此后，ILO 于 1985 年通过了《职业卫生设施公约》（第 161 号）及其建议书（第 171 号），对于职业卫生设施应具有的功能进行了规定，特别是出现了人类工程学（ergonomics standards）的相关内容，指出职业卫生设施应“就职业健康、安全、卫生和人类工程学以及个体和集体保护性设备提供咨询”，[④] 反映了从重视保护到重视预防的重要转变。2003 年，国际劳工大会又进一步通过了《职业安全卫生全球战略决议》，要求成员国开展宣传培训，加强预防性安全卫生文化的建设。截至 2010 年，已有 14 个国家正式批准了第 161 号公约，一些国家已经进入实质批准程序，还有许多国家明确表明有意批准，目前正处于准备阶段。[⑤] 2006 年，ILO 又通过了《职业安全与卫生推广框架公约》（第 187 号），特别提到了“国家安全与卫生预防文化”（national preventative safety and health culture），这种预防文化是指：“获得安全和健康工作环境的权利被普遍重视，

① 张剑虹、楚风华：《国外职业安全卫生法的发展及对当代中国的启示》，《河北法学》2007 年第 2 期。

② 佚名：《国际职业安全与卫生公约简介——国际劳工大会通过的第 155 号国际公约综合介绍》，《职业与健康》1989 年第 3 期。

③ 牛胜利：《国际职业卫生法规发展历程》，《劳动保护》2010 年第 4 期。

④ 佚名：《第 161 号国际劳工公约职业卫生设施公约》，《中华人民共和国国务院公报》1987 年第 2 期。

⑤ 牛胜利：《国际职业卫生法规发展历程》，《劳动保护》2010 年第 4 期。

政府、雇主和工人通过规定的权利、责任和义务体系确保一个安全和健康的工作环境，并且预防原则被置于最高优先级别。”①

（三）职业卫生监管情况

在职业卫生的管理监察方面，各国的管理机构和管理模式不尽相同，但一般遵循独立、高效、垂直管理等基本原则。下文简要介绍美国的职业卫生监察制度、日本的垂直管理体系和德国的双轨制管理模式。

一是美国职业卫生监察制度。美国负责劳工事务的部门是劳工部，在劳工部内设有职业安全与卫生管理局（Occupational Safety and Health Administration，OSHA），该局的主要任务包括：“制定和推行行业安全标准；提供安全培训、扩展培训和其他教育；与企业、个人建立合作机制；鼓励持续地改善工作场所的安全卫生条件。”② OSHA 由部长助理负责，实行垂直领导，不受产业部门或地方政府的干扰。该局拥有以下权力：对企业的设备、环境、操作安全等情况进行监察的权力，询问、档案调阅和抽样检查的权力，发布改正命令和进行处罚的权力等。美国的职业卫生监察频率分为常规监察和即时监察，常规监察每年一次，不受任何干扰；即时监察根据工人请求或意外事故情况进行监察。③

二是日本的垂直管理体系。日本负责职业卫生事宜的中央机构是厚生劳动省，设有 11 个局 7 个部，职责广泛，涵盖国民健康、医疗保险、医疗服务提供、药品和食品安全、社会保险和社会保障、劳动就业、弱势群体社会救助等领域，集医疗卫生职责与社会保障职责于一身。厚生劳动省劳动基准局设有安全卫生部、劳灾补偿部、劳动者生活部，主要负责职业卫生标准的制定等。日本在职业卫生监管方面实行中央到基层的垂直管理体制，即中央（国家）、地方（都道府县）、基层（监督署）三级监督管理体制。在这种体制下，中央能够集中力量制定法律、政策并推进法律和政策的

---

① 国际劳工组织官方网站：“Promotional Framework for Occupational Safety and Health Convention，2006（No. 187）”，http：//www. ilo. org/global，访问日期：2015 年 3 月 28 日。

② 《国际劳工组织》http：//baike. baidu. com，访问日期：2016 年 5 月 28 日。

③ 秦晓琼：《国际职业安全立法研究及对我国的启示》，硕士学位论文，湖南大学，2009，第 20 页。

落实。同时，日本政府还授权一些社会组织进行职业卫生检查与监督。

三是德国的双轨制管理模式。德国职业卫生监管采取政府和同业公会共同监管的模式，国家机构负责制定职业安全卫生的有关法律，并负责监督法律的执行，同业公会则负责保险费用的收取和职业安全卫生工作，二者各司其职又相得益彰。同业公会是工伤保险的经办机构，由雇主和雇员代表组成，二者在事务管理上享有共同决策权。同业公会“强制企业缴纳保险费，对企业实行保险费差别费率和浮动费率制度，规定企业上交的保险费份额取决于所在行业的事故危险分级，事故少者可少交保险费，事故多者多交”。[①] 这种将政府、雇主、雇员三方都引入决策管理之中的监管模式，既保障了劳资双方参与制度管理的权利，又极为有效地提高了监管的力度。

（四）具体制度措施

在工人健康权益的保障中，各国针对工人也有一些具体的措施，如工人补偿制度、劳动保护委员会制度、健康保持增进对策等。

美国的工人补偿制度（workers' compensation program）。美国的工人补偿制度主要依托商业保险机构，同时辅以行政救济，使工伤及职业病患者可以得到及时而充分的补偿。早在 1908 年，美国联邦政府就颁布了《联邦雇员伤害赔偿法》，为工伤工人和职业病患者提供实质性保障。该法规定，联邦劳工部对造船工人、港口工人、公务员和矽肺病人进行统筹管理，其他领域的工人则由各州自行立法。目前美国的工人补偿制度“已经发展成为联邦政府推荐标准、州政府立法规范、主要依托私人商业保险机构运作的社会保险制度”。[②] 美国工人补偿制度的主要特点有两个。一是工伤认定主体多元化。美国的工伤认定主体包括行政机关和法院两大类，工伤认定首先由行政机关根据相应程序处理，不服从行政机关认定的当事人，可以向法院提起诉讼，法院可以直接做出裁决。这一规定扩大了工伤认定的主体，拓展了行政救济的范围。[③] 二是注重伤病工人的再就业问题。

① 黄开发、凌瑞杰等：《浅谈德国职业安全卫生管理体系及工伤保险制度》，《中国工业医学杂志》2015 年第 2 期。

② 陈叙：《美国雇员补偿制度介绍和启示》，《中国卫生经济》2013 年第 1 期。

③ 朱剑宇、奚利强：《美国工伤制度的特点》，《人民法院报》2011 年 4 月 29 日。

美国对工伤、职业病工人的经济补偿不仅局限于对身体和心理伤残水平的评估，而是将伤病工人获得收入的实际能力纳入评估范围，并将再就业服务全面纳入保险支付范围，为工人再就业提供强大的经济支持，为工人的进一步发展和生活水平的提升提供了条件。

德国的劳动保护委员会制度。普鲁士于1839年颁布《劳动保护法》，德意志帝国建立后，1871年颁布《帝国工商管理条例》，1884年出台《企业事故保险法》，形成了较为完善的劳动保护法律体系。德国法律规定雇主在职业卫生方面负有责任，指出雇主应保证员工的安全与健康，要求提供安全可靠的技术措施，防范事故隐患。并要求雇员超过20人的企业建立劳动保护委员会，该委员会由企业主、工会、劳动安全员、企业医师四方组成，至少每季度召开一次会议，讨论劳动保护和事故预防的问题，并向雇主提出有关建议。[①] 劳动保护委员会制度体现了多方参与的特点，并且将安全生产会议固定化，有利于提前预防职业病的危害，能够发挥更强的保护功能。

日本的健康保持增进对策。1972年，日本政府为了防止劳动灾害，确保作业场所劳动者的安全和健康，颁布了《劳动安全卫生法》。该法于1988年、1992年、1998年、2008年、2013年等进行了多次修订，形成了较为完善的健康保持增进对策。该对策的基本观点为："为了保持增进劳动者的身心健康，不仅需要劳动者自身的努力，还需要积极推进企业加强健康管理。"[②] 相对于单纯防止健康危害的观点，日本已经开始关注劳动者对工作产生的"强烈不安和精神压力"，有计划地保持和增进劳动者身体和心理的全面健康，将健康管理贯穿劳动者的整个职业生涯。该对策要求企业成立由健康推进负责人和职业卫生医师组成的"健康保持增进专门委员会"，"从专业技术角度，对针对每个劳动者的健康保持增进措施进行检讨和评估，使针对每个劳动者的各种指导能够具体且合理地实施"。[③] 日本

① 王守俊：《试论职业安全卫生立法——国际经验与我国的调整与选择》，《法学杂志》2010年第7期。

② 职业卫生网：《日本工作场所工人全面健康促进指南》，http：//www.zywsw.com，访问日期：2016年6月14日。

③ 职业卫生网：《日本工作场所工人全面健康促进指南》，http：//www.zywsw.com，访问日期：2016年6月14日。

健康保持增进对策的主要流程包括：①健康测定。掌握各类劳动者的健康状况，并以测定结果为基础开展运动指导、心理保健等健康促进活动。②运动指导。根据健康测定结果和每个劳动者的实际情况，制定运动计划，并对劳动者的运动实践实施指导。③心理保健。根据健康测定结果，在判断劳动者需要心理保健，或劳动者本人希望进行心理保健时，心理咨询人员对劳动者实施心理保健。④营养指导。根据健康测定结果及产业医师的指导表，对劳动者营养成分摄入量、饮食习惯和饮食动作进行评价并指导其改善。⑤保健指导。结合职业活动，对劳动者进行指导及健康教育，以培养健康的生活方式。①

二　工矿企业周边居民权益保障

工矿企业的污染不仅对其内部工人的健康造成危害，同时也会危害其周边居民或其流域内的居民的健康和财产安全。工矿企业周边居民的权益保障也日益引起国际社会的重视，各国政府和国际组织从强化对企业的管理和完善对居民的救济两个方面入手，加强对工矿企业周边居民的权益保障。

（一）对企业行为进行绿色引导的赤道原则

只有控制及减少企业的污染行为，才能从根本上减少或杜绝污染企业周边居民遭受的侵害。国际社会普遍意识到，加强对企业的监管和引导，是保障周边居民权益的根本措施。在这一理念指导下，国际金融公司及一些主要金融机构提出了旨在引导企业绿色生产的“赤道原则”（the Equator Principles，EPs）。

赤道原则是在西方社会企业社会责任运动的大背景下产生的。环境NGO和其他社会组织在与污染企业做斗争的过程中，认为为这些企业提供资金支持的金融机构也是“帮凶”，导致一些金融机构面临巨大压力。世

① 李霜、张耘、聂武等：《日本工作场所全面健康促进介绍》，《中华劳动卫生职业病杂志》2015年第2期。

界金融机构为了规避投资风险、敦促企业履行社会责任，于2002年酝酿制定赤道原则，并于2003年正式实施（EPI），2006年经历了一次较大修订（EPII），2013年又进行了第二次修订（EPIII）。赤道原则不断完善，“旨在确保被资助的项目承担社会责任和反映环境管理实践要求”。[①] 根据赤道原则官方网站提供的信息，目前全球已有79家金融机构采纳了赤道原则，成为赤道原则金融机构（EPFIs），[②] 赤道原则已经成为国际金融业评估和管理环境与社会风险的项目融资标准。

赤道原则重视对提供融资项目的环境影响，注意收集项目建设所在区域民众的意见，并在这方面做出了若干详细规定。2006年修订的第二版赤道原则（EPII）突出了对申请融资的项目的环境评估，对于企业自觉履行社会责任和减少对项目所在区域的不良影响具有重要作用。该原则将申请融资的项目分为A、B、C三类，对社会或环境产生显著不良影响的系A类项目，预计有某些不良影响但可通过某些措施减轻影响的为B类项目，对环境影响轻微或无不良影响的为C类项目。赤道原则要求对全部A类项目和部分B类项目实行公开征询意见制度和信息披露制度，指出“项目方应将项目的重大不利影响优先通知被征询方（受影响的社区），并及时通知相关的参与方。所有的征询程序和结论应在AP（行动规划）中记录在案”。[③] 2013年6月4日生效的第三版赤道原则中又进一步细化了相关规定，如对“社会和有关人权的尽职调查；在特定的情况下‘自由事先知情同意’；将人权置于首位等”。[④] 赤道原则所规定的公开征询意见制度和信息披露制度，从制度上保证了项目受影响社区居民参与权和知情权，避免了对某些社区进行非意愿性的项目建设，充分保障了环境弱势群体的权益。

---

① 赤道原则网站：“The Equator Principles. June 2013”. http//: www. equator - principles. com，访问日期：2014年3月28日。

② 赤道原则网站：“Members & Reporting”. http//: www. equator - principles. com，访问日期：2014年3月28日。

③ 陶玲、刘卫江：《赤道原则：金融机构践行企业社会责任的国际标准》，《银行家》2008年第1期。

④ 赤道原则网站：“The Equator Principles. June 2013”. http//: www. equator - principles. com，访问日期：2014年3月28日。

（二）助推企业履行责任的环境责任保险制度

企业由于自身故意或过失污染行为而导致周边居民的权益受损，原则上应该主动承担起相应的赔偿责任和后续的环境修复责任，但从客观条件来看，有些企业自身的实力不足以承担起赔偿和修复的责任，造成居民权益补偿的难以实现和环境修复的遥遥无期。针对这一状况，国际社会创立了环境责任保险制度（Environmental Liability Insurance）。环境责任保险是在环境污染事故频发、环境风险加大、污染责任者难以承担巨额赔偿、污染受害者较难获得及时赔偿的形势下发展起来的，以被保险人因污染环境而应当承担的环境赔偿或治理责任为保险标的的，意在分散工商企业环境风险、及时赔偿污染受害者损失的保险种类，具有社会性和公益性的双重特点。该险种于20世纪60年代诞生于美国、联邦德国、法国等西方主要工业化国家，随着环境危机的蔓延，各国对环境责任保险的重视程度越来越高。

关于国际范围内环境责任保险制度的现状及发展趋势，我们可以从承保机构、保险方式、保险范围、限定条件和索赔时效等方面进行初步概括。从承保机构来看，目前主要存在三种类型：一是美国式的专门保险机构；二是意大利式的联保集团，即1990年成立的由76家保险公司组成的联合承保集团；三是英国式的非特殊承保机构，其环境侵权责任保险由现有的财产保险公司自愿承保。① 从承保机构的发展趋势来看，各国越来越倾向于发展联合的承保机构，以便应对不断增大的赔偿和治理金额。从保险方式来看，在强制保险和自愿保险的组合方式上主要有三种模式：一是以美国、瑞典为代表的强制保险模式，二是以德国为代表的强制保险与财务保证或担保相结合的模式，三是以法国和英国为代表的自愿保险为主、强制保险为辅的模式。从保险方式的发展趋势来看，强制保险的范围不断增大，涉及的工矿企业种类不断增多，各国的强制保险都在不断增强。从保险范围来看，各国从最初只承担偶然性、突发性的环境污染事故发展到逐步承担渐进式的、反复性的环境污染情形，保险的范围不断扩大。从限

① 别涛：《国外环境污染责任保险》，《求是》2008年第5期。

定条件来看，各国相继把故意造成的环境污染排除于保险责任范围之外，并严格限定赔付金额。从索赔时效来看，由于环境侵权后果显现的滞后性，各国规定的索赔时效普遍较长，如美国将索赔时效规定为自保单失效之日起30年的时间。

（三）日本的健康受害补偿制度

日本在20世纪中期产生了严重的环境公害，污染企业周边民众大量患上水俣病、痛痛病、哮喘病等公害病，相关诉讼层出不穷，社会矛盾非常突出。为了解决这一问题，日本自1967年至1973年，针对公害赔偿问题制定和修改了包括《公害对策基本法》《公害救济法》《公害控制法》《公害防止事业法》《公害健康受害补偿法》等16部法律，[①] 制定了对受害居民进行补偿的若干措施。

日本在全国范围内划定了公害病多发的指定区域，对指定区域内符合条件的特异性疾病患者（没有污染不会发生的疾病，如水俣病、痛痛病、慢性砷中毒等）和某些非特异性疾病患者（没有污染也会发生的疾病，如哮喘病等）进行救济，凡是在指定区域居住一定时间以上而患指定疾病者，其因果关系不做个别追究，政府给予迅速救济；对非特异性疾病的救济，则需经过地方政府的认定。对受害群体补偿给付的内容，主要包括以下7种：①医疗给付及疗养费，被认定为公害病的患者，可以在被指定为公害医疗机关的全国各医院免费接受公害医疗；②残疾补偿费，对认定患者根据其残疾的程度给予残疾补偿费；③遗属补偿费，认定患者因公害病死亡后，在一定时间内支付给其遗属维持生计的费用，金额相当于平均工资的七成；④一次性遗属补偿；⑤儿童补偿津贴，认定患者未满15岁的，按照疾病的等级向其养育者支付一定的金额；⑥医疗津贴；⑦丧葬费。[②]

日本的健康受害补偿制度的意义主要体现在三个方面：一是该制度的目的是给予民众迅速的救济，省去了大量司法诉讼的时间和资金，使国家可以把有限的资金用于最需要帮助的人；二是政府向污染企业征收“赋课

---

① 〔日〕原田尚彦：《环境法》，于敏译，法律出版社，1999，第14～15页。

② 〔日〕原田尚彦：《环境法》，于敏译，法律出版社，1999，第54～55页。

金”，用于对受害者的补偿，从宏观上维护了环境正义，让加害者负起应该承担的社会责任；三是政府出台了具体而人性化的补偿措施，对受害居民的损失给予全面补偿，有利于缓解社会矛盾，维护社会稳定。

（四）美国的超级基金制度

超级基金（Super Fund）也被称为“危险物质信托基金”，是美国政府在处理有害废弃物的责任追溯和损害赔偿等问题上的一项创举。该制度的诞生可以追溯至著名的“拉夫运河事件”（Love Canal），事件缘起主要是胡克化学公司在拉夫运河区域填埋了大量有毒废弃物，并对该区域居民产生了严重的健康危害，居民游行示威进行抗议，要求政府采取相应措施。美国政府于1980年出台了超级基金法，对于美国危险废弃物的信息收集与分析、危险废弃物处理的特别权限、治理基金以及责任追溯都进行了详细规定，尤其是开创性地建立了针对有毒危险废弃物的信托基金，为其他国家处理类似问题提供了经验。

超级基金法规定，美国从国家层面募集超级基金，用于资助对危险废弃物的清理和部分赔偿。超级基金的初始基金为16亿美元，1988年增加到85亿美元。超级基金建立之后，环保部门可以运用这一基金组织居民避难，实施净化、恢复措施等，事后再向责任当事人要求赔偿。超级基金法还规定，如果相关责任者拒不履行相关清理责任并采取相应措施，可以对其征收应付费用3倍以内的罚款，开创了在环境领域征收惩罚性赔偿金的先河，对于遏制恶意的环境破坏行为具有重要意义。

超级基金制度建立了从国家层面募集环境基金的做法，在一定程度上解决了危险废弃物清理所需的巨额资金问题，便于对危险废弃物迅速进行清理，控制环境局势的进一步恶化。另外，对于受危险废弃物危害的居民，基金也可以先行赔付，事后再向责任者追缴，可以较为迅速地补偿受污染影响的居民的损失。

三　水工程移民和生态移民权益保障

水工程移民和生态移民都是在政府主导下进行的集体移民活动，相对于个体自愿的社会流动性移民，这些移民带有明显的非自愿性质，因此，国际社会习惯上也将他们称为“非自愿移民”。下文将简要总结世界银行、亚洲开发银行和世界部分国家在非自愿性水工程移民和生态移民方面的政策要点。

（一）世界银行非自愿移民权益保障政策要点

世界银行（World Bank）是世界银行集团的简称，是世界上主要的政府间金融机构之一，它成立于1945年，创立之初的使命是帮助在第二次世界大战中被破坏国家的重建，目前则致力于帮助发展中国家消除贫困、促进可持续发展。作为最早关注非自愿移民的国际组织，世界银行1980年颁布了非自愿移民活动指南，1990年发布《世界银行业务手册实施导则4.30——非自愿移民》（OD 4.30），2001年，世界银行又用业务政策OP 4.12《非自愿移民》、世行程序BP 4.12《非自愿移民》共同取代了非自愿移民业务导则OD 4.30。下文对OP 4.12和BP 4.12中关于移民可持续发展权益保障的内容做简要梳理。

对于非自愿移民可能产生的后果，OP 4.12首先指出：“世行过去的经验表明，非自愿移民常常导致了严重的经济、社会和环境风险，如：生产体系解体；人们失去生产资料或收入来源，面临贫困的威胁；人们搬迁到其生产技术可能不太适用而且资源的竞争加剧的环境中；社区团体和社会网络力量削弱；亲族被疏散；文化特性、传统权威及互助的可能性减小或丧失。”[①] 世界银行相关政策的目的在于减少产生以上贫困的风险。

世行非自愿移民的政策目标主要包括：“（a）探讨一切可行的项目设计方案，以尽可能避免或减少非自愿移民。（b）如果移民不可避免，移民活动应作为可持续发展方案来构思和执行。应提供充分的资金，使移民能够分享项目的效益。应与移民进行认真的协商，使他们有机会参与移民安置方案的规划和实施。（c）应帮助移民努力提高生计和生活水平，至少使其真正恢复到搬迁前或项目开始前的较高水平。”[②]

---

① 世界银行官方网站：“世界银行业务手册OP4.12”（中文版），http：//www.worldbank.org，访问日期：2016年5月23日。

② 世界银行官方网站：“世界银行业务手册OP4.12”（中文版），http：//www.worldbank.org，访问日期：2016年5月23日。

为了实现以上目标，世界银行进一步规定了非自愿移民的措施，这些措施主要包括：①告知移民拥有的各项权利：自己在安置问题上的选择权和其他权利；了解技术上和经济上的可行的方案，参与协商，并享有选择的机会；按全部重置成本，获得迅速有效的补偿，以抵消由项目造成的直接财产损失等；在搬迁期间获得帮助（如搬迁补贴）；获得住房或宅基地，或根据要求获得农业生产场所，农业生产场所的生产潜力、位置优势及其他综合因素应至少和原场所的有利条件相当。②尽可能避免具有传统生产方式的少数民族迁移，如果迁移无法避免，应为这些群体制定出依土安置的战略，这一战略要在协商的基础上制定，并符合他们的文化特征。③对于以土地为生的移民，应当优先考虑依土安置战略。向移民提供土地的生产潜力、位置优势和其他综合因素至少应该等同于征收土地前的有利条件。如果移民并没有将获取土地作为优先考虑的方案，或者无法按照合理的价格获取足够的土地，除了土地和其他财产损失的现金补偿外，还应另行提供以就业或自谋生计为主的离土安置方案。[①]

此外，世界银行还对移民项目的社会经济调查、社区参与以及申诉程序等规定了相关的细节要求。①社会经济调查应包括：财产的预期损失量（总量或部分），以及被迫迁移在物质或经济上受影响的程度；受影响团体的相互社会关系，包括社会网络和社会援助体系，以及他们将如何受到项目的影响；将要受到影响的公共基础设施和社会服务机构；移民团体的社会和文化特征等。②社区参与的具体要求：在移民安置规划设计和实施过程中征求移民和安置区居民的意见、邀请移民和安置区居民共同参与的战略安排；在移民安置规划准备过程中归纳总结移民所关心的问题，以及在移民安置规划中如何考虑移民所关心的问题；对可供选择的移民方案和移民最终做出的选择进行审查，这些选择包括不同形式的补偿和受援方式、个体家庭的安置方式、维持现有社会团体形式的安置方式、保留文化遗产（礼拜场所、朝圣中心、公墓）使用权等；机构安排，要采取措施保证诸如土著居民、少数民族、无地人口和妇女等脆弱群体的意愿得以充分体

---

① 世界银行官方网站："世界银行业务手册 OP4. 12"（中文版），http：//www. worldbank. org，访问日期：2016 年 5 月 23 日。

现。③申诉程序：申诉机制应考虑使用现有的司法追索程序，以及社区的和传统的解决争议的机制。[①]

（二）亚洲开发银行非自愿移民权益保障政策要点

亚洲开发银行（Asian Development Bank，ADB，也称亚洲发展银行）也是较早关注项目开发引起的非自愿移民及其社会问题的国际机构。亚洲开发银行自20世纪90年代初开始制定了一系列关于非自愿移民的政策，其中较为重要的文本是1995年颁布的“非自愿移民政策”和2006年的文本《非自愿移民操作手册》（OM/ F02）。

亚洲开发银行“非自愿移民政策”的基本原则包括：“①尽可能避免非自愿移民；②如果无法避免移民搬迁，应通过多种可行的方案减少移民数量；③为移民提供赔偿和帮助，使其未来的经济和社会生活与‘无项目’状态一致；④在对移民进行安置和赔偿时，为其提供充分的信息，并同其协商；⑤没有正式（合法）土地权的移民也可得到安置；⑥向弱势家庭、土著居民和少数民族提供特殊的照顾和帮助以提高其地位；⑦强调利益相关者的参与，保障移民申诉机制顺畅等。”[②]

在移民整个搬迁过程中，亚洲开发银行十分重视移民的参与。强调在项目准备、实施和搬迁以后，都需要公众参与；注重移民选择权的发挥，要求给移民提供可以选择的方案。同时，亚洲开发银行注重发挥移民的主体性，主张移民的自治和自我管理，认为“成功的移民安置应及时将移民责任从安置机构转交给移民本身”。[③]

（三）部分国家水工程移民和生态移民政策精要

因水利水电等公共工程建设或生态环境原因而产生的移民现象几乎存在于世界各国，但由于各国在自然条件、土地拥有量、教育水平、人权状

---

① 世界银行官方网站：“世界银行业务手册 OP4.12——附件 A”（中文版），http://www.worldbank.org，访问日期：2016年5月23日。

② 于浩淼、唐欢、郑勇：《水电行业非自愿移民政策——国际经验与老挝实践》，《水利经济》2013年第1期。

③ 刘新芳、姚傑宝、段永峰：《中国移民政策与亚洲开发银行移民政策分析》，《人民黄河》2009年第2期。

况、综合国力等方面的差异，各国的移民政策也有巨大差异。下文以移民可持续发展权益为主要视角，概要梳理美国、日本、印度、泰国、土耳其等国家在移民政策方面的基本要点。

一是美国以市场价格进行财产补偿的移民政策。美国公共工程移民政策的基本要求主要体现在《统一协助重新安置和不动产征用法》（*Uniform Relocation Assistance and Real Property Acquisition Policies Act*）中，该法于1970年通过，并于2004年进行过修订。美国移民政策的突出特征在于以市场价格进行财产补偿。"被征收财产的补偿费根据财产的合理市场价格来计算。评价结果再由有资格的审查人员进行审查，然后按照被征收者所提供的财产清单，以不低于评估财产的合理市场价格发放补偿费。"[①] 这一补偿标准与世界银行按照重置价格进行补偿形成鲜明对比，与尚没有财产补偿规定的国家相比彰显了对公民财产所有权的尊重和保护。

二是日本注重公众参与的移民政策。日本土地资源紧缺，水库移民多采取就地后靠的安置方式，安置难度较大，容易引发社会矛盾。为了避免后续的社会问题，日本十分注重移民过程中的公众参与，形成了较为完善的公众参与制度。其基本要求是："建设方需首先征得当地政府的同意，然后，建设方和当地政府会与当地居民组成的同志会等组织开始认真讨论一系列有关受淹土地的补偿、地区开发措施（包括移民生活的恢复和环境保护）等问题。"[②] 这种三方参与的谈判通常要历时很久、反复多次才能达成一致，虽然暂时看起来效率受到影响，但在避免移民后续消极影响方面作用巨大。

三是印度让受益地区承担部分代价的移民政策。印度关于移民的立法工作历史悠久，早在英国殖民时期就出台过《土地征用法》，独立后在移民立法方面又不断改进，其中印度马哈拉施特拉邦的《马哈拉施特拉项目影响人群重建法令》在移民补偿和安置基本原则方面具有奠基性作用，该法令坚持的基本原则是"项目受益人应承担受害人部分代价的原则"。[③] 如

---

① 冯时、禹雪中、廖文根：《国际水利水电工程移民政策综述及分析》，《中国水能及电气化》2011年第7期。

② 冯时、禹雪中、廖文根：《国际水利水电工程移民政策综述及分析》，《中国水能及电气化》2011年第7期。

③ 施国庆、周建、连欢：《非自愿移民：国际经验和中国实践》，中国水利学2005学术年会论文集。

在土地补偿方面，采取从受益地区征收土地的做法。“政府根据受益地区与水库蓄水区的土地数量，确定在受益地区征收移民安置土地的比例，然后根据移民家庭成员的数量进行土地分配。”[①] 这种让受益地区承担部分代价的做法，在很大程度上体现了对受益地区应对受苦圈层进行补偿的正义原则，有利于社会公平的维护。

四是土耳其注重协商的移民政策。土耳其的移民事务由国家水利总局（Devlet Su Isliri，DSI）和国家乡村事务委员会（General Directorate of Rural Affairs，GDRA）共同负责，其移民安置主要依据其《征用法》（*Turkish Expropriation Law*）和《安置法》（*Turkish Law of Resettlement*）两部法律。土耳其在移民政策方面值得注意的是关于财产及土地赔偿的协商制度。其基本做法主要是：征用财产的最高价值由一个特别委员会决定，同时国家水利总局还建立一个协商委员会，与财产所有者对赔偿量进行协商。如果移民同意接受报价，会在45天内得到财产的现金补偿；如果移民拒绝接受报价，则通过法院仲裁，水利总局会在法院判定的15天内将相应存款存入银行。[②] 土耳其这种在协商基础上形成的赔偿价格，经过了第三方较为公正合理的评估，移民还可以通过法律程序进一步质疑，既不完全是市场价格，也不完全由政府部门单方面决定，有较强的借鉴意义。

五是泰国注重人力资本提升的生态移民政策。泰国北部山区经济文化落后，少数民族较多，由于过度垦殖导致水土流失和生态环境的破坏。为了让北部地区的“山民”摆脱贫困、发展经济，泰国于1969年提出了《国王计划》，该计划由专项基金提供支持，在泰国中、南部建立“山民自助居住区”，修建基础公共设施。[③] 泰国生态移民政策的主要特色在于它对于移民人力资本的提升，为移民的可持续发展奠定了基础。其基本做法是政府和银行先期投资建立果园、种植园、养殖场等，组织技术人员进行规

---

① 冯时、禹雪中、廖文根：《国际水利水电工程移民政策综述及分析》，《中国水能及电气化》2011年第7期。

② 冯时、禹雪中、廖文根：《国际水利水电工程移民政策综述及分析》，《中国水能及电气化》2011年第7期。

③ 王红彦、高春雨、王道龙等：《易地扶贫移民搬迁的国际经验借鉴》，《世界农业》2014年第8期。

划设计，同时对移民进行培训，吸收移民共同参与这些果园或养殖场的建设，建成后交给移民管理，并享受一系列免税、贷款等优惠政策。这一政策不但推动了泰国生态移民计划的顺利开展，而且“在接受培训和参加建设的同时实现生态移民和移民人力资本提升”。①

四　相关评价及启示

以上我们简要梳理了国际社会在一线工人、工矿企业周边居民以及水工程移民和生态移民权益保障方面的基本状况，分析这些政策要点，概括其体现出的共同特征和基本原则，可以为我国环境权益保障制度的构建提供有益的借鉴。

（一）以环境正义原则为基本导向

在环境权益保障方面，坚持环境正义原则是解决问题的关键。群体层面的环境正义要求公平分配环境利益、环境污染、环境负担和环境风险，公平承担由公共工程带来的代价，改变强势群体对于环境利益的过多占有、对于自身环境责任的推卸。只有坚持环境正义的立场原则，才能摒弃盲目追求经济增长的做法，真正关注人民群众的权利状态，达到保障他们合法权益的目的。

在上文我们列举的国际社会环境权益保障的相关政策中，基本都体现了环境正义的基本原则要求——对环境问题中处于不利地位的群体进行赔偿或补偿的原则，如日本的健康受害补偿制度、印度的受益地区承担受害者部分损失的原则、美国的工人补偿制度等，这是各国公共政策和环境政策发展的基本方向之一。关于相关政策中的环境正义要求，美国总统克林顿曾于 1994 年专门颁布 12898 号行政命令予以说明。该命令名称为“致力于少数族裔和低收入群体环境正义的联邦行动”，命令指出：“每个联邦机构都应适当明确和关注由于自身计划、政策和活动而造成的对美国境内少数族裔和低收入群体在健康和环境方面的畸高的不利影响，

---

① 温丽：《基于国际视角的生态移民研究》，《世界农业》2012 年第 12 期。

将维护环境正义作为自己的使命之一。”① 从预防的角度关注重点群体的环境权益，将维护环境正义作为政府机构的重要使命，对于环境权益保障具有重要作用。

（二）利益相关者参与原则

利益相关者理论是企业管理领域的经典理论之一，兴起于20世纪80年代中期。关于利益相关者概念的表述很多，其中，弗里曼（R. Edward Freeman）于1984年提出的概念是其早期理论的代表：“利益相关者是能够影响一个组织目标的实现，或者受到一个组织实现其目标过程影响的人。”② 利益相关者理论自提出以后，首先引发了企业管理领域的重大变革，改变了企业管理的传统模式，随后，利益相关者理论又对政府决策和社会治理等领域产生了重要影响。本文所指的“利益相关者”，主要是从较为宽泛意义上说的，是指自身利益受到政府决策、企业行为或工程建设等直接影响的相关群体。如本书所研究的高污染行业一线工人、污染企业周边居民、水工程移民和生态移民等都属于“利益相关者”，他们的权益之所以受到侵害，重要原因就是他们没有能够参与到相关决策的制定过程中，也没有参与到企业的管理过程中，他们“不在场”状态直接导致了自身利益的被忽略或被侵害。

综观国际社会在环境权益保障方面的政策，其成功之处在于对利益相关者参与的重视，如日本的水库移民安置、马来西亚的移民安置等，都是在充分征求相关群体意见的基础上形成移民规划的。只有利益群体参与到决策过程中，他们才有可能参与到各方的利益博弈中，他们的切身利益才有可能被充分地重视。而近年来各国普遍重视的“公众参与”，其实质就是利益相关者的参与，因为非利益相关者的公众参与是缺乏意义的。利益相关者参与要求公共权力在制定法律、制定公共政策、决定公共事务或进行公共治理时，充分听取利害相关的个人或组织的意见和建议，通过不断的反馈互动形成较为合理的公共决策，避免对相关群体利益的忽

---

① Executive Order 12898, in Bunyan Bryant, *Environmental Justice* (Island Press, 1995), p. 221.

② 付俊文、赵红：《利益相关者理论综述》，《首都经济贸易大学学报》2006年第2期。

视和侵害。

（三）加强对企业的监管是权益保障的必经之路

无论是高污染行业一线工人，还是污染企业周边居民，他们的健康权益和财产安全的侵害主体都是污染企业，企业的污染行为是造成他们权益困境的主要原因。保障他们的权益，最基本的途径是加强对企业的监管，切实改善企业的工作环境和周边环境。如果政府不能很好地履行监管职能，企业就会遵从资本逻辑，减少成本而不控制污染。因此，加强监管，制止企业的污染是政府保障群众环境权益的基本任务。只有加强对企业的环境监管，才能从源头上减少环境污染，才能减少对企业从业人员、周边居民和整体环境的危害，为环境权益保障提供良好的外部环境。

国际社会在对工矿企业进行监管的过程中，逐渐形成了一套较为系统的、整合各种手段的监管制度，概括说来，主要有以下几种路径：一是通过制定法律、政策、制度等手段对企业进行直接管制，二是通过税收、保险、信贷等经济手段进行间接引导，三是通过环境非政府组织、普通民众、企业工人等进行监督和举报。在环境监管过程中，这三种路径都是必要的，但对企业进行直接管制是首选的途径，也是效果最好的途径。

（四）行政救济是权益保障的重要路径

行政救济主要是指国家机关通过行政手段对环境弱势群体进行帮助的方式，其实施主体是各级政府部门。各国开展行政救济的基本程序是通过多种渠道筹措国家环境基金，指定进行救济的特别地区和特别事由，依据相应程序对被救济资格进行认定，然后给予相应补偿。行政救济可以在救济范围、救济效率和救济的稳定性等方面有效弥补司法救济的局限性，在环境权益保护中发挥重要作用，应该予以重视并大力发展。

从具体操作层面来看，国际社会在相关群体受到侵害、产生严重后果的时候，都是采取了紧急的行政救济方式。行政救济首先需要充足的资金储备，因而，必须考虑行政救济的资金筹措问题。而从维护社会公平的角度来看，由于企业和工程项目方在污染或移民行为中获得了较大利益，而有些群体却承担了相应的后果，因而，行政救济的资金应该主要来源于企业方和工程项目方。可以通过征缴企业环境责任保险或工程项目预留基金等方式筹措资金，由政府部门统筹，用于对相关群体的权益救济。

第五章　环境权益保障制度体系构想

环境权益保障制度是根据我国发展的现状和时代要求而制定或修改的制度体系，从该制度所属的层级范围来看，它属于国家某一领域的具体制度。本书对环境弱势群体权益保障制度体系的构想，意在捍卫公民基本权利、维护公平正义，主要包括制度的主要目标、方法手段和基本框架等。

一　环境权益保障制度的主要目标

在前面章节我们所研究的四类群体中，最容易受到损害的是他们的生命健康权、财产权、可持续发展权，而对上述三项权利的保护就成为我们所构想的环境权益保障制度的主要目标。

（一）保护与环境相关的生命健康权

健康权是公民的基本权利，是人权中最核心、最基本的部分，在公民的权利体系中处于基础地位，是公民实现其他权利的必要前提，是国家必须予以保障的现实权利。而当前情况下，无论是污染行业一线工人，还是污染企业周边居民，他们的健康都受到了某种程度的侵害，有的甚至付出了生命的代价，这显然有悖我们以人为本的发展理念，是我们在环境权益保障中首先要关注的问题。

在我们重点研究的四类群体中，污染行业一线工人和污染企业周边居民的生命健康权是最容易遭到侵害的，因而对他们生命健康权的保障是最基本也是最迫切的要求。其中，一线工人由于在工作中接触有毒、有害物质而容易罹患各种职业病，所以他们的权益保障重点在于对职业病的防治；而工矿企业周边居民则主要是由于生活环境中水、土壤、空气等环境要素的严重恶化，而容易罹患各种癌症、呼吸系统疾病，所以，他们的保障重点是对癌症等疾病的早期筛查和及时治疗。

（二）保护与环境相关的财产权

财产权容易遭受侵害的群体是工矿企业周边居民、水工程移民和生态移民。污染企业的违规排放，致使周边环境恶化，居民的庄稼受损、房屋斑裂、牲畜死亡，对居民的财产安全造成威胁；而水工程移民和生态移民的财产权受侵害的主要表现是，政府或工程项目方对房屋、青苗、牲畜等原有财产的补偿偏低或不到位，造成移民财产的损失，影响了移民的后续生活。

具体而言，应该通过制度设计，要求造成环境污染的企业或其他社会组织对污染受害者进行及时而完全的赔偿，赔偿金的数额应不小于受害方的损失，原则上应附带主张由于环境侵害造成的精神损失、机会丧失等方面的赔偿。对于不能确定具体责任者的情况，政府部门应该对其进行直接快速的行政救济，包括提供必要的过渡资金、快速组织环境修复等，解决环境污染受害者面临的紧迫问题，保障他们基本的生活秩序和环境安全。同时，在移民安置方面，需要对移民的有形资产进行完全补偿，对于移民的房屋、庄稼等按照重置价格进行及时的货币补偿，并考虑移民后续生活的需要而给予其他形式的补偿。

（三）保护与环境相关的可持续发展权

可持续发展权涉及的群体主要是水工程移民和生态移民。上述两类移民基本分布在我国的西部落后地区，他们受教育水平普遍不高，年龄参差不齐，适应新环境的能力总体偏低。而我国已有的移民政策往往要求他们在短时间内搬离原有的生活环境，并在提供新的环境方面采取“一刀切”的粗放安置方式，不能照顾移民的多种不同情况，造成一些移民在搬迁后出现生活困难、就业困难等情况，对他们的后续生活产生了不利影响。

保障移民可持续发展的权利，首先需要为移民提供必要的文化培训和技能培训，使他们掌握新的谋生技能，获得维持基本生活水准的能力。其次需要对移民进行心理疏导，提供社会服务，让他们更好地融入迁入地区的生活。最后需要政府部门和社会组织为移民提供更多的就业岗位，确保他们有较为稳定的经济来源。

二 环境权益保障制度的方法手段

环境权益保障可以归入公民权益保障的范畴，是宪法、刑法、民法等法律的调整范围；同时，环境权益保障又是政府的重要工作，也是政府部门关注的领域。因而环境权益保障需要综合运用多种手段，包括法律手段、经济手段、行政手段和教育手段等。

（一）法律手段

环境权益保障的首要手段是法律手段，因为法律的中心任务是保障公民的合法权益，完善的法律体系是保障公民权利的必要条件。

首先是完善相关立法工作。我国自1979年以来已经制定了33部环境保护法律（时间跨度：1979年7月至2015年9月）和48项环境保护法规（时间跨度：1983年12月至2014年11月）[①]，但这些法律法规所注重的是自然环境和资源的保护，其着眼点并不是环境权益保护。环境权益保障主要涉及公民与企业、公民与政府之间的利益关系，所以，它比一般的公民权益保障要艰巨和复杂。同时由于我们所说的重点群体是一个综合所指，因而很难通过一部法律来规范对他们权益的保障工作。但我们可以根据轻重缓急程度，针对某类群体制定相关的保障法律，如针对工矿行业一线工人、针对工矿企业周边居民等制定相关的权益保障法律。

其次是加强执法工作。虽然我们说专门针对相关群体权益保障的立法工作尚属空白，但在保障他们相关权益方面也已经有一些法律法规，如《中华人民共和国职业病防治法》《工伤保险条例》等。但从调研情况来看，这些法律在相关群体中的知晓率较低，有法不依现象较为严重，尤其是相关企业在为职工缴纳工伤保险、改善工作环境等方面，存在较多的违

① 中华人民共和国环境保护部官方网站，http：//zfs. mep. gov. cn，访问日期：2016年1月25日。

法现象。所以，对于已有的法律规定，需要在执法层面加强力度，需要相关部门严格落实监督管理责任，规范企业的行为。

最后是加强法律援助工作。上述群体之所以维权能力弱，是因为他们受教育水平普遍较低，法律知识较为缺乏，对于自己的合法权益缺乏清晰的认识。当他们意识到自己的权益受到侵害时，又往往不能在法律规定的范围内维权，有的采用了非法维权的手段，把自己推向违法的境地。所以，加强对相关群体的法律援助是非常迫切的一项工作。既要为他们普及相关法律知识，帮助他们树立较强的权利意识，同时还要引导他们依法有效维权，减少他们在维权过程中对社会秩序的破坏性。

（二）经济手段

环境权益保障需要稳定的经济后盾，各类保险、基金等能化解单个企业基金不足的风险，及时为环境弱势群体提供必要的财力援助，是环境权益保障的必要基础。

首先是让工矿企业缴纳相关保险、建立相应基金，引导企业更好地履行社会责任。企业作为环境污染的施害方和工人职业病发病的主要责任方，在一线工人和周边居民的权益保障中负有主要责任。从我国的整体情况来看，我国企业在履行该项社会责任方面不尽如人意。无论是职业病患者的医疗救助还是周边居民的健康救济，都需要必要的资金支持。除了《工伤保险条例》中规定的工伤保险之外，我们还可以进一步提高对相关企业的收费额度，推行环境责任保险制度，成立相关救助基金，提供足够的资金保障。

其次是发挥慈善基金等社会基金的救助功能。近些年我国的慈善事业有较大发展，公民尤其是精英群体的慈善意识日趋增强。对于这些慈善基金，可以引导它们加大对相关群体的救助，如为一线工人职业病患者、为污染企业周边患癌民众等提供救助基金，使他们能够接受必要的治疗，提高生活质量；还可以引导这些基金招募志愿者，为相关群体提供心理辅导、法律援助，为其未成年子女提供学业辅导等。

（三）行政手段

在环境权益保障过程中，除了上述法律手段和经济手段之外，还需要较为广泛地借助于行政手段。

一是强化主管部门的责任意识。在各类政府部门中，与我们所研究的重点群体关系较为密切的主要有劳动保障部门、民政部门、信访部门、卫生监督部门、安全监管部门等。在这些部门的政绩考核中，可以加入重点群体环境权益保障的内容，引导行政人员强化责任意识，加大对相关群体的保护力度。

二是发挥相关政府部门对企业和基层政府的监督管理职能。由于对相关群体侵权的主要主体是污染企业，所以加强对污染企业的监管是重中之重。在对企业的监管方面，安全生产监督部门和卫生监督部门应该进一步发挥职能，加强巡查的力度和密度，加大对违规企业的处罚力度，促使企业规范自己的行为。同时，在水工程移民和生态移民的权益保障中，应该加强对乡镇政府、村干部等行政人员的监督管理，确保他们将上级政策落实到位，减少乃至杜绝他们在补偿金发放、宅基地分配、土地分配等方面的不规范行为。

（四）教育手段

环境权益保障重在预防，而对相关人员的教育和培训是着眼于未来的长久之计，可以较好地发挥预防的功能。对相关人员的教育培训，对于防止权益侵害和被侵害，都是必要的和基础的。

首先是加强对企业负责人的教育培训。企业社会责任的履行主要在于负责人，对于企业负责人的教育和培训十分重要，而这恰恰是我们的薄弱环节。我们在访谈中发现，有些企业负责人对于与本企业相关的法律法规不甚了解，对于相关法律对车间工作环境的要求不甚明确，对于为单位职工缴纳保险的规定也不清晰，这是造成企业违规行为的重要原因。对于企业负责人的培训重点是引导其树立起责任意识，自觉履行社会责任。培训的内容可以是环境保护法律法规、职业病法律法规、工伤保险相关规定、公民权利相关法律等，提高他们的生态意识和法律意识，明确自身职责和社会义务，以自身行动减少对环境的污染，停止对环境弱势群体的侵害。

其次是加强对基层行政人员的教育培训。调研中发现，某些地方政府行政人员，尤其是村干部等，在工作态度和工作能力方面都还存在某些不足之处。如某些地区基层工作中存在克扣、侵吞、迟发补偿金的现象；存在以权谋私、为自己多捞利益的现象；并在土地分配、用水分配、宅基地分配等方面缺乏民主协商，存在较多的不公平现象；还有的不能针对群众的情况采取多种措施，不能回应群众的多种期待。所有这些都表明，加强对基层政府行政人员，尤其是村一级行政人员的教育和培训至关重要，提高他们的法律意识和服务意识，提高他们的工作能力，才能更好地保障群众的环境权益。

最后是加强对相关群体的教育培训。有些群众对各类政策和法律的了解有限，对于自身的权利维护意识较为淡薄，缺乏防患于未然的意识。对于他们的教育培训重点在于增知赋能，即加强对他们的法律知识培训、职业病防治知识培训、公民权利培训、新型劳动技能培训等，提高他们对侵权行为的识别能力，提高他们对新环境的适应能力，提高他们的健康水平和可持续发展能力。

三　环境权益保障制度体系的核心维度

在分析我国环境权益保障的基本状况、借鉴国际社会环境权益保障经验的基础上，本书试图构建环境权益保障的制度体系。该体系的核心维度包括企业环境责任履行制度、污染行业渐进式退出制度、工人职业健康工会负责制度、企业污染受影响群体救助制度、水工程移民和生态移民可持续发展制度以及重点群体法律援助制度等。

（一）企业环境责任履行制度

在环境权益保障工作中，规范和引导企业自觉履行环境责任，承担起应尽的社会义务，是环境权益保障制度建设的关键环节。而现实状况表明，在没有相应制度约束的情况下，很多企业对自身环境责任采取漠视和逃避的态度。因此，建立企业环境责任履行制度十分必要。该制度的基本框架包括以下几个方面：一是加强立法工作，明确规定企业环境责任的基本内容；二是加强对企业法人和管理层的教育，强化他们的责任意识；三是运用行政手段，对企业履责状况进行奖惩。

1. 制定企业环境责任法

制定企业环境责任法，目的在于明确企业的环境责任，引导企业自觉减少污染，并对周边居民承担起相应的责任。该法的框架内容应该包含以下四个方面。

一是企业减少污染的责任。企业的污染是造成工人患病和周边居民权益受损的直接原因，减少或杜绝污染是企业应尽的义务。在法律行文中，应将企业减少污染作为现代企业的责任和义务加以明确；对有先进环保技术而不应用、将环保净化设施空置等行为进行处罚；对于超标排放的行为加大惩处力度，除了现有的罚款和行政处罚外，增加企业法人故意污染入刑的规定。

二是企业对周边居民的责任。当前企业和居民之间的矛盾处理模式一般是“企业肇事—居民求助政府—政府应对不及时—居民自力反抗企业—政府制止居民或处罚居民—肇事企业平安无事”。本来是企业和民众之间的矛盾，最后一般都转化为民众和政府的矛盾，群众对政府的处理方式不满，其损害了政府在民众中的形象，降低了政府的公信力；政府认为民众违反了法律，损害了企业正常的生产秩序，对民众进行处罚或判刑，使一些普通民众正常的生活秩序和名誉受到损害。在这个模式中，政府和民众两败俱伤，而作为肇事者的企业却避过锋芒，继续污染并获取高额利润。造成这一局面的原因在于法律没有明确规定企业对周边居民的责任，使企业在责任面前得以逃脱。

在企业环境责任法中应该明确企业对周边居民的相应责任：首先应该承担由于污染造成的损失的赔偿责任，并且在企业污染和居民损失的因果推定方面，只要企业存在超标排放行为，就认定企业应该承担赔付责任；其次企业造成严重污染的后果之后，仅仅停产或搬迁是不够的，仍需做好对周边居民的后续补偿工作，如组织居民查体、开展相关疾病预防、对损害的环境进行修复等；最后是企业对周边居民合理诉求的应答责任，建立企业与民众协商制度，企业应定期开展“企民协商会”，对周边居民的环境诉求进行回应和满足，如果企业造成了污染，应主动联系居民，查明污染损害的情况，主动自觉赔偿。

三是企业对环境群体性事件的责任。由于企业污染而引发的群体性事件逐年增加，影响正常的社会秩序，企业应该承担起减少环境群体性事件、维护社会稳定的责任。具体而言，企业环境责任法中可以规定企业，尤其是企业法人对减少环境群体性事件应承担的责任。对这一责任的规定，核心在于减少企业的污染，同时应该包含对污染后果的应对。如果是因为企业污染而造成居民上访、抗议的，相关部门应约谈企业负责人，企业负责人应采取措施停止污染，回应民众的诉求；对事件应对不力、措施不到位，造成事态进一步扩大的，对企业负责人进行相应的行政处罚或刑事处罚。

四是企业参加环境责任保险的义务。环境责任保险制度是化解企业赔偿风险的有效手段，目前已在国际社会普遍应用。我们可以在总结试点经验的基础上，在企业环境责任法中进一步强化企业参加环境责任保险制度的规定。第一是扩大保险参与范围，积极提倡各类企业参加环境责任保险，并且列出必须参保的行业类型，确保高污染类企业参保；第二是提高污染类企业的保险缴纳额度，增加社会保险总资金的数量，提升污染损害赔偿的能力。

2. 开展企业法人和管理层的教育培训

工矿企业作为市场经济条件下的经济实体，其最大的动力是对利润的追求，但在追求利润的过程中，绝不能以牺牲环境和民众的健康为代价。现实层面企业对于环境和民众健康的屡屡侵害，主要原因是企业法人及管理层的责任意识欠缺，只顾追逐经济利润，解决这一问题的必要手段是教育，开展对企业法人的责任教育。

一是增强企业负责人的守法意识。建立企业负责人和管理人员定期培训制度，定期进行环境法规的培训，增强他们的环境意识，加强对自身行为的约束，促进他们自觉履行企业社会责任。二是发挥各类企业协会的教育引导作用，营造企业自觉履行环境责任的良好社会氛围。三是加强过程监管。企业在申请注册时，其主要负责人需先行通过企业环境责任的相关知识测试，并将企业对环境责任的履行情况列入工商年审的范围。

3. 建立企业责任行政奖惩机制

除了上述法律和教育手段外，还应建立企业环境责任履行状况的奖惩机制，对于自觉履行环境责任的企业进行奖励，对于拒不履行环境责任的企业予以处罚，激发企业履行环境责任的动力。

该奖惩机制的要点包括：一是明确企业环境责任的考核指标，主要包括企业环保状况、工人职业安全状况、周边居民满意度、环境群体性事件应对机制等内容；二是以上述考核指标为依据，定期对企业的指标达成情况进行督查，并将督查情况及时向社会公布；三是对履责情况良好的企业给予表彰宣传，对履责情况不好的企业予以警告或制裁等。

（二）污染行业渐进式退出制度

公民的环境权益一旦被侵害，其后果往往是不可逆的，损失难以完全挽回。因此，环境权益保障的重点应该是事先预防而不是事后赔偿。只有做好事先预防，才能真正保护好民众的切身利益。而事先预防的重要环节是做好规划工作，尤其是高污染行业的规划管理工作。从当前情况来看，高污染行业企业给一线工人造成严重的健康损害，对周边居民造成财产和人身等权益侵害。虽然给当地政府带来暂时的经济利益，却降低了政府长远的执政力；虽然给社会带来暂时的经济增长，却造成后续的持久衰退。可以说，污染行业企业的最大获利者是企业主，而自然环境、从业工人、周边居民、当地政府和社会都是受害者。应该从对历史负责的态度出发，从战略层面建立高污染行业企业渐进式退出制度，逐步实现社会的生态转型。

1. 根据企业类型采取分级对策

目前仍在生产过程中的企业对经济发展的贡献率是有区别的，在地方经济发展和社会稳定中的作用也是有差异的，应该针对它们的不同情况，采取不同的关停、退出政策，实现平稳过渡。

一是不再批准新建高污染行业企业。从中央和地方层面明确高污染行业对环境及环境弱势群体造成的危害，不再批准新增高污染行业企业，如化工企业、造纸企业、农药企业等，确保该类企业的数量不再增加。二是限期关闭小型乡镇企业。对于散布在乡村基层、没有环评证书、技术落后、没有可能达标排放的小型乡镇企业，在做好职工安置的情况下，坚决关停，避免造成新的环境危害；如果排放水平可以达到现有的标准但仍有不可避免的污染，制定时间表限期关闭。三是对于地方财政主要来源的污染企业，短期内提升治污水平，减少污染；但企业现有规模不再扩大，人员不再增加；制定出5年至10年的规划，逐步缩小企业规模和降低企业生产能力，有步骤地关闭，在关闭过程中，中央财政给予地方政府专项基金扶持。

2. 对暂时无法关闭的企业加强管理

制定出高污染行业企业的分级政策之后，对于暂时无法关闭的企业进行进一步的规范管理。一是确保企业与居民的安全距离，一般认为这一距离至少在500米以上，对于安全距离之内的居民，由企业负责对其进行迁移安置；二是建立规划部门、国土部门、环保部门的巡查制度和基层环境状况督查制度等，对企业的生产和排污情况进行及时、有效的监控；三是加强环保机构的基层建制工作，在乡镇一级政府设立环保部门，定期对本乡镇环境进行巡查，定期对村民进行走访调查，及时了解环境状况；四是建立环境舆情响应机制，对于由于企业污染造成的环境问题，责成环境部门设立专人负责搜集网络环境舆情，及时做出回应。

3. 促进产业结构转型

高污染行业企业的渐进式退出制度，在一定程度上仍然是生产方式和产业结构转型的问题。我们可以出台扶持政策，促进产业结构的转型，促进社会的整体生态转型。

首先，鼓励农村地区发展生态农业。集中农科院、农业类高校及科研机构的力量，研究我国发展生态农业的途径和措施，提出发展生态农业的具体方案，对于愿意实施生态农业方案的农户给予资金扶持。其次，鼓励农村地区发展观光旅游业等生态产业。我国有些地区土质贫瘠、盐碱化严重，发展农业禀赋不足，可以划拨专项基金发展观光旅游业，增加农民收入，逐步替代目前污染严重的乡镇企业。最后，对现有劳动力进行服务业或智能产业等相关技术的培训，鼓励第三产业和智能产业的发展，通过扶持新兴产业的发展实现劳动者的增收，客观上减轻对高污染行业企业经济上的依赖。

（三）工人职业健康工会负责制度

进入新时代以来，我国开启了建设“健康中国”的伟大征程。党的十九大报告指出，我们要实施健康中国战略，为人民群众提供全方位全周期健康服务。习近平同志旗帜鲜明地指出："没有全民健康，就没有全面小康。"[1] 在全面建成小康社会的决胜时期，在开展健康中国行动的关键时期，工人阶级的职业健康成为全民健康战略的重要部分，进一步受到了党和国家的高度重视。在全面实施健康中国战略的新形势下，我们需要客观分析我国当前的实际情况，创新工会组织建制，深入推进经济民主建设，不断强化对工人阶级职业健康的制度保障。

我国的工会组织从性质上看是党联系群众的社会组织，工会成立的初衷就是团结工人、维护工人的合法权益。因此，从部门责任的传统来看，工会是保护劳动者权益的最主要机构。但在近些年以经济建设为中心的大背景下，工会组织的职能逐渐弱化，工会组织在企业中的作用日益边缘化，部分工会的职能仅限于组织职工开展文体活动、活跃职工业余生活等文化娱乐方面，而其最主要的工人权益保障职能却日益淡化。本书提出建立工人职业健康工会负责制度，发挥工会这一群众组织在工人健康权益保障中的应有作用。

1. 明确工会在职业健康方面的领导责任

我们制定职业病防治相关法律的根本目的是为了保护劳动者健康及其相关权益，而作为劳动者联合的工会组织在其中理应发挥主导作用，应从立法层面规定工会在职业病防治方面的领导和监督管理职权，切实保障一线工人的健康权益。

按照《职业病防治法》的相关规定，目前我国在职业卫生方面的监督管理部门是安全生产部门、卫生行政部门和劳动保障部门。这一规定的不足之处在于，上述三个监督管理部门容易造成各自为政、缺乏总体协调的局面，导致在实际工作中的推诿和缺位。因此，有必要对职业病防治明确一个综合负责的部门，而由于全国总工会的级别和部门职能，它是最适合担当这项职责的部门。所以，该条款可以增加一条对全国总工会领导权力的认定，以便在维护工人权益时发挥总体协调的作用。

---

① 《习近平谈治国理政》第 2 卷，外文出版社，2017，第 370 页。

2. 健全工会的组织建设

在工人健康权益的保护方面，我们首先要依靠的就是全国总工会和各级工会。但从调研情况来看，部分工会在服务工人和帮助工人维权方面的作用不尽如人意，其主要原因在于工会隶属于企业，很难实施监督、建议等职能。即使是在国有企业中，工会也“不得不屈从于行政管理方的压力与控制，在一些涉及职工权益的重大问题上只有发言权而没有决定权与制衡力量”。[①] 所以，我们必须加强工会的组织建设，为各类工会组织增职赋能，提高其工作的前置性、在场性、参与性和主动性等。

健全工会的组织建设可以从如下几个方面进行：一是严格要求各类企业必须成立工会组织，特别要注意目前较为薄弱的中小企业、私营企业工会建设，并由各企业工会负责一线工人的健康保障和宣传教育工作；二是在县市一级建立独立于企业的联合工会，联合工会由工会工作人员、各类企业工人代表组成，定期巡查企业的生产环境和组织管理，定期召开企业管理人员和一线工人的座谈会，倾听一线工人的要求，收集生产一线中出现的问题；三是在工会中充实法律、社会工作等专业人员，提升工会在帮助工人维权和提供服务方面的能力和水平；四是制定工会在职业卫生、帮助工人维权等方面的职责细则，根据细则要求考核各级工会的履职情况，提高工会保障工人健康权益的主动性和积极性。

3. 依托工会做好法律执行和监督检查工作

从调研情况来看，我国职业病防治相关法律的落实情况不甚理想。如根据《工伤保险条例》的规定，用人单位要为每位职工购买工伤保险，但我们的调研结果显示，仅有43.7%的企业为每位职工购买工伤保险，执行率不足50%。再如《职业病防治法》规定的用人单位应为职工提供上岗前、在岗期间和离岗时的职业健康检查，而在调研中发现，这三项体检都组织过的企业仅占10%左右的比例。在促进法律执行和进行监督检查工作方面，工会可以发挥更大的作用，具体可以从以下三个方面着手。

首先是加强对工人的普法工作。职业病防治相关法律所要保护的对象

---

① 原会建：《国有企业工会维护职工权益的机制研究：基于某大型企业工会的个案调查》，人民出版社，2015，第178页。

主要就是一线工人，为了达成保护工人权益的目标，法律在立法层面对用人单位的行为做出了一系列规范和约束性规定，并对用人单位主要负责人的法律责任做出了一系列规定。但要让善法落到实处，尚需在一线工人中对法律内容进行普及，只有工人知晓了法律的内容，才能依法主张自己的各项权利，加大法律的执行力度。

其次是加大对用人单位主要负责人的普法工作。职业病防治法律明确指出，用人单位的主要负责人全面负责职工的职业病防治工作。但在现实中，用人单位的负责人，尤其是中小企业、私营企业的负责人，本身对相关法律的了解程度就不够，法律意识不强。所以，必须加强对相关负责人的法律培训，使其在知法的基础上守法，减少违法违规行为。

最后是做好检查、监督工作。工会可以牵头协调安监部门、卫生部门、劳保部门加大巡查、检查的力度和密度，发挥法律的震慑作用；并且在职业病的诊断、鉴定和治疗等环节，做到工作重心下移，以工人为服务对象提供近距离的行政帮助，简化职业病鉴定、住院审批手续，减少工人在办理各种手续中的环节。

4. 依托工会加强经济民主建设

工人健康权益受侵害，根本原因是工人在企业生产和决策过程中的被动、无权地位，工人在工作环境、工作时间、突发事件的应对方面均处于无权和失语的状态。因此，要想切实保障工人的健康权益，必须注重生产过程中的民主建设，逐步推进经济民主。所谓经济民主，是指经济领域的民主，它要求劳动组织按照民主原则来配置经济决策的权力和进行管理，重视人们作为劳动者对工作条件和环境的控制权——“劳动者主权”。[①] 经济民主并不是一个全新的事物，早在1948年，毛泽东就曾将解放军内部的民主概括为“三大民主”——政治民主、经济民主和军事民主。1960年，毛泽东批转了工人参加管理的“鞍钢宪法”，号召大企业和中等企业向他们学习。从世界范围来看，早期的空想社会主义者和南斯拉夫等社会主义国家都曾对经济民主进行过重要探索，目前若干西方国家也在积极探索经

---

① 张嘉昕：《工人自我管理——一部颠覆资本雇佣劳动的经济思想史》，社会科学文献出版社，2013，第17页；吴宇辉：《经济民主论》，社会科学文献出版社，2013，第2页。

济民主的建设途径，如西班牙的“蒙德拉贡合作公司”、美国的劳资合伙制经济、德国的共同决定制、日本的“从业员主权”原则等。

作为一个仍处于探索中的民主形式，经济民主的建设可以依托工会组织进行探索：一是从立法层面规定工人代表进入企业决策层和管理层，参与企业决策，改变工人在企业生产中的无权和失语状态；二是在实际运行中先从国有企业进行试点建设，然后逐步推广，并鼓励各类企业探索各种建设经济民主的形式，对于在经济民主领域成效突出的企业给予奖励及税收减免等；三是在具体事项方面，将企业的工作环境、工作时间、突发情况应对等纳入经济民主的建设领域，由工会组织协调，赋予工人在这些事项中的参与权和话语权等。

（四）企业污染受影响群体救助制度

此处所指的企业污染受影响群体，就是指污染企业周边居民中已经受到污染危害的群体。他们的健康权益或财产权益遭到侵害，获赔渠道困难重重，处境艰难，但我们现有政策对他们的重视程度还不够，缺乏有针对性的具体措施，致使他们的权益处于救济范围之外。要改变这种状况，有必要建立企业污染受影响群体救助制度。

1. 确定实施救助的主要部门

对企业污染受影响群体进行救助，是近年来需要面对的新问题，民政部门显然尚未将其纳入自己的工作范围。本书认为，对企业污染受影响群体的救助工作，可以主要依托民政部门，同时需要环境保护部门和信访部门的配合。

首先是民政部门。作为对社会群体进行救助的主要部门，民政部门可以在保障环境权益方面发挥更大作用。如可以加大对农村地区的环境救助，组织协调慈善资金在癌患地区的发放，筹措农村环境设施建设资金，协调社会组织对相关群体进行帮扶等。

其次是环保部门。当民众遇到环境侵害时，他们首选的求助机构一般是环保部门，环保部门对于民众的诉求往往能第一时间知情，关键是认真回应，而不是敷衍塞责。当前需要赋予环保部门更多的行政能力，为其发挥环境保护职能提供基础；同时加强环保部门作风建设，制定对环保部门工作人员的绩效考核制度，提高环保部门的工作效率，改变某些地区环保部门的不作为现象。

最后是信访部门。当民众通过自身力量不能制止企业的污染加害行为时，他们可能会选择上访或信访等维权渠道，这是他们对政府信任的表现，是政府联系群众的主要渠道。信访部门应该将群众反映的问题及时整理转达，督促相关企业加以改进，维护民众的合法权益。

2. 设立企业污染受害者救助基金

对于受企业污染侵害的群体而言，行政救济是最直接快速的方式，但目前的地方财政中并没有污染受害者救济的资金预算和资金储备，致使在出现需要救济的情况时，不能采取及时有效的措施。

因此，有必要借鉴发达国家的救济经验，设立企业污染受害者救助基金，发挥行政救济的高效率优势。救助基金的来源可以有三个方面：一是来源于地方财政的年度预算，在年初财政预算时考虑到污染受害救济的需要；二是来源于企业的环境责任保险基金和捐赠，鼓励企业在缴纳保险基金的基础上，进一步拿出一部分资金用于筹建救助基金，更好地履行自己的职责；三是来源于社会慈善基金，从社会慈善基金中按比例拿出一部分，用于筹集污染受害者救助基金。

3. 确定救助工作的主要内容

企业污染对周边居民的危害主要集中在居民的健康损害和房屋、庄稼、林木、牲畜、水产等财产损失方面，因此，对他们进行的救助也应该围绕这些损害类型而展开。根据损害程度的轻重缓急，我们将救助工作的主要内容暂定为以下三个方面。

一是建立对癌患村庄的常规救助。民政部门可以根据农村癌症群体的实际状况，确定救济范围，确认受救助的特定病种，有目的、有计划地对他们进行常规救助，如为癌症患者提供医疗救治、为重点人群提供预防知识和疾病筛查等。二是为受污染地区提供安全水源。在全国范围，尤其是重点农村地区进行水质情况排查，对于饮用水质量不能达标的区域，设立专项基金，提供安全的饮用水。三是对受污染地区进行环境修复，组织环境技术方面的专家对受企业污染影响的区域进行集中“会诊”，确定修复方案，拨付专项基金，尽快将环境修复到能正常生产生活的水平。

（五）水工程移民和生态移民可持续发展制度

水工程移民和生态移民面临的最大问题是如何可持续发展，而要保障移民的可持续发展权益，首先需要对移民迁入地区进行环境承载力的论证，同时坚持合理的财产补偿和社会资产培育，并为移民提供更多的就业岗位，注重发挥移民的自主性等。

1. 进行移民迁入地区环境承载力论证

迁入地区的环境承载能力是关系移民能否可持续发展的重要条件，是需要谨慎论证的重大问题。在水工程移民和生态移民迁入地的选择方面，可以考虑建立迁入地区环境承载力论证制度，以减少移民迁入后生产、生活的被动状况。

论证可以由地方政府部门牵头，组织生态、农业、规划、地理、历史等相关学科的专家组成论证小组，结合各地区的历史状况、现有生态总体情况和环境要素状况，综合衡量某地区是否适合迁入，并且最好能提供不同的备选方案，便于综合比较和权衡。在论证过程中，要充分尊重自然历史规律和当地的生态传承、民风民俗，对于历史上没有居住先例的地区，采取审慎迁入的态度，避免不顾自然规律的盲目选择。

2. 坚持完全覆盖性的财产补偿

坚实的物质基础是移民后续可持续发展的必要条件。但搬迁本身对移民的财产安全构成了一定威胁，如移民搬迁必然导致他们原有的房屋、土地等有形资产的损失，同时还有可能在搬迁过程中造成某些物品损坏或丢失。此外，移民还会因为搬迁被迫停下当前的生产活动，造成收入的减少，产生一定的机会成本。虽然我国的移民政策越来越重视对移民的财产补偿，补偿标准也在逐年提高，但由于没有充分考虑到移民搬迁造成的财产损失，补偿的数额不能完全覆盖移民的财产损失，造成移民搬迁后的困难，不符合公平公正的基本原则。因此，对移民的财产补偿要坚持完全覆盖其损失的原则。

具体来说，在完全覆盖性的财产补偿原则下，补偿金的数额应该包括房屋损失、土地收益损失、物品搬迁损坏损失、生活用品添置补贴以及搬迁误工损失等，补偿金的数额应该大幅度高于移民现有财产的数额，这样才能为移民后续的生活提供较好的基础，而不是像某些地区当前的补偿不能覆盖财产损失的状况。在补偿金的发放方面，为了避免基层乡镇政府或县市政府对移民补偿金的克扣，可以考虑由金融机构承担补偿金的发放工作，由银行直接足额发放给移民本人。

3. 对移民社会资产予以保留和培育

移民搬迁所造成的损失并不仅限于有形的财产部分，还有移民与原有社会关系的分离，即无形社会资产的损失。无形社会资产的损失，导致移民在面临生产、生活问题时得不到原有的社会支持，影响移民的可持续发展。而移民社会资产的损失目前尚未引起足够的重视，在现有的移民政策中没有得到相应的体现。应该加强社会无形资产的培育，为移民提供强有力的社会支持。

移民社会资产的保留，关键在于对移民原有社会关系的尊重和保护。在编制移民规划时，充分考虑到移民的社会关系网络，尽量将移民整体安置，保留移民家族的完整性。移民社会资产的培育，关键在于帮助移民尽快熟悉迁入地区的社会环境，与社区的政府工作人员、社会组织和社区居民建立起畅通的联系网络。具体来说，移民迁入地区的基层政府负有帮助移民重建社会资产的责任，如开展移民之间、移民与原居民之间的联谊活动，政府工作人员对口联系移民活动，组织移民熟悉当地社会环境等，帮助移民融入新的社会环境，减少由于无形资产链条断裂造成的不适应，尽快建立起新的社会关系。

4. 提高移民就业率

在非农安置的移民社区中，由于失去了原有的土地资源，打工收入成为大多数移民家庭的主要收入，因此，就业问题就成为摆在这些家庭面前的首要问题，找工作成为移民的主要诉求。但由于移民普遍受教育水平不高，缺乏工作所需的专业技术，他们在找工作的过程中困难很大，尤其是中老年人和妇女，难度更大。因此，提高移民的就业率是十分迫切的问题，对于移民的可持续发展具有重要作用。

由于移民文化水平和技术水平的限制，单纯依靠其自身努力很难找到合适的工作，因此，需要政府部门提供必要的社会服务，提高移民的就业率。具体来说，可以从以下六个方面入手：一是要求工程项目方或移民迁出地区承包方提供适量的工作岗位，如在工程建设或其他生产活动中给移民预留部分岗位，作为对移民的补偿；二是政府部门适当提供一些公益性岗位，如社区保洁、秩序维护等，帮助就业困难的移民就业；三是鼓励当地企业招收移民，对于吸纳较多移民就业的单位给予税收优惠或行政奖励等；四是鼓励移民自主创业，率先致富，对于有创业能力和创业意愿的移民，在进行综合评估的基础上，为他们提供创业基金，鼓励他们率先发展，发挥带动作用；五是提高移民培训工作的实效性，可以考虑与各类职业技术学校合作，由政府出资，委托职业技术学校对中青年移民进行规范的技能培训，提高他们的择业能力；六是将移民社区的就业率纳入地方政府的政绩评价体系中，引导政府工作人员重视移民的就业问题。

5. 发挥移民的主体性

移民对政府的高指靠性导致移民不能很好地发挥主体性，缺乏克服困难的实际行动，有些移民被动依靠政府的救济，完全依赖“外界输血”，缺乏自己奋斗、“自主造血”的积极性。而只有真正发挥移民的主体性，才能真正实现他们的长久可持续发展。

发挥移民主体性的基本原则是尊重移民的自主精神，减少政府的主观意志，提供更加多样的选择，延长搬迁的时间限制，让移民充分地结合自身条件，做出更具个性化的选择，为他们后续的可持续发展提供助力。发挥移民主体性的关键在于减少政府干预，在搬迁的各个环节充分发扬民主，让移民在住房、生产资料配置等方面自主决定。如可以拓宽现有的移民住房提供模式，在政府统一建房的基础上，给予移民住房补贴，允许移民自主购买商品房；对于安置方式，鼓励移民根据自身特点，选择农业安置或非农安置，而不是目前的统一的安置模式。另外，政府部门对于敢闯敢干的移民可以进行扶持和奖励，鼓励他们先行先试，加快发展，并发挥他们的引领作用，鼓励此类移民成立互助组织和团队，带领其他移民共同发展。

（六）重点群体法律援助制度

环境权益保障从宏观层面看是一个政治层面的问题，从微观层面看则主要是一个法律层面的问题。但相关群体的独特困境在于，他们运用法律武器维权的能力较低，因此，建立重点群体法律援助制度是十分必要的。

1. 依托法律部门为相关群体提供援助

当群众的权益遭到侵害时，他们首选的途径一般是行政投诉，其次就是法律诉讼。但如前面章节所述，他们的起诉请求立案率较低，即使立案，胜诉的概率也较低，而且即使胜诉得以执行的概率仍然较低。此时，有必要依托法律部门对他们提供法律援助。

首先是提高对相关诉讼案件的立案率。各级各地法院对于一线工人、污染企业周边居民等群体的诉讼请求要高度重视，尽最大可能予以立案，鼓励相关群体诉讼的积极性，抑制环境侵害的发生。其次是为重点群体提供无偿辩护。在案件审理过程中，为重点群体配备辩护律师，为他们进行无偿辩护，提高此类案件的胜诉率。最后是建立环境侵害相关案件的执行追踪制度。对于涉及重点群体的环境侵权案件，尤其是涉及污染企业对周边居民的赔偿案件，建立案件执行情况的追踪制度，提高判决的执行率，维护他们的权益。

2. 鼓励法律援助型社会组织的发展

法律援助型社会组织具备专业的法律知识，可以解决相关群体的若干法律困惑，并在审理过程中为他们提供有力的法律帮助，帮助他们有效维权。因此，采取相应的扶持政策，鼓励和促进相关社会组织的发展是必要的。目前这类组织存在的主要困难是经费不足、场地限制和社会影响力较弱等。

对于相关社会组织的扶持政策，可以从以下几个方面展开：一是加大对此类社会组织的资金扶持力度，如为辩护律师支付差旅费和劳务费、为咨询接访人员提供咨询费、鼓励组织成员到基层进行宣传和咨询活动并提供相应的活动经费等；二是加大对此类社会组织的宣传力度，让污染企业周边居民知道它们的联系方式，便于获得相应的帮助；三是在场地租赁等方面提供优惠政策，可以考虑在当地政府办公区域内设立专门的办公地点，便于群众咨询和寻求帮助；四是在人员配置方面，鼓励在校生和毕业生到该类组织进行志愿服务或就业，提高他们的报酬标准，不断补充新生力量，促进社会援助力量的增长。

3. 鼓励法律工作者为相关群体提供援助

除了依托法律部门和社会组织为相关群体提供援助之外，还可以鼓励法律工作者为相关群体提供各种法律援助，如法律知识普及、法庭辩护服务、矛盾纠纷调解等。

一是鼓励法律工作者进行法律的普及和咨询工作，成立法律知识宣讲团，宣讲团成员可以由一线法律工作者、高校法律教师、高校法律专业在校生等成员组成，定期对相关群体进行常见法律问题宣讲，并就他们在实际生活中遇到的侵权问题开展咨询服务，提高他们维护自身权益的能力；二是鼓励法律工作者为相关群体提供法庭辩护等服务，建立环境侵权案件数据资料，并将这些资料提供给法律工作者，由他们根据自己的专业所长为相应的群体提供辩护，并给予该类法律工作者行政奖励或工作量奖励等；三是鼓励法律工作者深入实践一线，运用法律知识帮助地方政府或民众解决环境侵害方面的矛盾纠纷，促进以非法律途径维护相关群体的权益。

四 环境权益保障制度体系的延伸框架

从环境权益保障的宏观视域来看，环境权益保障的基本要求是维护环境的安全性、舒适性和宜居性等，因此除了上述环境权益制度体系的核心维度之外，我们还需要不断夯实环境权益保障制度体系的延伸框架，优化环境权益保障的整体外部环境。我们可以从以下四个方面进行重点建设：一是构建统筹时空的生态环境保护制度，加强对环境的空间管理和过程管理；二是构建多元精准的环境治理制度，为人民群众筑牢生态安全屏障；三是构建复合高效的生态产品供应制度，为群众提供更多优质生态产品；四是完善群众参与生态文明建设制度，为环境权益保障提供助力。

（一）构建统筹时空的生态环境保护制度

生态环境是人民群众赖以进行生产生活的基本条件保障，关系到广大群众最基本的环境利益，必须下最大决心进行严格保护，构建最精准的生态环境保护制度。进入新时代以来，我国已基本建成“四梁八柱”的生态文明制度体系，在生态环境保护方面，我们需要进一步找准痛点，精准发力，提升制度的针对性和有效性。

1. **全方位的空间管控制度**

国土是生态文明建设的空间载体，是实现中华民族永续发展的空间保障，对国土空间进行精准合理的管控是保护生态环境、建设生态文明的必要举措。主体功能区制度及相关制度是我们进行空间管控的总依据，需要我们在生态文明建设过程中严格落实该制度的各项具体规定，发挥该制度对国土空间的统筹功能。2010 年国务院印发的《全国主体功能区规划》，是我国第一个国土空间开发规划，是基于我国的现实国情和生态文明建设实际而制定的战略性、基础性、约束性的规划。在这一规划基础上，2019 年中共中央国务院又印发了《关于建立国土空间规划体系并监督实施的若干意见》，提出我们要"科学有序统筹布局生态、农业、城镇等功能空间，划定生态保护红线、永久基本农田、城镇开发边界等空间管控边界以及各类海域保护线，强化底线约束，为可持续发展预留空间"①。在当前形势下，构建全方位的空间管控制度需要从以下三个方面着手。

首先是划定并严守生态保护红线。生态保护红线，亦称生态红线，是指在自然生态服务功能、环境质量安全、自然资源利用等方面，需要实行严格保护的空间边界与管理限值。② 生态红线是国家生态安全的底线和生命线，是经济社会发展必须坚守的底线。划定并严守生态红线，对于保障人民生产生活条件具有重大的现实意义。生态保护红线的划定可以结合林线、雪线、流域分界线等自然边界，也可以参考自然保护区、风景名胜区等各类保护地边界等。③ 当前可以在总结试点省区经验的基础上，在各省区逐步划定落实海洋、湖泊、湿地、草原、森林等生态区域的保护红线，严格禁止在红线以内的人为开发和破坏，确保最大限度地保全自然生态系统的完整性和多样性，最大限度地维护人与自然和谐共生的状态。

---

① 《中共中央国务院关于建立国土空间规划体系并监督实施的若干意见》，人民出版社，2019，第 8 页。

② 百度百科：生态保护红线，https：//baike. baidu. com，访问日期：2020 年 8 月 6 日。

③ 宋艳丽、胡磊、陈小明：《学而时习之：读懂新时代的 100 个关键词》，人民出版社，2018，第 149 页。

其次是确保永久基本农田保护控制线的刚性和权威性。永久基本农田是为保障国家粮食安全和重要农产品供给，实施永久特殊保护的耕地。永久基本农田一经划定，任何单位和个人不得擅自占用或者改变其用途。2008 年起，我国提出了“坚持最严格的耕地保护制度，坚决守住十八亿亩耕地红线”的基本原则，并对永久基本农田的保护确定了基本要求，“划定永久基本农田，建立保护补偿机制，确保基本农田总量不减少、用途不改变、质量有提高”。[①] 我们需要在已有法律法规的基础上，进一步细化相关规定，切实保障现有永久基本农田的面积不减少，严格禁止利用各种名目对永久基本农田的占用，并且要加大对废弃和撂荒永久基本农田行为的预防和惩治力度，同时注意对永久基本农田土壤肥力的保持和提高。

最后是严格控制城镇开发边界。近些年来，在城镇化不断发展的大背景下，城市间竞争不断加剧，某些地区出现了过快拓展城镇开发边界的做法。城镇面积出现了非理性增长的势头，压缩了其他用途的土地总量，影响了空间资源的整体平衡，而划定城镇开发边界是控制城市无序蔓延而采取的有效技术手段和政策措施。党的十九届四中全会指出，要积极探索划定城镇开发边界的科学性和可行性方法，推动实现城市的集约型发展，保护城市周边的非建设用地区域，保持各类区域比例的整体平衡。与生态保护红线和永久基本农田控制线相比，城镇开发边界的划定要综合考虑整个地区的人口和产业布局等因素，需要统筹城镇发展与生态保护等多种矛盾，因而要相对复杂和困难得多。因而在城镇开发边界的划定中，要基于生态与经济综合发展的视野，综合运用大数据、遥感技术等现代化手段，对相关区域进行城镇建设适宜性评价，进而划定城镇空间和城镇开发边界。

2. 全流程的过程管理制度

环境污染的不可逆性需要我们防患于未然，避免“先污染后治理”的不合理发展模式。因此，必须改变以往依靠事后惩罚的思维模式，完善绿色生产制度，加强对工农业生产和其他产业生产过程的管理和监督，构建生产过程全程监管制度，从源头减少污染的产生。与此同时，加强对绿色

① 《中共中央关于推进农村改革发展若干重大问题的决定》，人民出版社，2008，第 13 页。

生活方式的培育和引导，减少对资源的消耗，减少生活垃圾的总量，促进社会的全面绿色转型。

一是完善绿色生产制度，加强对工农业生产过程的管理。生产活动是人类得以延续和发展的基础，是最普遍的人类行为，在生产过程中产生的污染和废弃物是产生环境问题的主要原因之一。因而加强对生产过程的管理，从时间轴的维度进行过程管控，是生态环境保护制度的另一个重点。在绿色生产制度完善过程中，首先需要制定各类产业生产过程中的绿色生产标准和绿色流程，形成从生产车间、田间地头到产品终端的完整规章制度和行业标准，建立绿色生产制度链条。其次需要完善生产过程监督检查，组织工商部门和安全生产部门深入工农业生产现场、个体农户和农场的农产品种植现场进行不定期监督检查，控制生产过程中的污染、排放和非法添加等非绿色行为，推动绿色生产制度的落地实施。最后是定期对一线生产人员，尤其是最基层的产业工人和个体农民进行绿色生产标准流程的培训，发挥一线人员的积极性和自觉性，促进绿色生产理念的扎根和应用，培育有利于绿色生产的社会整体氛围。

二是培育绿色生活方式，促进社会的全面绿色转型。党的十九大报告指出，我们要倡导简约适度、绿色低碳的生活方式，反对奢侈浪费和不合理消费，开展创建节约型机关、绿色家庭、绿色学校、绿色社区和绿色出行等行动。绿色生活方式是对物质主义生活方式的时代超越，是一场影响深远的绿色革命，是涉及价值观变革的整体社会转型。绿色生活方式的基本要求是爱惜物品、减少不必要的物质和资源消耗等。在绿色生活方式的培育方面，我们首先需要增强公民的生态责任感，引导人们正确看待个体物质消耗与生态文明之间的关系，理解自身物质消耗对生态文明建设的负面影响，明确自身在当前负有简约适度、合理消费的生态责任。其次是需要培养公民良好的绿色生活习惯。十九届四中全会公报指出，我们要普遍实行垃圾分类和资源化利用制度，要将这一制度落到实处，需要在全社会培养良好的绿色生活习惯，如垃圾分类、物品循环利用等。当前我国很多地区已经开始实行垃圾分类，但也存在诸如社区对垃圾分类要求不严格、居民对垃圾分类不配合等问题。可以考虑以社区为单位，进行垃圾分类知识普及和培训，细化生活垃圾分类标准，减少焚烧类垃圾数量，号召和鼓励减少垃圾总量。此外，生活方式说到底是一种文化现象，绿色生活方式的培育需要深厚文化底蕴的支撑。市场经济的实行助长了民众对物质享受的片面追求，当前时期我们需要进一步丰富群众的文化生活，树立超越于物质追求的精神文化追求。通过丰富多彩的文化活动，引导群众在生活中发挥创造性和自主性，减少对消费主义的依赖，追求更加理性平和的生活。

（二）构建多元精准的环境治理制度

良好的生态环境是环境权益保障的必要条件，是最普惠的民生福祉，提升生态环境品质是环境权益保障制度的基本要求。而生态环境问题的累积性、复杂性和综合性决定了环境治理的难度。党的十九大报告指出，构建政府为主导、企业为主体、社会组织和公众共同参与的环境治理体系，十九届四中全会又对健全生态保护和修复制度提出了指导意见，为我们构建相关制度体系提供了纲领性指导。

1. 环境治理主体的多元组合

生态环境的公共产品属性决定了政府在环境治理中的主导地位，但仅凭政府部门的力量又难以应对综合环境问题的挑战，因而构建政府为主导、企业为主体、社会组织和公众共同参与的环境治理体系，成为我们应对环境治理难题的时代选择。

首先是进一步发挥政府部门的主导作用。环境治理的综合性需要政府部门综合统筹、整体协调，没有政府部门的主导作用，环境治理的任务是不可能完成的。当前时期，政府部门发挥主导作用可以通过以下几种渠道。一是综合划定本地区环境治理的任务总量和任务类型。在辖区范围内进行综合排查，充分征求本区域居民的环境综合感受，查找出群众反映强烈的基本问题，圈定本区域严重影响群众身体健康的突出环境问题，将其列为环境治理的基本任务。二是统筹制定本地区环境治理的阶段性目标。在确定现阶段环境治理的重点和难点基础上，制定分阶段治理目标，并通过广泛宣传达成社会共识，进行广泛的社会动员。三是整体提升本区域环境质量。对辖区内环境治理的进度和成效进行综合控制、整体推进，及时解决环境治理过程中出现的技术问题、资金问题、利益冲突问题等，保证环境治理的进度和质量，促进本区域环境质量的整体提升。

其次是激励企业在环境治理中发挥主体作用。环境治理涉及资金、人员、技术等方方面面的问题，尤其是面对艰巨环境挑战时，更需要强大的执行力做后盾。在资金、人员和执行力方面，企业具有得天独厚的优势。党的十九大报告和十九届四中全会都对企业在环境治理中的主体作用进行了阐述，各地政府可以在这一原则指导下，创设多种条件，激励企业在环境治理中发挥主体作用。其一，鼓励企业为环境治理和修复提供资金支持。企业参与环境治理并发挥主体作用的典型案例是库布其治沙模式，内蒙古亿利集团先后投入产业资金300多亿元、公益资金30多亿元，进行造林绿化工作，这一模式值得其他地方政府借鉴。其二，鼓励企业为环境治理和修复提供技术支撑。政府可以鼓励企业根据自身的人力、财力和技术类型等条件，选择一项环境治理任务，如治沙、治水等，由政府与企业签订环境治理和环境修复协议，确定环境治理和修复的阶段性改善目标及达标标准等，其间由企业进行技术和人力的投入，确保治理的进度。其三，构建企业参与环境治理和环境修复的激励机制。企业参与环境治理，是企业作为社会主体对生态文明建设的积极贡献，是需要政府鼓励的行为。政府可以通过行政奖励、税收减免、荣誉称号授予和以企业的名称命名某治理区域等方式进行激励，给予企业充分的社会认可，提升企业的社会知名度，帮助企业提升无形资产，激励企业参与环境治理。

最后是鼓励社会组织参与环境治理。在我国加快建设生态文明的大背景下，环境类社会组织得到了较快发展，这些组织内部汇集了大量环境专业人员，在环境治理方面具有独特的智力优势和专业优势。其一，引导社会组织为环境治理贡献智力成果。在制定区域环境治理计划时，可以先期召开社会组织意见建议征询会，充分吸收社会组织的意见和建议，发挥它们在环境治理方面的智力优势。其二，鼓励社会组织为环境治理凝聚社会合力。在环境治理过程中，必然会涉及个体利益、群体利益和社会整体利益的平衡问题，有时不得不牺牲一部分群体或个体的利益。这有可能会对环境治理产生阻力，需要凝聚社会合力才能保障环境治理的顺利推行。环境社会组织是介于政府和民众之间的中间力量，在凝聚社会力量方面具有得天独厚的优势。可以考虑利用社会组织作为中间力量的社会地位，对环境治理的必要性和意义进行普及和宣传，引导民众理性对待环境治理可能带来的个人利益损失，提升环境治理方面的社会合力。其三，鼓励社会组织发挥专业平台的整合作用。环境类社会组织集合了一定数量的环境类专业人员或研究单位，这些人员和单位组合在一起，有利于对环境问题进行合力攻关，产生对环境问题的突破性认识，提升环境治理的成效。

2. 环境治理客体的点面综合

环境治理的对象是由于环境污染而遭到破坏的生态环境，而环境污染的类型主要有点源污染和面源污染两大类。在环境治理的制度构建方面，我们需要对点源污染和面源污染进行精准控制，推进综合治理。

一是构建固定污染源监管制度体系，加强对点源污染的监管。长期以来，工矿企业污染物排放一直是我国环境污染的主要来源，也是我们环境治理的重点所在。对工矿企业和其他行业的固定污染源进行监管和总量控制，可以加强对污染源头的整体把握，对于环境治理可以取得事半功倍的效果。党的十九届四中全会提出“构建以排污许可制为核心的固定污染源监管制度体系”，为我们今后一段时期的环境治理工作指明了努力方向。

首先，在全国范围内进行排污许可证核发和排污登记，充分发挥“排污许可制度”在固定污染源监管制度体系中的核心地位。生态环境部当前已经启动排污许可证的核发工作，在总结试点地区经验的基础上，可以依托管理平台，在全国范围内组织相关专业技术人员，专项核查注册申领企业的技术条件，实施全覆盖的排污许可证核发和排污登记，尽早实现所有固定污染源“持证排污”，将固定污染源全部纳入监督范畴，形成固定污染源基础信息清单。[①] 其次，强化排污许可制度与其他环境管理制度的衔接，巩固“排污许可制度”在固定污染源监管制度体系中的核心地位。建立全国统一的排污许可制以后，生态环境部门应该加强执法力量，严格按照许可要求监管排放，统筹控制区域流域内的排放总量，并整体协调引进治污行业进行整体治理，切实保证把污染排放控制在环境可承载的范围之内。最后，推进以排污许可证核发数量为基数的节能减排，激励排污单位不断减少排放。根据我国环境治理的整体要求和重点任务，对于涉及水、

---

① 邹世英、杜蕴慧、柴西龙、吴鹏、关睿：《排污许可制度改革进展及展望》，《环境影响评价》2020 年第 2 期。

大气、土壤保护的重点行业和其他各类行业，积极推进动态管理激励机制，促进企业的渐进式自觉减排。

二是加强对农村环境治理的重视，加强对面源污染的管理。农村生态环境是我国生态环境的主体部分，是我国可持续发展的最重要根基。“农村污染具有污染源小而多，污染面广而散的特点，政府的大量投入相对于广大的农村来说实在有限，需要反思当前以完全信息为基本假设、以政府为主体的农村环境治理模式。”① 农村环境治理的主要目标在于恢复土壤肥力、维护水体清洁和村容村貌，保护农业农村发展的根脉，改善农村居民的生产生活环境，为农业生产和农民生活提供良好的支撑条件。

首先，在治理模式上，采取政府治理和农村自主治理相结合的模式。我国农村地区面积广大，污染源相对分散，仅凭政府部门的力量难以完成环境治理的任务。在加强农村基层生态环境保护机构的力量、设置专门岗位和专业人员负责本乡镇生态环境保护工作的基础上，鼓励农村社区积极探索自主治理模式，开展以社区为单位的环境治理。其次，在技术层面上，需要扶持新型生态技术和产业的发展。农村环境问题的主要成因在于农药、化肥、地膜的过量使用，畜禽粪便的随意排放等，针对这些问题采取相对生态的减少污染的技术，扶持对畜禽粪便进行再加工、再利用的产业发展，是减少农村面源污染的必要途径。最后，人的因素是最终的决定因素，农村环境治理的关键还有赖于农村居民环境素养的提高。农民较低的生态环境素质是制约农村环境治理的关键因素，提高农民的生态环境素质有助于从整体上控制农村的面源污染。我们需要完善对农民的生态环境教育，配备相应的社会力量，如环境保护专业人员、高校生态教育研究人员等，加强对农村居民的生态环境教育和环境知识培训，提高农村居民的环境素养和环境认识，增强他们环境保护的意识。

（三）构建复合高效的生态产品供应制度

生态产品的供应问题，是当前我国生态文明建设面临的关键实践问

---

① 李颖明、宋建新、黄宝荣、王海燕：《农村环境自主治理模式的研究路径分析》，《中国人口资源与环境》2011 年第 1 期。

题。习近平同志指出，我国生态文明建设“已进入提供更多优质生态产品以满足人民日益增长的优美生态环境需要的攻坚期”，[①] 人民群众对优质生态产品的需求在不断增强。关于什么是生态产品，本书与《全国主体功能区规划》中的表述保持一致，认为生态产品是清新空气、清洁水源、宜人气候等自然要素。在当前可以促进这些自然要素增加的手段主要有建设国家公园、造林绿化以及发展生态农业。

1. 健全国家公园的建设、管理和保护制度

党的十九届四中全会提出要构建以国家公园为主体的自然保护地体系，加强长江、黄河等大江大河生态保护和系统治理。与世界其他国家相比，我国国家公园建设起步较晚，“经历了理念引入、试点启动、全面推进 3 个阶段”[②]，在借鉴国际社会国家公园建设经验的基础上，我国的国家公园体制建设和制度建设具有较为明显的理念先进、制度严格的后发优势。2017 年国务院出台的《建立国家公园体制总体方案》，指出在国家确立和主导管理的基础上，要建立健全政府、企业、社会组织和公众共同参与保护管理的长效机制，探索社会力量参与自然资源管理和生态保护的新模式。同时加大财政支持力度，广泛引导社会资金多渠道投入。我们可以从整体规划、资金保障、组织管理和公众保护等方面创新和细化国家公园的建设、管理和保护机制。

首先，加强对国家公园的整体规划。国家公园的建设必须以国家层面系统全面的整体规划为先导。国家公园的规划一定要立足长远、立足子孙后代的可持续发展。“有必要在全国层面制定一套完整的规划体系，根据国家公园试点区发展目标分层制定总体规划、详细规划和专项规划等形式，保证规划的统一性和规范性。”[③] 其次，完善国家公园建设的资金保障。在现有中央层面补偿资金、地方层面专项补贴的基础上，鼓励企业和社会公众参与资金筹措，如可以通过 PPP 等形式引导大中型企业在建设中

---

① 习近平：《推动我国生态文明建设迈上新台阶》，《奋斗》2019 年第 3 期。

② 唐芳林：《中国特色国家公园体制建设的特征和路径》，《北京林业大学学报》（社会科学版）2020 年第 2 期。

③ 钟林生、肖练练：《中国国家公园体制试点建设路径选择与研究议题》，《资源科学》2017 年第 1 期。

先期投入资金和人力，并在后续公园特许经营权收入中获得部分利润回报；也可以考虑先在一部分地区试点发行国家公园类股票或债券，广泛拓宽资金渠道，募集社会资金，积累相关经验后在全国发行。再次，完善国家公园的组织管理。充分发挥国家林业和草原局（国家公园管理局）集中统一领导的制度优势，不断完善"中央直接管理、中央和省级政府共同管理、中央委托省级政府管理"① 等模式，提高管理的效能。同时可以试点探索生态类社会组织参与管理，将部分管理权力移交给有能力和意愿的社会组织，引导它们发挥专业优势，协助管理国家公园。最后，完善国家公园公众参与保护制度。"国家公园的性质决定了其'全民发展、全民共享'的特征，公众参与发挥着民主决策、民主监督、提高公众满意度的作用"。② 在国家公园自然资源的保护方面，充分发挥人民群众的积极性和主动性，设置国家公园自然资源保护志愿者岗位，成立志愿者保护团队，赋予他们一定的监督权和建议权，鼓励他们通过新媒体等形式参与和监督国家公园的保护工作，保护国家公园自然资源的系统性和完整性。

2. 完善植树造林激励制度

在诸多的环境要素中，森林具有防风固沙、涵养水源、净化空气的功能，在生态环境的保护和自我修复方面具有极其重要的作用。从积极主动的生态建设角度来看，人类能够增强生态产品供应的途径在于增加森林、草原、植被等林草产品的产量和规模。这些林草类产品在其生产过程中和形成规模后可以有效提供"清新空气""清洁水源""宜人气候"等生态产品，显著增强生态产品的供应能力。党的十九届四中全会指出，我们要开展大规模国土绿化行动，筑牢生态安全屏障。在开展大规模国土绿化行动方面，在现有以林业部门为主体造林绿化的基础上，可以进一步发挥企事业单位和人民群众的主体作用。

一是完善相关激励机制，鼓励企业参与植树造林。企业参与造林绿化，是一项利国利民的伟大事业，这一事业的健康持续发展需要政府创新

---

① 唐芳林：《中国特色国家公园体制建设的特征和路径》，《北京林业大学学报》（社会科学版）2020 年第 2 期。

② 钟林生、肖练练：《中国国家公园体制试点建设路径选择与研究议题》，《资源科学》2017 年第 1 期。

体制机制，搭建政策平台，帮助企业解决资金难题，提高企业的造林积极性。首先是保证林业政策的长期稳定性。植树造林是典型的长周期种植业，需要长期稳定的政策环境，因而需要保持林业政策的一致性和延续性，原则上林业企业土地承包的期限可以达到30~50年，一期承包期满后仍可继续延长承包期限。其次是对造林企业给予财政补贴。对于承包土地进行造林的企业，由中央和地方政府统筹予以财政补贴，连续补贴5~10年。再次是对优秀造林企业进行表彰。每年对先进造林企业和捐资造林企业进行表彰，并由宣传部门进行广泛宣传，塑造企业的良好社会形象，支持企业的可持续发展。最后是细化相关企业的指导和约束。组织成立造林绿化企业协会，组织企业进行造林和林业发展交流，提升企业技术水平。同时对于年度伐育的最低比例给予指导意见，并规定企业对林地生态和周边环境的环境责任。

二是鼓励人民群众参与植树造林。在大规模绿化行动方面，当前的主要问题是民众，尤其是城市居民没有条件和机会参与植树造林。习近平同志指出："要创新义务植树的尽责形式，让人民群众更好更方便地参与国土绿化……"[①] 首先需要充分发挥人民群众的积极性和主动性，给人民群众提供参与植树造林的机会，加大人工造林力度。可以考虑在各地区综合规划的基础上，按年划出专门供民众植树的区域，在农村可以考虑荒山荒地等区域，在城市可以考虑街区空地等，为民众植树提供机会。其次是丰富民众参与植树造林的形式。对于没有条件为居民提供植树区域的地区，也可以考虑设立居民植树专项基金，允许和鼓励居民通过捐款等形式为植树造林做贡献。再次是增强个体农户的造林积极性。对于有造林条件的个体农户，可以通过扶贫工程扶持、碳汇交易等方式，对农户种植的林木以生态购买的方式进行价值兑现，增加造林农户的收入，推动农户更多参与到造林事业中。

3. 完善生态农业发展扶持制度

农业在生态文明建设中具有基础性的地位和作用，生态农业在其生产过程中注重生态环保技术的应用，对土壤、空气和水源都会产生积极的影

---

① 中共中央文献研究室：《习近平关于社会主义生态文明建设论述摘编》，中央文献出版社，2017，第121页。

响，是生态产品的重要来源产业。生态农业的发展不仅是环境友好型产业，也是群众健康生活所必需的，是保障人民群众健康权益的重要环节。2017 年 10 月，党的十九大报告做出了实施乡村振兴战略的决策部署，在乡村振兴的时代背景下，如何优化生态农业的发展，成为一个重要而紧迫的问题。在当前生态农业的发展中主要存在专业人才匮乏、外部环境障碍和配套政策不到位等问题，需要采取有针对性的制度措施。

首先需要加大对生态农业专业人才的培养和扶持力度。生态农业的发展必须依赖高素质的人员队伍，因此，加大对相关人才的扶持力度尤为重要。十九大报告提出了培育新型农业经营主体的思想，对于助推生态农业发展具有重要的启发意义。对于能够引领生态农业发展的领军人才，国家可以给予更多的支持措施，如增加补助金额、减免部分税费、定期进行培训、授予荣誉称号等，加快领军人才的成长，并加快建设知识型、技能型、创新型农业经营者队伍，促进我国生态农业的发展。

其次需要政府部门加强服务。生态农业在发展过程中，遇到了某些制约性因素，非常需要相关政府部门加强协调，给予更多有针对性的服务。这些服务主要包括：与生态农业技术相关的先进技术服务、与行业发展有关的设备知识服务、与行业发展有关的政策咨询服务、在发展过程中遇到的法律问题的咨询服务等。做好这些服务，首先需要从政策层面做好相应的立法和政策制定工作，充分发挥立法在生态农业发展中的保障作用；同时也需要地方政府部门和基层政府部门放下身段，树立为生态农业服务的意识，认真贯彻执行相关政策和法律。

最后是抓住乡村振兴的机遇推动生态农业的发展。当前各地已经开始探索乡村振兴的各种路径，鼓励和吸引了多种社会力量进入乡村进行建设和创业。我们可以充分利用这些新型社会力量对乡村居民进行生态文明理念的渗透，逐步优化乡村的生产环境，提升乡村的生态品质，从生态农业开始进行绿色革命。同时也可以顺应当前集体农庄发展的趋势，鼓励发展适度规模的集体经济，发展高效生态农业。

（四）完善群众参与生态文明建设制度

生态文明建设作为最普惠的民生福祉，是一项典型的公共工程，政府在其中发挥着重要的引领作用，是第一责任者；但生态文明建设又是一项复杂的系统性工程，需要动员多方力量参与，尤其是调动广大人民群众积极参与，人民群众的参与可以为生态文明建设营造良好的社会环境，推进生态文明建设的整体进程，并最终为民众的环境权益保障提供助力。在群众参与生态文明建设方面，我们可以在现有基础上，细化一些环节和步骤，加强对社会各阶层的生态文明教育，鼓励群众参与环境质量评价，探索建立公民生态素养评价制度。

1. 加强生态文明宣传教育

要建设生态文明、实现社会的绿色转型，必须依靠完备的生态文明教育制度。习近平同志指出，“要加强生态文明宣传教育，把珍惜生态、保护资源、爱护环境等内容纳入国民教育和培训体系，纳入群众性精神文明创建活动，在全社会牢固树立生态文明理念，形成全社会共同参与的良好风尚”。[①] 当前对社会各阶层进行生态文明教育是十分迫切的时代要求。

首先是更新生态文明宣传教育的内容和载体。随着对生态文明认识和理解的深入，我们意识到生态文明包含着远比传统的“环境保护”更为宽广的内容，我们的生态文明宣传教育也应该及时更新其内容，增加“人与自然和谐共生”“中华民族永续发展”“生态文明与经济建设协同发展”“社会进步与生态大美共同兼顾”等富有时代色彩的新内容，促进公众生态理念的更新。同时，在蓬勃发展的新媒体时代，生态文明宣传教育需要在原有图书出版、电视宣传和广播报道等传统媒体渠道的基础上，增加短视频播放、微信推送等自媒体渠道的投放，不断拓展生态文明教育的载体，增强生态文明宣传教育的亲和性与实效性。

其次是丰富生态文明教育基地。基地教育和现场教育对于培养人们的生态情感具有不可替代的作用，是我们当前在生态文明教育中需要大力加强的。可以依托国家公园、农林部门、农林企业、生态类企业、生态科学研究机构和农村社区等社会主体，结合自身实际和行业特点，建立具有部门和行业特征的生态文明教育基地，对社会各界开展现场教育，增加公众

① 中共中央文献研究室：《习近平关于社会主义生态文明建设论述摘编》，中央文献出版社，2017，第 122 页。

的生态体验。当前时期一些有生态意识的企业已经自觉加入到建设生态文明教育基地的行列之中，需要政府部门出台相应的激励机制，鼓励各类社会主体建设生态文明教育基地，并组织学生群体和社会群体接受培训教育。

最后是扩大生态文明教育的受众。各级各类学生是接受生态文明教育的主要受众，也是未来社会公民生态文明素养提升的主体。除了对在校学生进行生态文明教育这一主渠道之外，还需要对社会各界开展广泛的生态文明宣传教育，其中重点是政府部门工作人员、工矿企业从业人员和社区居民等，对于上述群体需要开展有针对性的生态文明教育。对政府部门工作人员的教育内容主要包括生态文明建设的理念和方针、本地区生态环境特点等，增强政务人员领导生态文明建设的能力；对工矿企业从业人员的教育内容应突出企业的生态责任教育，培养他们建设生态文明的内在自觉；对社区居民的教育内容主要包括生态知识和生态审美等，加强民众对生态政策的理解和支持。

2. 鼓励群众参与环境质量评价

良好的生态环境是最普惠的民生，也是人民群众的普遍诉求。但由于自然禀赋、经济发展水平和各地生态建设措施的不同，我国各地区在生态文明建设水平方面差别较大，这一局面使得一部分民众不能充分享有良好的生态环境，对民众的环境权益维护产生了一定的不利影响。在环境质量评价方面，环境部门有一套较为系统的客观量度标准，将这些指标作为各地生态文明建设工作的业绩考核标准，是相对客观和公正的。但社会学相关研究表明，区域居民的环境主观感受与客观数据一样，也可以作为某地区环境质量的衡量标准，并且在其覆盖范围和覆盖时段方面更加全面。因此，群众对环境质量的评价可以作为生态文明建设水平的衡量标准之一，有必要对相关制度加以完善。

其一，组织群众参与本地区整体环境质量的评价。委托相关学者对环境质量评价的调查指标进行探索和研究，通过多方论证和意见征询，细化群众环境质量评价的主要指标，制定较为科学和规范的环境质量评价表；在组织群众进行环境质量评价时，要充分考虑到各阶层群众的代表性，注意选取多层次的群众参与，尤其是要保证低收入群体等相关群体的参与比例。其二，重视群众对本地区重点区域环境质量的评价。对于本区域内有固定污染源的区域，如工矿企业周边的环境等，应将其列为环境质量评价的重点区域，对于群众关于这些重点区域的环境质量评价，有关部门需要给予高度重视。政府部门可以成立重点区域环境质量调查小组，定期调查周边居民的环境感受和环境评价。其三，收集外地民众对本区域环境质量的评价。鼓励技术部门开发相应的 App 平台等网络平台，对于有机会到外地求学、出差或旅游的民众进行各地环境感受对比调查，尤其是鼓励民众对某一区域与自己的常住地环境进行对比性评价，从中了解不同区域环境工作的水平差异，采取有针对性的措施促进本区域环境质量的提升。

3. 探索建立公民生态素养综合评价制度

生态文明建设需要有生态素养的生态新人的参与，提高公民的生态素养是推进生态文明建设的根本举措。我们可以探索建立公民生态素养综合评价制度，不断提升公民参与生态文明建设的积极性。

其一，鼓励公民减少自身碳排放。民众的生活方式是空气质量的重要影响因素，可以考虑实施公民个人碳排放轨迹激励机制，鼓励公民从生活细节方面降低自身的碳排放水平，为改善空气质量做出贡献。其二，鼓励公民参与生态文明教育、生态文明宣传、生态建设捐助等，为生态文明建设贡献智力成果和提供资金支持，并把相关情况作为公民生态素养评价的指标之一。其三，鼓励公民参与各类环保行动。充分发挥人民群众人多力量大的优势，鼓励民众投入到本地环境的保持和整理之中，如捡拾垃圾、环境清理等，并把环保活动的参与情况作为体现公民个人素养的证明材料。

总之，环境权益保障工作任重道远，需要我们从我国的具体国情出发，构建有针对性和实效性的权益保障制度。我们在调研基础上构想的制度体系，目的在于弥补当前环境权益保障中的缺失，加强保障的力度和实效。我们期待这些制度在实践应用中能发挥较好的作用，同时也期待能将这些制度进一步完善，以推动环境权益保障工作的不断深入。

参考文献

一　中文文献

（一）专著

蔡守秋：《生态文明建设的法律和制度》，中国法制出版社，2017。

曹荣湘：《生态治理》，中央编译出版社，2015。

东梅、刘算算：《农牧交错地带生态移民综合效益评价研究》，中国社会科学出版社，2011。

杜发春：《三江源生态移民研究》，中国社会科学出版社，2014。

杜景灿、张宗玟、龚和平、卞炳乾：《水电工程移民长效补偿研究》，中国水利水电出版社，2011。

樊纲：《制度改变中国——制度变革与社会转型》，中信出版社，2014。

高兆明：《制度伦理研究——一种宪政正义的理解》，商务印书馆，2011。

国务院新闻办公室：《为人民谋幸福：新中国人权事业发展70年》，2019。

胡大伟：《公法视野下的水库移民利益补偿研究》，知识产权出版社，2013。

环境保护部环境与经济政策研究中心：《生态文明制度建设概论》，中国环境科学出版社，2016。

郇庆治主编《环境政治学：理论与实践》，山东大学出版社，2007。

郇庆治主编《重建现代文明的根基——生态社会主义研究》，北京大学出版社，2010。

《“健康中国2030”规划纲要》，人民出版社，2016。

李林、田禾主编《中国法治发展报告（2014）》，社会科学文献出版社，2014。

李培林、王晓毅主编《生态移民与发展转型——宁夏移民与扶贫研究》，社会科学文献出版社，2013。

李媛媛、李伟：《少数民族地区生态移民政策研究》，经济科学出版社，2015。

李挚萍、陈春生：《农村环境管制与农民环境权保护》，北京大学出版社，2009。

梁福庆：《三峡工程移民问题研究》，华中科技大学出版社，2011。

梁鸿：《出梁庄记》，花城出版社，2013。

廖华：《从环境法整体思维看环境利益的刑法保护》，中国社会科学出版社，2010。

刘海霞：《环境正义视阈下的环境弱势群体研究》，中国社会科学出版社，2015。

吕途：《中国新工人的迷失与崛起》，法律出版社，2013。

吕忠梅：《沟通与协调之途——论公民环境权的民法保护》，中国人民大学出版社，2005。

吕忠梅：《理想与现实：中国环境侵权纠纷现状及救济机制构建》，法律出版社，2011。

罗国杰：《伦理学》，人民出版社，2014。

马晶：《环境正义的法哲学研究》，博士学位论文，吉林大学，2005。

《马克思恩格斯文集》第1卷，人民出版社，2009。

聂辉华：《政企合谋与经济增长：反思"中国模式"》，中国人民大学出版社，2013。

秦海霞：《变迁社会中的身份适应：私营企业工人群体主体意识研究》，人民出版社，2014。

秦书生：《中国共产党生态文明思想的历史演进》，中国社会科学出版社，2019。

秦晓琼：《国际职业安全立法研究及对我国的启示》，硕士学位论文，湖南大学，2009。

《全国主体功能区规划——构建高效、协调、可持续的国土空间开发格局》，人民出版社，2015。

沈满洪、郅玉玲、彭熠：《生态文明制度建设研究》（下），中国环境出版社，2017。

宋艳丽、胡磊、陈小明：《学而时习之：读懂新时代的100个关键词》，人民出版社，2018。

孙胤羚：《职业卫生管理政策分析与评价研究》，博士学位论文，山东大学，2014。

汪劲、严厚福、孙晓璞：《环境正义：丧钟为谁而鸣》，北京大学出版社，2007。

王赐江：《冲突与治理：中国群体性事件考察分析》，人民出版社，2013。

王韬洋：《环境正义的双重维度：分配与承认》，华东师范大学出版社，2015。

王显勇、陈兆开等：《南水北调工程征地移民理论与政策研究》，中国水利水电出版社，2010。

王小文：《美国环境正义理论研究》，博士学位论文，南京林业大学，2007。

王永平、周丕东、黄海燕等：《生态移民与少数民族传统生产生活方式的转型研究》，科学出版社，2014。

王雨辰：《生态学马克思主义与后发国家生态文明理论研究》，人民出版社，2017。

吴宇辉：《经济民主论》，社会科学文献出版社，2013。

《习近平谈治国理政》第2卷，外文出版社，2017。

谢元媛：《生态移民政策与地方政府实践——以敖鲁古雅鄂温克生态移民为例》，北京大学出版社，2010。

辛鸣：《制度论——关于制度哲学的理论建构》，人民出版社，2005。

姚大志：《何谓正义：当代西方政治哲学研究》，人民出版社，2007。

原会建：《国有企业工会维护职工权益的机制研究：基于某大型企业工会的个案调查》，人民出版社，2015。

曾建平:《环境公正:中国视角》,社会科学文献出版社,2013。

曾建平:《环境正义:发展中国家环境伦理问题探究》,山东人民出版社,2007。

曾建生、黄美英、曹建新:《广东水库移民理论与实践》,华南理工大学出版社,2006。

张嘉昕:《工人自我管理——一部颠覆资本雇佣劳动的经济思想史》,社会科学文献出版社,2013。

张云飞:《生态文明——建设美丽中国的创新抉择》,湖南教育出版社,2014。

张云飞:《唯物史观视野中的生态文明》,中国人民大学出版社,2014。

《中共中央关于坚持和完善中国特色社会主义制度 推进国家治理体系和治理能力现代化若干重大问题的决定》,人民出版社,2019。

《中共中央关于推进农村改革发展若干重大问题的决定》,人民出版社,2008。

《中共中央国务院关于建立国土空间规划体系并监督实施的若干意见》,人民出版社,2019。

《中华人民共和国宪法》,人民出版社,2018。

中央文献研究室:《习近平关于社会主义生态文明建设论述摘编》,中央文献出版社,2017。

周红云:《社会管理创新》,中央编译出版社,2013。

(二)中文期刊及报纸论文

别涛:《国外环境污染责任保险》,《求是》2008年第5期。

蔡守秋:《环境权初探》,《中国社会科学》1982年第3期。

常纪文:《十九大后生态文明建设和改革亟待解决的问题》,《党政研究》2017年第6期。

陈娉舒:《卫生部透露:我国受职业危害人数超过两亿》,《中国青年报》2005年1月8日。

陈泉生:《环境权之辨析》,《中国法学》1997年第2期。

戴俊明、周志俊:《第29届国际职业卫生大会(ICOH)报道》,《环境与职业医学》2009年第2期。

杜发春：《国外生态移民研究述评》，《民族研究》2014年第2期。

杜鹏：《环境正义：环境伦理的回归》，《自然辩证法研究》2007年第6期。

杜群：《论环境权益及其基本权能》，《环境保护》2002年第5期。

方世南：《习近平生态文明思想的鲜明政治指向》，《理论探索》2020年第1期。

冯时、禹雪中、廖文根：《国际水利水电工程移民政策综述及分析中国水能及电气化》2011年第7期。

付俊文、赵红：《利益相关者理论综述》，《首都经济贸易大学学报》2006年第2期。

傅华：《第26届国际职业卫生大会主题报告介绍》，《劳动医学》2000年第4期。

巩克菊、毕国帅：《以人民为中心的发展的制度治理探析》，《山东社会科学》2020年第8期。

郭尚花：《我国环境群体性事件频发的内外因分析与治理策略》，《科学社会主义》2013年第2期。

何凤生：《第22届国际职业卫生大会》，《中国劳动卫生职业病杂志》1988年第4期。

何凤生、邹昌淇等：《第27届国际职业卫生大会简讯》，《中华劳动卫生职业病杂志》2003年第2期。

胡美灵、肖建华：《农村环境群体性事件与治理》，《求索》2008年第12期。

郇庆治：《社会主义生态文明：理论与实践向度》，《江汉论坛》2009年第9期。

郇庆治：《生态文明建设，须注入社会主义政治考量》，《中国生态文明》2019年第6期。

郇庆治：《推进生态文明建设的十大理论与实践问题》，《北京行政学院学报》2014年第4期。

黄开发、凌瑞杰等：《浅谈德国职业安全卫生管理体系及工伤保险制度》，《中国工业医学杂志》2015年第2期。

黄巧云、田雪：《生态文明建设背景下的农村环境问题及对策》，《华中农业大学学报》（社会科学版）2014年第2期。

江必新：《环境权益的司法保护》，《人民司法》2017年第25期。

焦洪昌：《“国家尊重和保障人权”的宪法分析》，《中国法学》2004年第3期。

李林：《法治社会与弱势群体的人权保障》，《前线》2001年第5期。

李培超：《环境伦理学的正义向度》，《道德与文明》2005年第5期。

李强、陶传进：《工程移民的性质定位兼与其它移民类型比较》，《江苏社会科学》2000年第6期。

李全喜：《习近平生态文明思想的核心要义》，《广西社会科学》2019年第4期。

李若建：《工人群体的分化与重构——基于人口调查数据的分析》，《中国人口科学》2015年第5期。

李颖明、宋建新、黄宝荣、王海燕：《农村环境自主治理模式的研究路径分析》，《中国人口资源与环境》2011年第1期。

李玉瑞：《第二十一届国际职业卫生大会简介》，《国外医学》（卫生分册）1985年第2期。

刘海霞：《论污染企业周边民众的权利保障》，《生态经济》2012年第7期。

刘海霞：《我国环境群体性事件及其治理策略探析》，《山东科技大学学报》（社会科学版）2015年第5期。

刘恺：《美国“职业安全卫生法”立法简史——兼论对我国职业安全卫生立法的启示》，《华中师范大学学报》（人文社会科学版）2011年第S1期。

刘乐明：《工人职业健康的理论模式及其重构》，《中国劳动关系学院学报》2019年第6期。

刘湘溶、张斌：《环境正义的三重属性》，《天津社会科学》2008年第2期。

刘晓芳、杨善发：《恩格斯的社会医学思想及其当代价值》，《马克思主义研究》2013 年第 1 期。

刘新芳、姚傑宝、段永峰：《中国移民政策与亚洲开发银行移民政策分析》，《人民黄河》2009 年第 2 期。

吕忠梅：《再论公民环境权》，《法学研究》2000 年第 6 期。

毛勒堂：《什么是正义？——多维度的综合考察》，《云南师范大学学报》（哲学社会科学版）2006 年第 3 期。

孟军、巩汉强：《环境污染诱致型群体性事件的过程——变量分析》，《宁夏党校学报》2010 年第 3 期。

牛胜利：《国际职业卫生法规发展历程》，《劳动保护》2010 年第 4 期。

祁进玉：《三江源地区生态移民的社会适应与社区文化重建研究》，《中央民族大学学报》（哲学社会科学版）2015 年第 3 期。

施国庆、周建、李菁怡：《生态移民权益保护与政府责任——以新疆轮台塔里木河移民为例》，《吉林大学社会科学学报》2007 年第 5 期。

施国庆、周建、连欢：《非自愿移民：国际经验和中国实践》，中国水利学 2005 学术年会论文集，2005。

唐斌、赵洁、薛成容：《国内金融机构接受赤道原则的问题与实施建议》，《新金融》2009 年第 2 期。

唐芳林：《中国特色国家公园体制建设的特征和路径》，《北京林业大学学报》（社会科学版）2020 年第 2 期。

陶玲、刘卫江：《赤道原则：金融机构践行企业社会责任的国际标准》，《银行家》2008 年第 1 期。

王红彦、高春雨、王道龙等：《易地扶贫移民搬迁的国际经验借鉴》，《世界农业》2014 年第 8 期。

王洪波：《政治逻辑视角下新时代生态文明建设深度推进的三维向度》，《兰州学刊》2019 年第 11 期。

王鸿飞：《2002 年全国职业病报告发病情况分析》，《中国职业医学》2006 年第 1 期。

王鸿飞：《2003 年全国劳动卫生监督监测和职业病报告发病状况》，《中国卫生监督杂志》2005 年第 4 期。

王建国、包安：《习近平生态文明思想的人民性意蕴探析》，《中国矿业大学学报》（社会科学版）2019 年第 6 期。

王林：《职业卫生与行为医学——第 25 届国际职业卫生大会简介》，《中国行为医学科学》1997 年第 1 期。

王韬洋：《“环境正义”——当代环境伦理发展的现实趋势》，《浙江学刊》2002 年第 5 期。

王雨辰：《论习近平生态文明思想的理论特质及其当代价值》，《福建师范大学学报》（哲学社会科学版）2019 年第 6 期。

王雨辰：《习近平生态文明思想中的环境正义论与环境民生论及其价值》，《探索》2019 年第 4 期。

王玉明：《暴力型环境群体性事件的成因分析》，《中共珠海市委党校、珠海市行政学院学报》2012 年第 3 期。

魏文松：《新时代生态文明体制改革的逻辑进路与法治保障》，《时代法学》2019 年第 6 期。

温丽：《基于国际视角的生态移民研究》，《世界农业》2012 年第 12 期。

习近平：《推动我国生态文明建设迈上新台阶》，《奋斗》2019 年第 3 期。

夏光：《通过扩展环境权益而提高环境意识》，《环境保护》2001 年第 2 期。

向晶方：《百万移民铸就壮丽丰碑》，《三峡日报》2010 年 10 月 27 日。

信春鹰：《罗纳德·德沃金与美国当代法理学》，《法学研究》1988 年第 6 期。

徐桂芹：《2000～2009 年全国职业中毒状况规律分析和对策探讨》，《中国安全生产科学技术》2011 年第 5 期。

徐显明：《人权理论研究中的几个普遍性问题》，《文史哲》1996 年第 2 期。

徐祥民：《环境权论——人权发展历史分期的视角》，《中国社会科学》2004 年第 4 期。

荀丽丽、包智明：《政府动员型环境政策及其地方实践——关于内蒙古 S 旗生态移民的社会学分析》，《中国社会科学》2007 年第 5 期。

佚名：《2007年全国职业病发病情况》，《劳动保护》2009年第2期。

佚名：《第161号国际劳工公约职业卫生设施公约》，《中华人民共和国国务院公报》1987年第2期。

佚名：《国际职业安全与卫生公约简介——国际劳工大会通过的第155号国际公约综合介绍》，《职业与健康》1989年第3期。

佚名：《什么是人权》，《湖北社会科学》1992年第1期。

易立春：《当代中国农村环境正义问题刍议》，《新乡师范高等专科学校学报》2007年第5期。

于浩淼、唐欢、郑勇：《水电行业非自愿移民政策——国际经验与老挝实践》，《水利经济》2013年第1期。

曾建平、袁学涌：《科学发展观视野中的环境正义》，《道德与文明》2005年第1期。

张剑虹、楚风华：《国外职业安全卫生法的发展及对当代中国的启示》，《河北法学》2007年第2期。

张明军、陈朋：《2011年中国社会典型群体性事件分析报告》，《中国社会公共安全研究报告》2012年第1期。

张兴、吉俊敏、张正东：《2007～2012年全国职业病发病情况及趋势分析》，《职业与健康》2014年第22期。

张云飞：《从环境保护部到生态环境部》，《学习时报》2018年5月28日。

张云飞：《穷人生态学：社会主义生态文明的正义底线》，《江西师范大学学报》（哲学社会科学版）2019年第4期。

张云飞：《社会主义生态文明的人民性价值取向》，《马克思主义与现实》2020年第3期。

张云飞：《习近平生态文明思想的标志性成果》，《湖湘论坛》2019年第4期。

钟芙蓉：《环境经济政策的伦理学审视》，《伦理学研究》2012年第3期。

钟林生、肖练练：《中国国家公园体制试点建设路径选择与研究议题》，《资源科学》2017年第1期。

周生贤：《主动适应新常态，构建生态文明建设和环境保护的四梁八柱》，《中国环境报》2014年12月3日。

邹世英、杜蕴慧、柴西龙、吴鹏、关睿：《排污许可制度改革进展及展望》，《环境影响评价》2020年第2期。

二　外文文献

〔印〕阿马蒂亚·森：《以自由看待发展》，任赜、于真译，中国人民大学出版社，2013。

〔印〕阿马蒂亚·森：《正义的理念》，王磊、李航译，中国人民大学出版社，2012。

〔美〕保罗·R. 伯特尼、罗伯特·N. 史蒂文斯：《环境保护的公共政策》，穆贤清、方志伟译，上海人民出版社，2004。

〔美〕彼得·S. 温茨：《环境正义论》，朱丹琼、宋玉波译，世纪出版集团、上海人民出版社，2007。

〔日〕饭岛伸子：《环境社会学》，包智明译，社会科学文献出版社，1999。

〔日〕宫本宪一：《环境经济学》，朴玉译，生活·读书·新知三联书店，2004。

〔美〕杰克·奈特：《制度与社会冲突》，周伟林译，上海人民出版社，2009。

〔法〕卢梭：《社会契约论》，李平沤译，商务印书馆，2014。

〔英〕马克·史密斯、皮亚·庞萨帕：《环境与公民权：整合正义、责任与公民参与》，侯艳芳、杨晓燕译，山东大学出版社，2012。

〔美〕迈克尔·桑德尔：《公正——该如何做是好》，朱慧玲译，中信出版社，2011。

〔美〕迈克尔·谢若登：《资产与穷人——一项新的美国福利政策》，高鉴国译，商务印书馆，2007。

〔日〕岩佐茂：《环境的思想与伦理》，冯雷、李欣荣、尤维芬译，中央编译出版社，2011。

〔日〕原田尚彦：《环境法》，于敏译，法律出版社，1999。

〔美〕约翰·罗尔斯：《正义论》，何怀宏、何包钢、廖申白译，中国社会科学出版社，1998。

〔美〕约翰·罗尔斯：《作为公平的正义》，姚大志译，中国社会科学出版社，2011。

〔英〕约翰·斯图亚特·穆勒：《功利主义》，叶建新译，九州出版社，2007。

〔美〕詹姆斯·G. 马奇、〔挪〕约翰·P. 奥尔森：《重新发现制度：政治的组织基础》，张伟译，生活·读书·新知三联书店，2011。

Bunyan Bryant, *Environmental Justice*: *Issues*, *Policies*, *and Solutions*, Washington: Island Press, 1995.

Daniel A. Coleman, Ecopolitics: Building A Green Society, New Brunswick, New Jersey: Rutgers University Press, 1994.

Filomina Chioma Steady, Environmental Justice in the New Millennium, New York: Palgrave Macmillan, 2009.

Gary A. Goreham, Encyclopedia of Rural America: The Land and People, Millerton, New York: Grey House Publishing, 2008.

John Rawls, A Theory of Justice, Cambridge, Massachusetts, London: Belknap Press of Harvard University Press, 1971.

Laura Westra, Environmental Justice and the Rights of Indigenous Peoples, London: Earthscan, 2008.

Lori Gruen, Dale Jamieson, Christopher Schlottmann, Reflecting on Nature: Readings in Environmental Ethics Philosophy, New York: Oxford University Press, 2013.

Michael J. Sandel, Justice: What's the Right Thing To Do, London: Penguin Group, 2010.

Murry Bookchin., The Philosophy of Social Ecology, New York: Black Rose Books, 1990.

Richard Hofrichter, Toxic Struggles: The Theory and Practice of Environmental Justice, Philadelphia: New Society Publishers, 1993.

Robert D. Bullard, Confronting Environmental Racism: Voices from the Grassroots, Boston: South End Press, 1993.

附录一　一线工人基本状况调查问卷

调查性质：国家社科基金项目调研　调查时间：______问卷编号：______

尊敬的女士/先生：您好！

感谢您接受问卷调查，本问卷纯为学术研究所用，保证绝对保密。本问卷以下问题除特别注明的以外皆为单项选择，请在相应的选项前打“√”；选项后面有下划线的为开放性问题，请写出您的观点。

一、您的基本情况

1. 您的性别：

A. 男　B. 女

2. 您的年龄：

A. 30 岁及以下　B. 31 ~ 40 岁　C. 41 ~ 50 岁　D. 51 ~ 60 岁

E. 61 ~ 70 岁　F. 70 岁以上

3. 您的受教育程度：

A. 小学及以下　B. 初中　C. 技工学校（相对于初中程度）

D. 高中　E. 职业高中或中专（相对于高中程度）　F. 专科

G. 本科及以上

4. 您的平均月收入：

A. 1500 元及以下　B. 1501 ~ 2500 元　C. 2501 ~ 3500 元　D. 3500 元以上

5. 您的联系方式（欢迎留下，我们有可能进一步与您联系）：

手机：________固话：________QQ：________

二、关于企业相关情况的调查

6. 您所在的企业行业类型：

A. 火电　B. 钢铁　C. 水泥　D. 电解铝　E. 煤炭　F. 冶金

G. 化工　H. 石化　I. 建材　J. 造纸　K. 酿造　L. 制药

M. 发酵 N. 纺织 O. 制革 P. 采矿 Q. 机械 R. 建筑

S. 其他：________

7. 您在该企业的身份：

A. 国有企业正式职工 B. 国有企业打工 C. 大中城市私营企业打工

D. 县乡（镇）私营企业打工 E. 转业军人 F. 退伍军人

G. 其他：________

8. 您的工种：

A. 矿工 B. 油漆工 C. 电焊工 D. 司炉工 E. 制鞋工

F. 纺织工 G. 电工 H. 瓶检 I. 电解工 J. 主控台

K. 国防施工 L. 其他：________

9. 您与企业是否签订了正规的劳动合同：

A. 是 B. 否

10. 您所在企业是否组织过下列体检（可多选）：

A. 上岗前体检 B. 在岗期体检 C. 离岗时体检 D 没有

11. 您所在企业购买工伤保险的情况：

A. 为每位职工购买 B. 为一部分职工购买 C. 工人患病后才购买

D. 没有

12. 您所在的企业发放过哪些防护用品（可多选）：

A. 防尘口罩 B. 防毒口罩 C. 防毒面具 D. 防护服 E. 耳塞

F. 电焊面罩 G. 防护眼镜 H. 防护手套 I. 配套的更衣间、洗浴间

J. 没有任何防护用品 K. 其他：________

13. 上述防护用品的发放频率：

A. 每月一次 B. 每季度一次 C. 半年一次 D. 一年一次

E. 不定期 F. 其他：________

14. 您所在的企业在安全生产方面的措施（可多选）：

A. 有专人负责安全生产 B. 进行安全生产培训

C. 配备有效的防护用品 D. 进行职业病预防知识宣传

E. 进行职业病预防知识岗前测试 F. 没有措施 G. 其他：________

15. 您在工作过程中是否要求过企业改善工作环境：

A. 要求过，企业做了改进 B. 要求过，企业不予理睬

C. 企业没有反映意见的渠道　D. 本人对工作环境没有关注

E. 其他：________

16. 您对所在企业在预防职业病方面的工作的评价：

A. 很好　　B. 较好　　C. 一般　　D. 不太好　　E. 很不好

17. 您认为所在企业在预防职业病方面的突出优点是（可多选）：

A. 企业负责人重视　B. 遵守有关法律规定

C. 使用改善工作环境的设备　D. 听取一线工人的意见和建议

E. 组织一线工人参加职业病预防培训

F. 对工作环境的危险提前告知　G. 对一线工人的权利提前告知

H. 其他：________

18. 您认为所在企业在预防职业病方面的关键问题是（可多选）：

A. 企业负责人不重视　B. 企业不遵守有关法律规定

C. 企业无力购买符合环境要求的设备

D. 企业只是应付检查时才用达标设备

E. 一线工人不知道自己有职业卫生权利

F. 一线工人不重视自身的权利

G. 一线工人职业病预防知识缺乏

H. 一线工人没有发表意见的机会

I. 其他：________

19. 您所在企业是否有工会：

A. 是　B. 否

20. 您所在企业的工会在监督安全生产方面的作用：

A. 很大　B. 较大　C. 一般　D. 不大　E. 没作用

21. 您所在企业的工会在帮助工人维权方面的作用：

A. 很大　B. 较大　C. 一般　D. 不大　E. 没作用

22. 您认为影响工会发挥监督和维权作用的原因是（可多选）：

A. 工会隶属于企业，无法对企业进行监督　B. 工会干部主观不作为

C. 工人没有渠道对工会进行评价　D. 工会考核标准不完善

E. 工会没有充分代表工人的利益　F. 工会工作人员的能力不够

G. 其他：________

23. 您对加强工会监督和维权作用的建议（可多选）：

A. 成立独立于企业的工会　B. 定期征求工人的意见建议

C. 定期召集企业负责人和工人的座谈会

D. 定期对企业进行监督和反馈

E. 制定工会在监督安全生产方面的细则

F. 加强对工会工作的考核

G. 其他建议：______________________

三、关于工人自身相关情况的调查

24. 您的患病类型：

A. 尘肺病等呼吸系统疾病（①尘肺病　②矽肺病　③其他：______）

B. 慢性职业中毒（①铅中毒　②苯中毒　③其他：______）

C. 急性职业中毒（①一氧化碳中毒　②硫化氢中毒　③其他：______）

D. 其他：______

25. 确诊该病的时间：

A. 2002 年以前（具体：______年）

B. 2002 ~ 2011 年（具体：______年）

C. 2012 年以来（具体：______年）

26. 您确诊该病时从事该工作的年限：

A. 3 年以下　B. 3 ~ 5 年　C. 5 ~ 10 年　D. 10 ~ 20 年　E. 20 年以上

27. 您是否知道该工作环境的危险性：

A. 进厂之前厂方已告知，但更看中高工资　B. 进厂之前厂方没有告知

C. 进厂之后厂方也没有告知，得病之后才知道　D. 其他：______

28. 您在上岗前是否接受过职业卫生知识培训：

A. 是　B. 否

29. 您在患病前是否接触过职业病预防知识宣传（可多选）：

A. 没有　B. 在医院里见过　C. 在单位里见过　D. 在村里或社区见过

30. 您在患病前是否知道下列相关法律、条例（可多选）：

A. 《职业病防治法》　B. 《工伤保险条例》

C. 《职业病分类和目录》　D. 《职业病防治规划（2009 ~ 2015）》

E. 都不知道

31. 您在患病前是否知晓自己的下列权利（可多选）：

A. 在安全环境中工作的职业卫生权利

B. 企业为自己购买工伤保险的权利

C. 上岗前、在岗期、离岗时体检的权利

D. 获得职业卫生知识培训的权利

E. 患职业病后获得工伤保险的权利

F. 都不知道

32. 您在患病前是否知道下列容易导致职业病的因素（可多选）：

A. 粉尘　B. 噪声　C. 强光　D. 辐射　E. 化学物质　F. 重金属

G. 都不知道

33. 您自身是否注意加强职业防护（可多选）：

A. 主动学习职业病防治知识　B. 没有学习过职业病预防知识

C. 按要求使用防护用品　D. 使用防护用品影响正常呼吸，所以没用

E. 使用防护用品影响正常劳动，所以没用　F. 其他：________

34. 您患职业病后是否获得过相关赔偿：

A. 没想过要求赔偿　B. 不知如何要求赔偿　C. 要求赔偿，没有实现

D. 要求赔偿，获得了工伤保险赔偿　　E. 其他：________

35. 您目前面临的主要困难是（可多选）：

A. 医药报销比例太低　B. 补偿金额太少　C. 自理能力低

D. 丧失劳动能力　E. 工资收入太低　F. 看病花费造成生活困难

G. 其他：________

36. 您目前需要哪类援助（可多选）：

A. 金钱补偿　B. 医疗援助　C. 法律援助　D. 康复知识援助

E. 其他：________

37. 您认为怎样才能更好地预防职业危害（可多选）：

A. 进一步细化相关法律规定

B. 增强企业负责人的责任意识

C. 加强对企业的监管

D. 加强生产一线机械化作业的程度

E. 定期对一线工人进行体检

F. 对一线工人进行职业病预防知识培训

G. 对一线工人进行法律知识培训

H. 给一线工人提供更多发表意见的机会

I. 增加人大代表中工人的比例

J. 人大代表、政协委员等对工人进行走访

K. 其他：________

问卷已全部回答完毕。再次感谢您！祝您健康愉快！

附录二　一线工人基本状况调查问卷回答情况汇总

（调查时间：2015 年 4 月至 8 月，有效问卷总数 497 份）

一、您的基本情况

1. 您的性别：

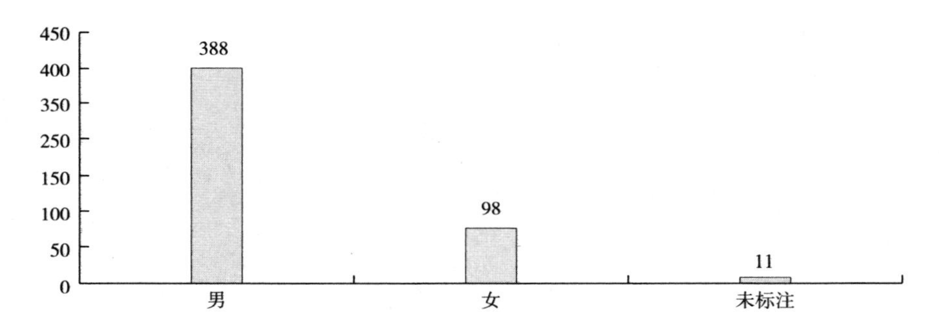

2. 您的年龄：

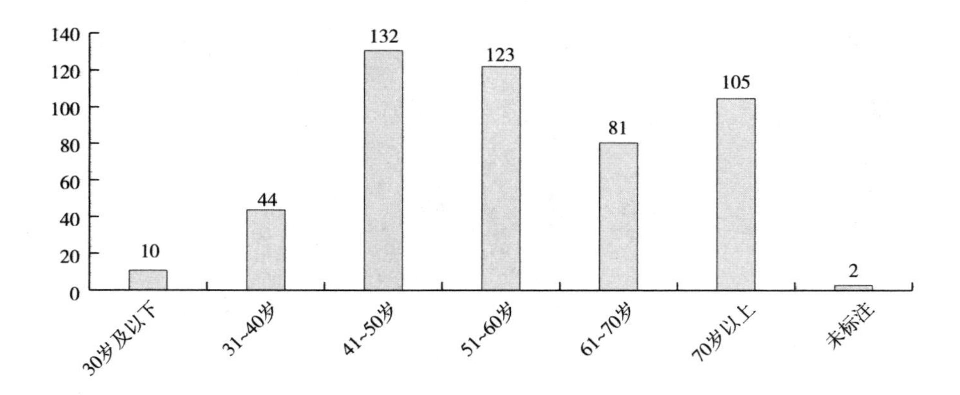

3. 您的受教育程度：

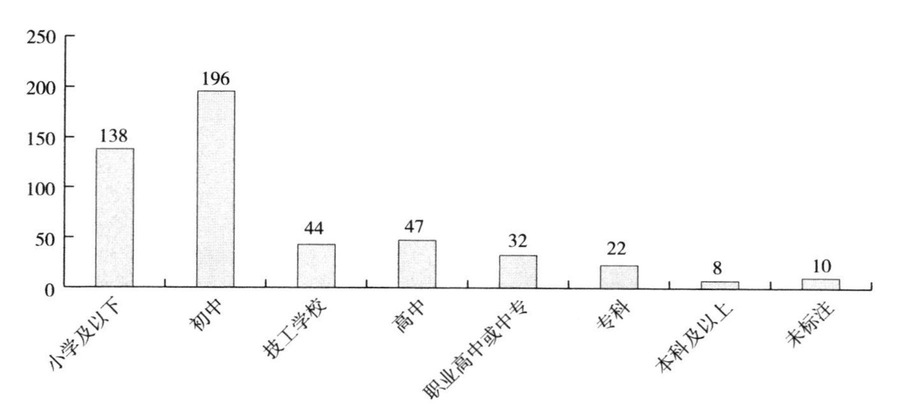

4. 您的平均月收入：

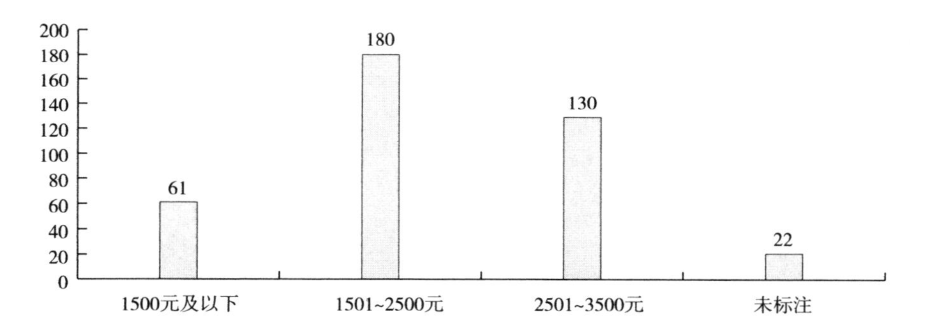

5. 您的联系方式（略）

二、关于企业相关情况的调查

6. 您所在的企业行业类型：（此题有多选，总数大于497）

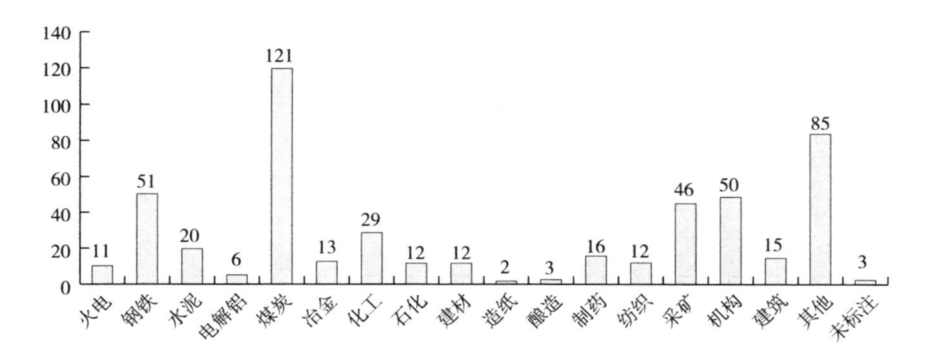

7. 您在该企业的身份：

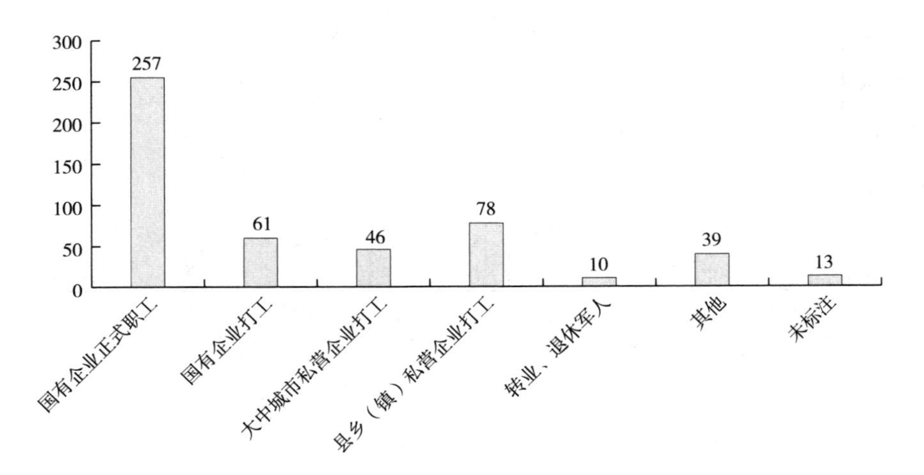

8. 您的工种：

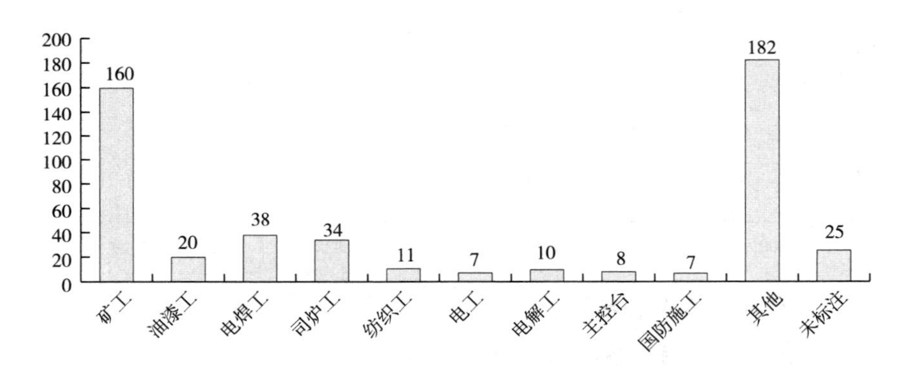

9. 您与企业是否签订了正规的劳动合同：

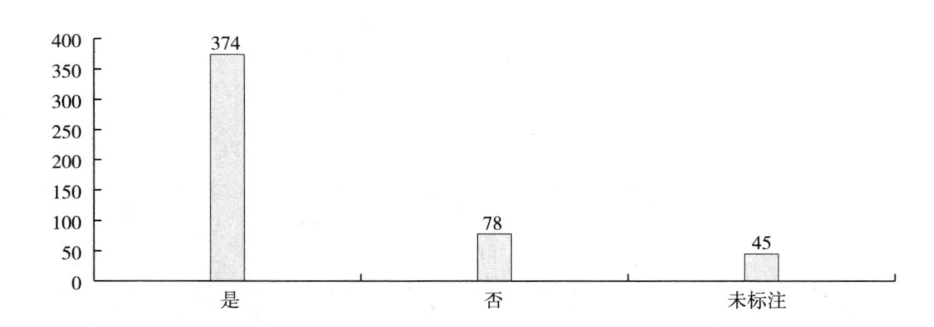

10. 您所在企业是否组织过下列体检（可多选）：

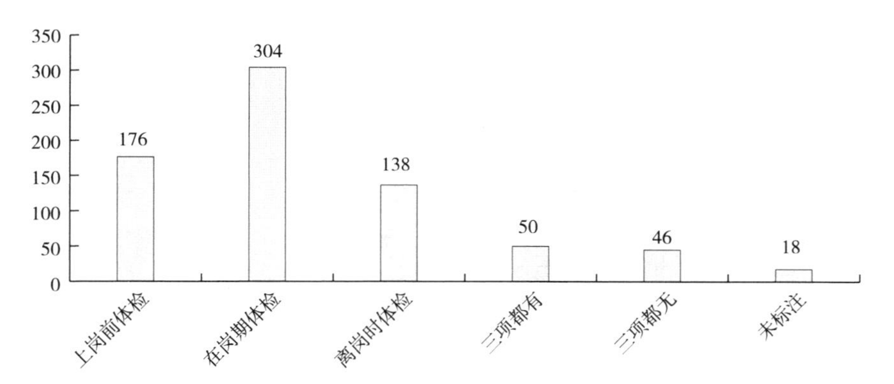

11. 您所在企业购买工伤保险的情况：

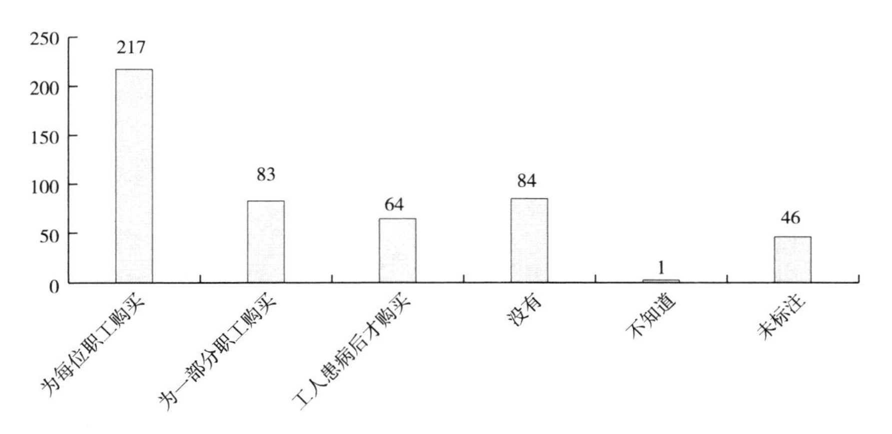

12. 您所在的企业发放过哪些防护用品（可多选）：

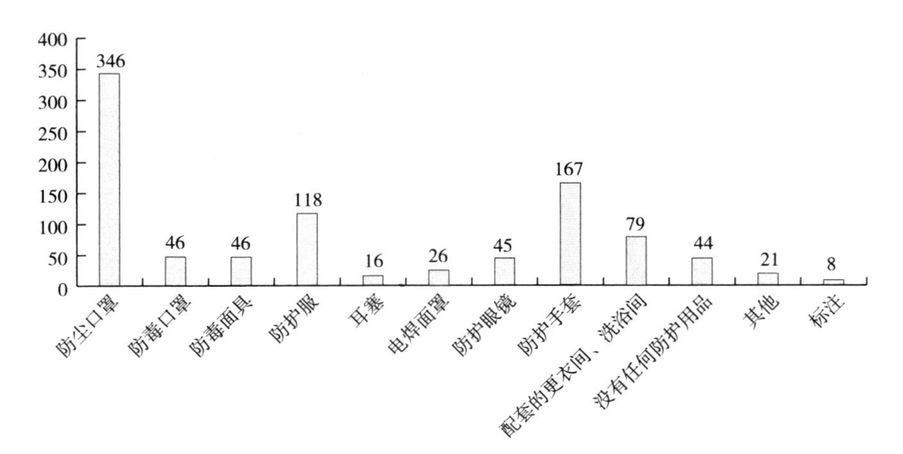

13. 上述防护用品的发放频率：

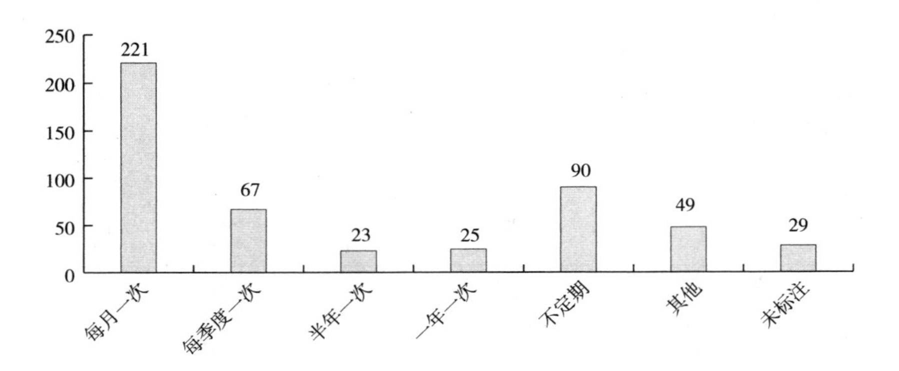

14. 您所在的企业在安全生产方面的措施（可多选）：

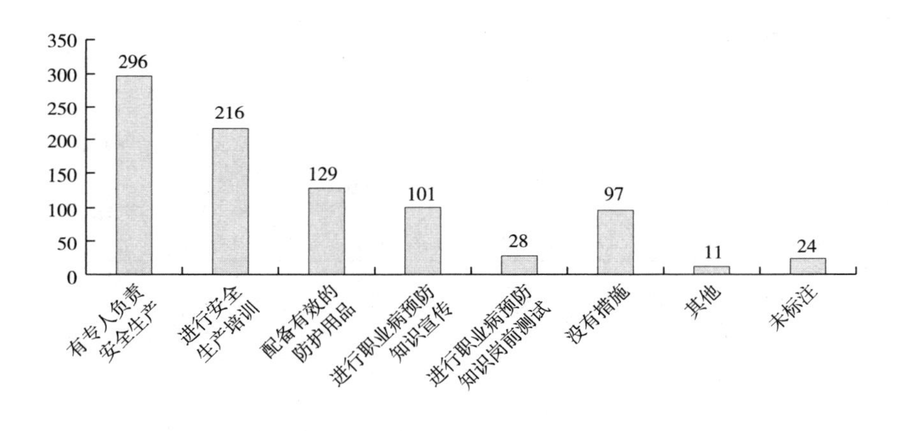

15. 您在工作过程中是否要求过企业改善工作环境：

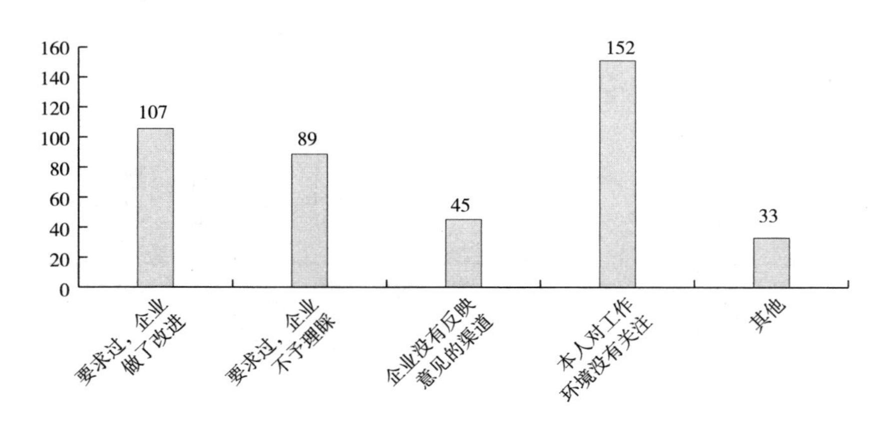

16. 您对所在企业在预防职业病方面的工作的评价：

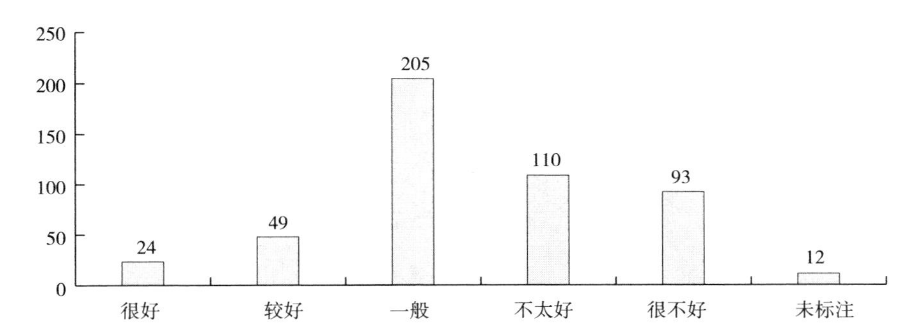

17. 您认为所在企业在预防职业病方面的突出优点是（可多选）：

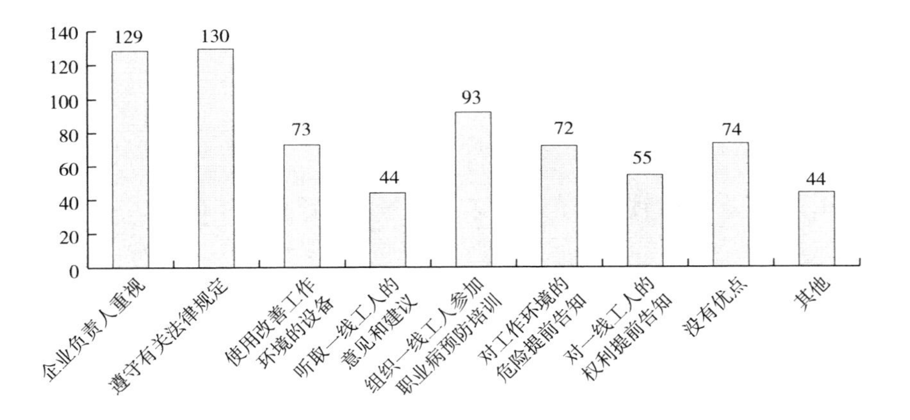

18. 您认为所在企业在预防职业病方面的关键问题是（可多选）：

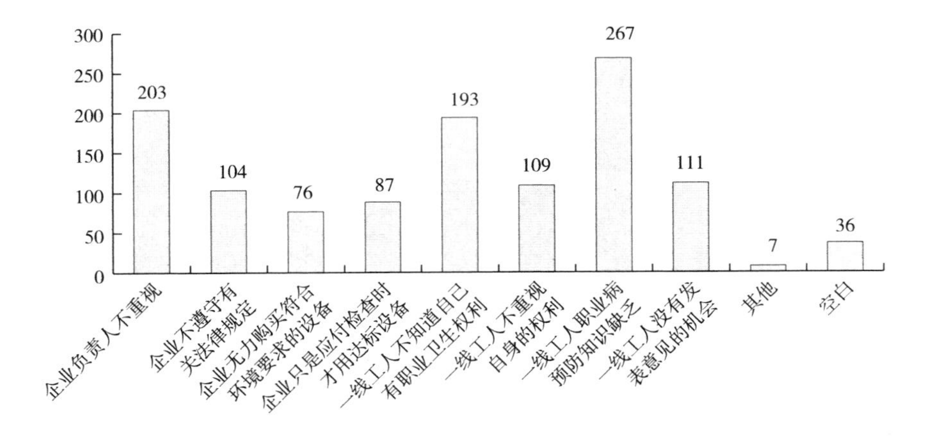

19. 您所在企业是否有工会：

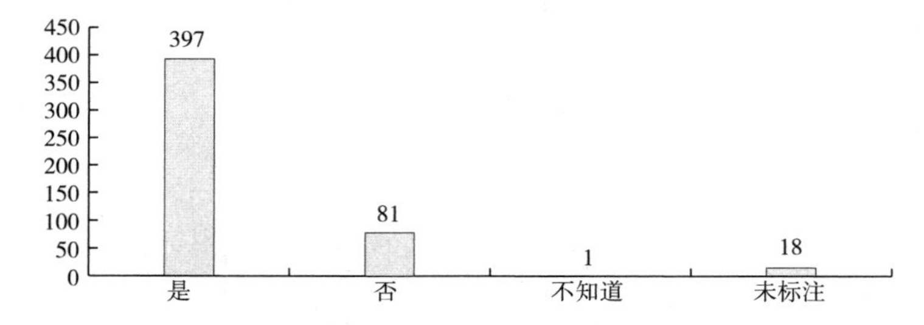

20. 您所在企业的工会在监督安全生产方面的作用：（总数：397）

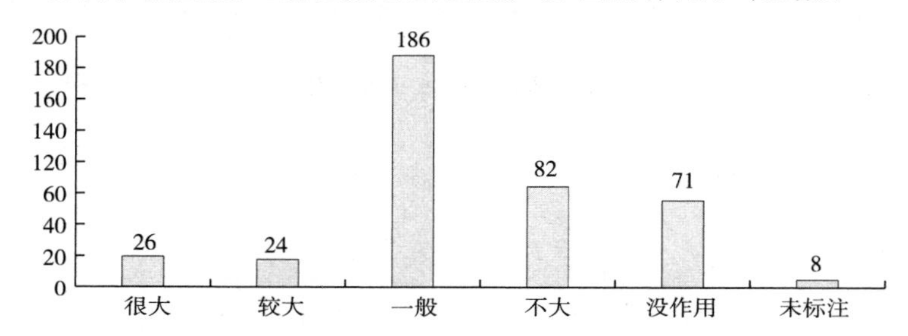

21. 您所在企业的工会在帮助工人维权方面的作用：（总数：397）

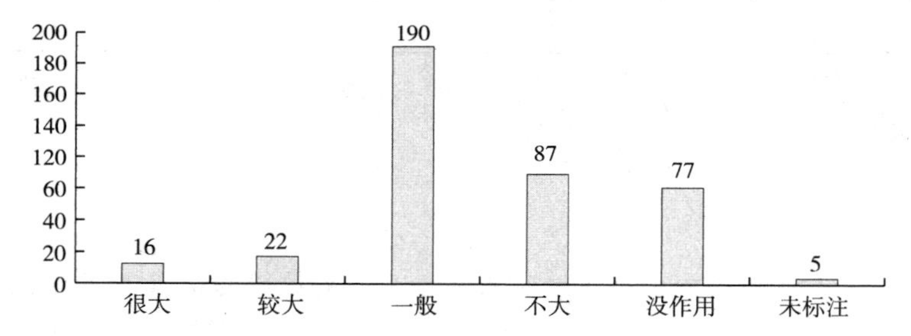

22. 您认为影响工会发挥监督和维权作用的原因是（可多选）：

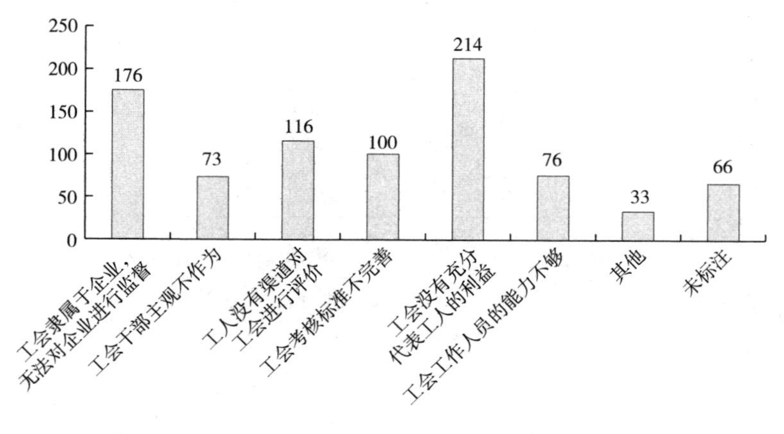

23. 您对加强工会监督和维权作用的建议（可多选）：

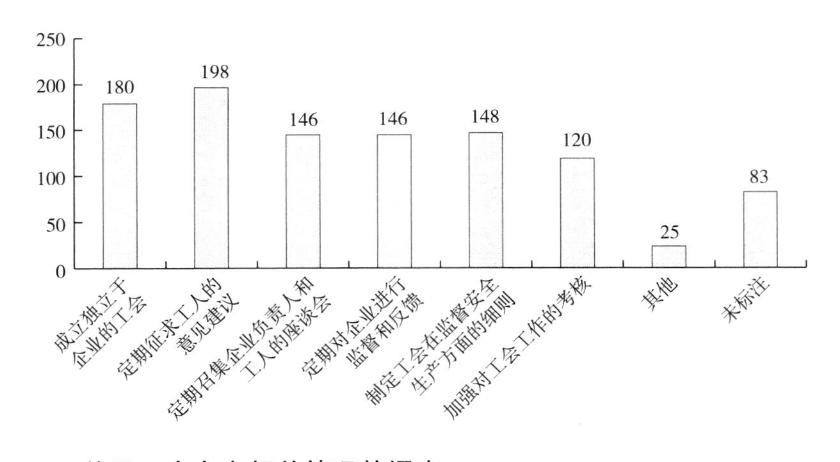

三、关于工人自身相关情况的调查：

24. 您的患病类型：

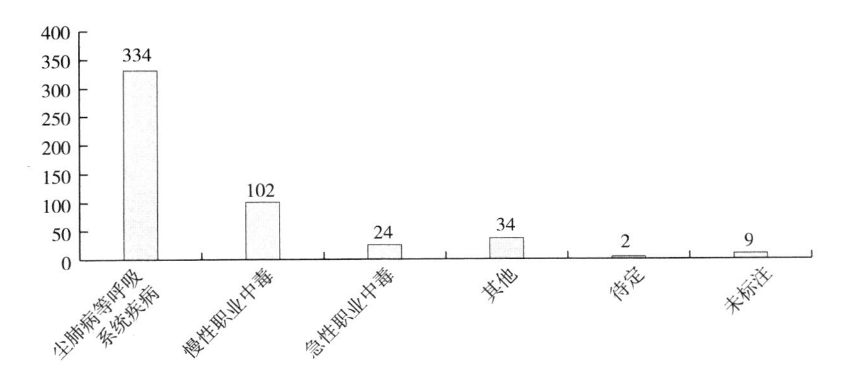

25. 确诊该病的时间：

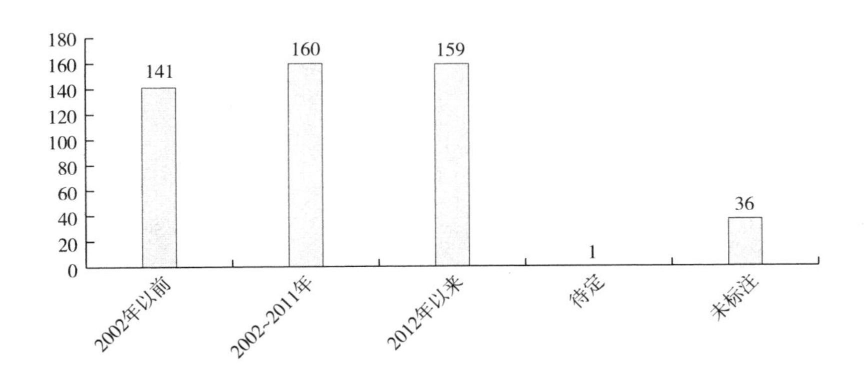

26. 您确诊该病时从事该工作的年限：

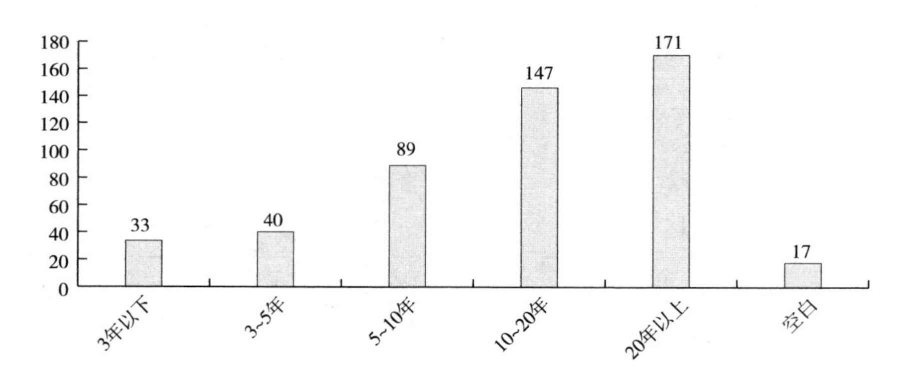

27. 您是否知道该工作环境的危险性：

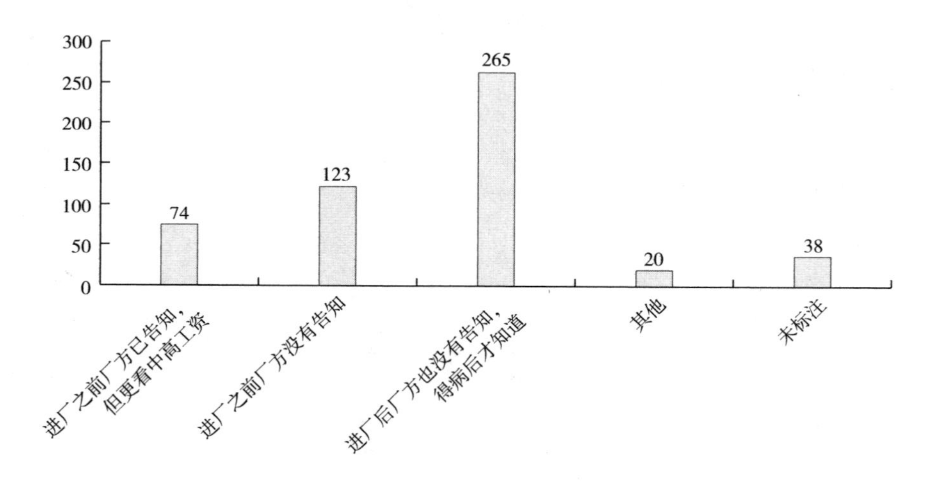

28. 您在上岗前是否接受过职业卫生知识培训：

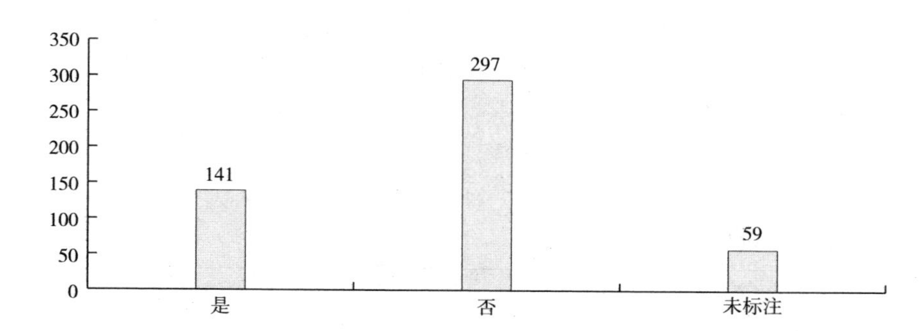

29. 您在患病前是否接触过职业病预防知识宣传（可多选）：

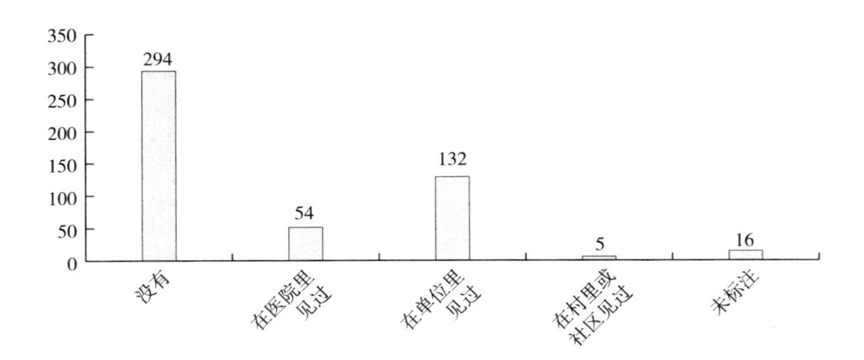

30. 您在患病前是否知道下列相关法律、条例（可多选）：

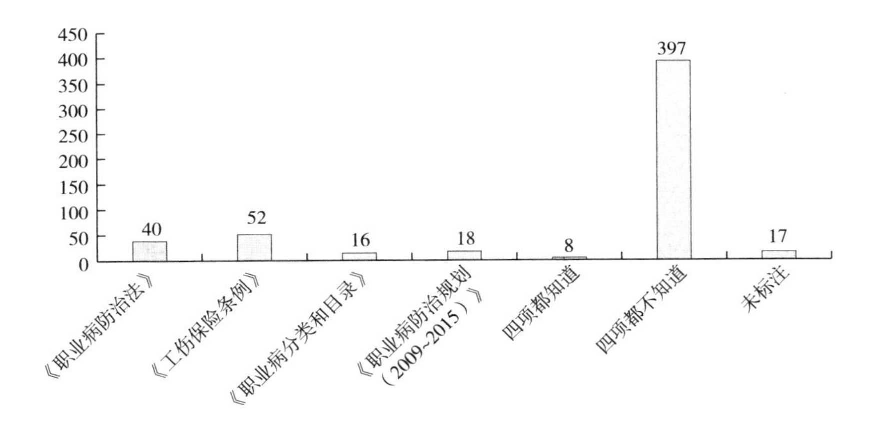

31. 您在患病前是否知晓自己的下列权利（可多选）：

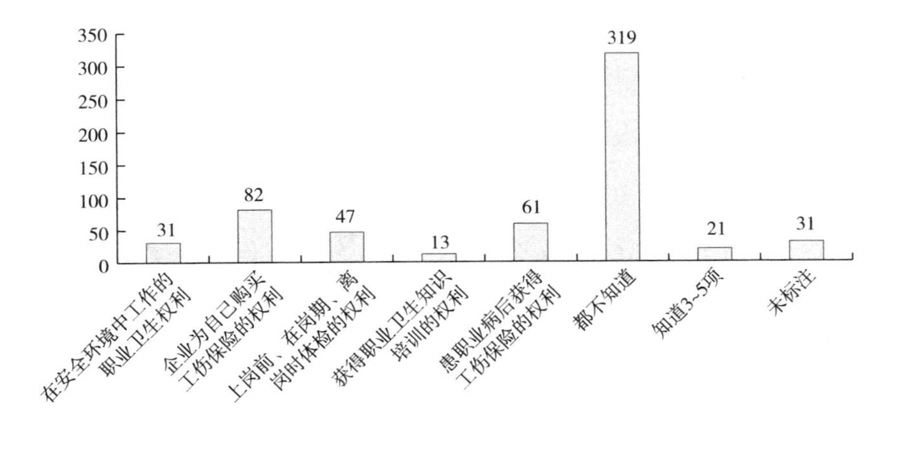

32. 您在患病前是否知道下列容易导致职业病的因素（可多选）：

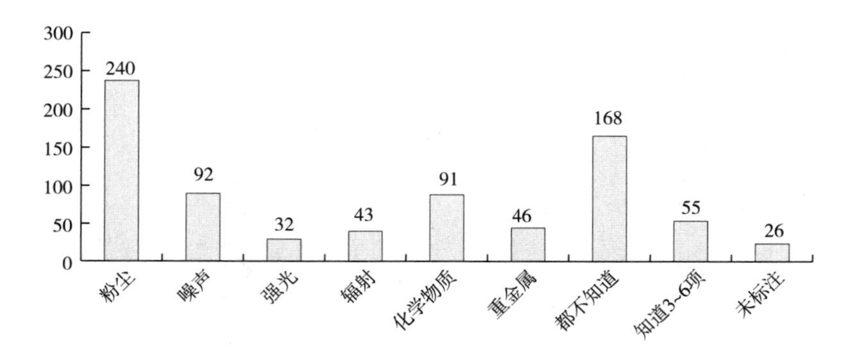

33. 您自身是否注意加强职业防护（可多选）：

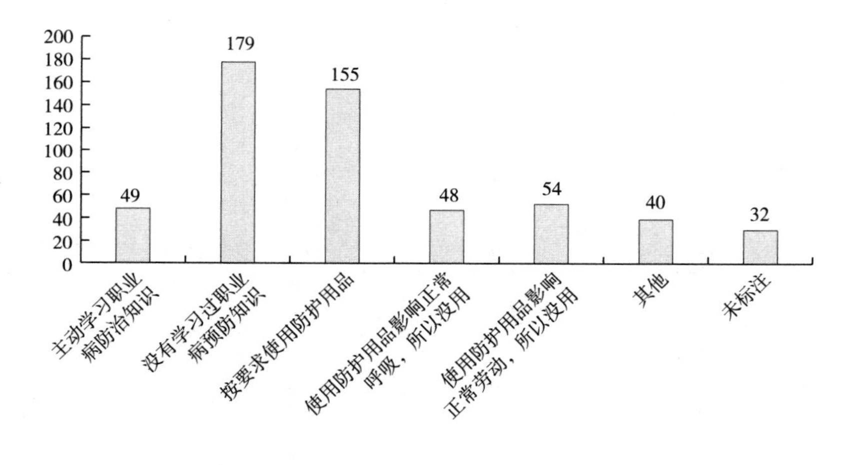

34. 您患职业病后是否获得过相关赔偿：

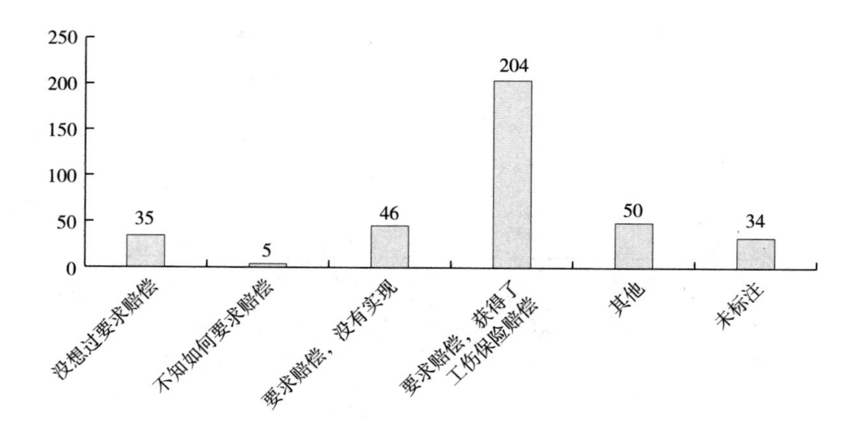

35. 您目前面临的主要困难是（可多选）：

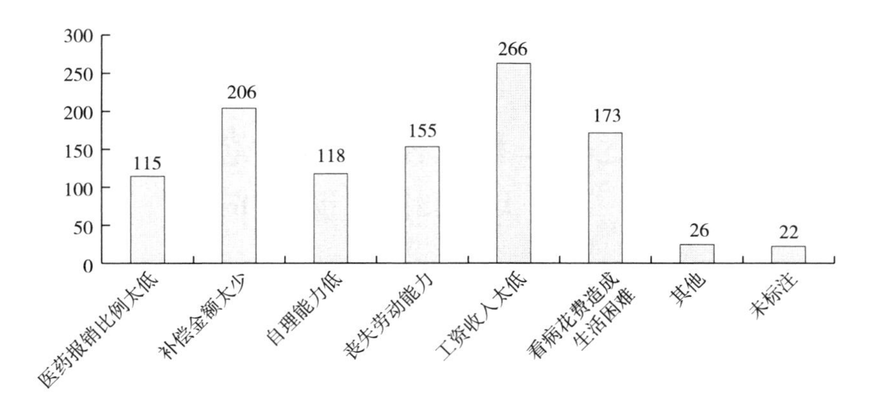

36. 您目前需要哪类援助（可多选）：

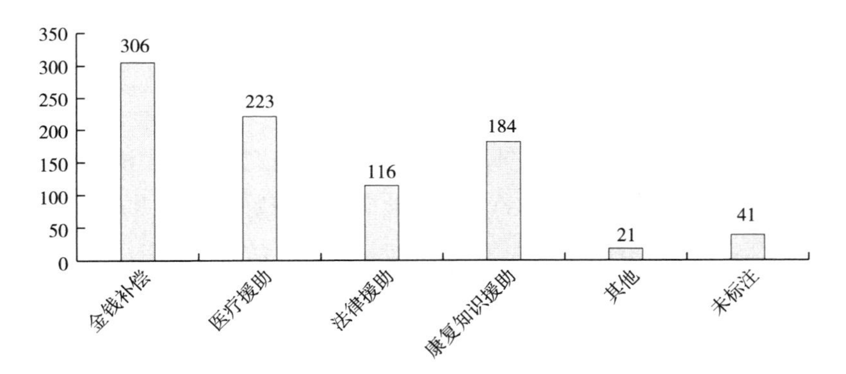

37. 您认为怎样才能更好地预防职业危害（可多选）：

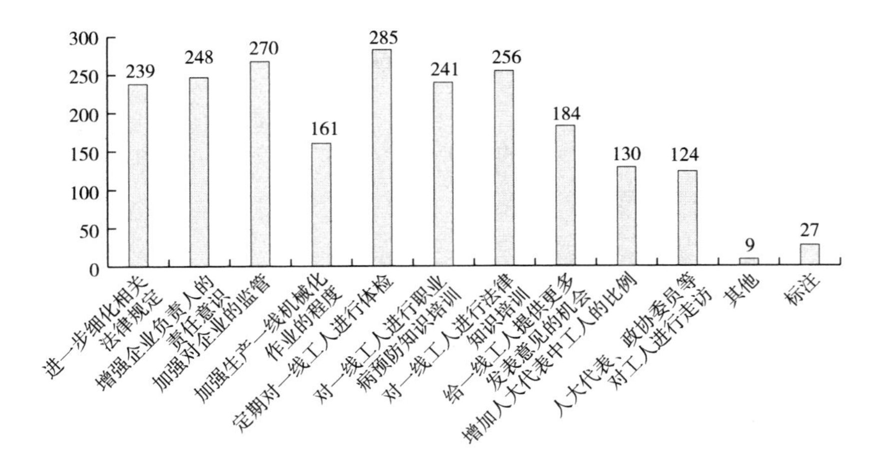

附录三 水工程移民和生态移民基本状况调查问卷

调查性质：国家社科基金项目调研　　　　调查时间：＿＿＿＿＿＿

工作人员：＿＿＿＿＿＿　　　　问卷编号：＿＿＿＿＿＿

尊敬的女士/先生：您好！

感谢您在百忙之中接受问卷调查，本问卷纯为学术研究所用，保证绝对保密。

本问卷以下问题除特别注明的以外皆为单项选择，请在相应的选项前打“√”；选项后面有下划线的为开放性问题，请写出您的观点。

课题负责人：山东建筑大学　刘海霞

一、您的基本情况

1. 您的性别：

A. 男　B. 女

2. 您的年龄：

A. 18～25岁　B. 26～44岁　C. 45～60岁　D. 61岁及以上

3. 您的民族：

A. 汉族　B. 回族　C. 藏族　D. 蒙古族　E. 满族　F. 维吾尔族　G. 苗族　H. 彝族　I. 壮族　J. 其他（请注明）：＿＿＿＿＿＿

4. 您的文化程度：

A. 不识字　B. 小学及以下　C. 初中　D. 高中　E. 专科　F. 本科及以上

5. 您的家庭人口数：

A. 3口人　B. 4口人　C. 5口人　D. 6口人　E. 6口人以上

6. 您目前的家庭平均月收入：

A. 1000 元及以下 B. 1001 ~ 2000 元 C. 2001 ~ 3000 元 D. 3000 元以上

7. 您的联系方式（欢迎留下，我们有可能进一步调研，我们保证绝对保密）：

手机：____________ 固话：______________ QQ：____________

二、关于生态移民的基本情况

8. 您的迁出地区：__________省______市______县

9. 迁出时间：

A. 1990 年之前 B. 1990 ~ 2000 年 C. 2001 ~ 2010 年 D. 2011 年至今

10. 村庄（社区）迁移的原因：

A. 干旱、半干旱地区 B. 沙漠化、石漠化地区

C. 封山育林育草地区 D. 水利水电建设 E. 自然保护区

F. 其他（请注明）：____________

11. 您的迁入地区：

________省________市（县）

12. 安置方式：

A. 整体异地安置（本省） B. 整体异地安置（外省）

C. 整体就近安置 D. 分散异地安置（本省）

E. 分散异地安置（外省） F. 分散就近安置

13. 您对安置方式是否满意（如果选 A、B，请完成 13.1 题；如果选 C、D，请完成 13.2 题）：

A. 很满意 B. 较满意 C. 一般 D. 较不满意 E. 很不满意

13.1 对安置方式满意的原因（如果您 13 题选 A、B，请完成本题，可多选）

A. 安置方式是自愿选的 B. 迁入地环境条件好

C. 整体搬迁便于联系 D. 离家乡近，便于返乡

E. 其他（请注明）：____________

13.2 对安置方式不满意的原因（如果您 13 题选 D、E，请完成本题，可多选）：

A. 安置方式没有征求群众意见 B. 迁入地条件不好

C. 与乡亲们的联系中断　D. 离家乡很远，返乡困难

E. 其他（请注明）：__________

14. 您的家庭领取补偿金的补偿范围（可多选）：

A. 土地补偿　B. 房屋补偿　C. 青苗（庄稼）补偿　D. 牲畜补偿

E. 移民奖励　F. 其他补偿（请注明）：__________

15. 您的家庭领取补偿金的金额：

A. 1 万元及以下　B. 10001 ~ 20000 元　C. 20001 ~ 30000 元

D. 3 万元以上

16. 补偿金的发放形式：

A. 一次性发放　B. 按年发放　C. 按月发放　D. 其他：________

17. 您对补偿金的数额及发放方式是否满意（如果 17 题选 A、B，请完成 17.1 题；如果选 C、D，请完成 17.2 题）：

A. 很满意　B. 较满意　C. 一般　D. 较不满意　E. 很不满意

17.1 对补偿金满意的原因（如果您 17 题选 A、B，请完成本题，可多选）：

A. 补偿金的数额较高　B. 补偿金发放及时

C. 补偿方案征求了群众意见　D. 其他（请注明）：__________

17.2 对补偿金不满意的原因（如果您 17 题选 D、E，请完成本题，可多选）：

A. 补偿金的标准太低　B. 补偿金发放不及时

C. 补偿方案没征求群众意见　D. 补偿金被克扣

E. 其他（请注明）：__________

18. 您住房的购买情况：

A. 村庄统一修建，自己出一部分钱　B. 自己修建　C. 自己全额购买

D. 其他（请注明）：__________

19. 您的住房面积：

A. 人均 20 平方米及以下　B. 人均 21 ~ 30 平方米

C. 人均 30 平方米以上

20. 您的住房目前有没有房产证：

A. 有　B. 没有

21. 您对房屋状况是否满意（选 A、B，请完成 21.1 题；选 D、E，请完成 21.2 题）：

A. 很满意　B. 较满意　C. 一般　D. 较不满意　E. 很不满意

21.1 您对住房满意的原因（如果 21 题选 A、B，请完成本题，可多选）：

A. 质量好　B. 价格合理　C. 选址好　D. 面积宽敞　E. 设计合理

F. 可以自由买卖　G. 其他（请注明）：____________

21.2 您对住房不满意的原因（如果 21 题选 D、E，请完成本题，可多选）：

A. 太赶工期　B. 所用材料不好　C. 不能自建住房　D. 面积太小

E. 价格太高　F. 设计不合理　G. 不能自由买卖　H. 选址不好

I. 其他（请注明）：____________

22. 您搬迁后的土地面积：

A. 人均 2 亩以下　B. 人均 2 ~ 5 亩　C. 人均 5 ~ 10 亩

D. 人均 10 亩以上

23. 您搬迁后土地的土质状况：

A. 很肥沃　B. 较肥沃　C. 一般　D. 较贫瘠　E. 很贫瘠

24. 土地土质的变化情况：

A. 土质在变好　B. 土质在退化（盐碱化、沙漠化等）

C. 没有明显变化

25. 您的土地是否已经流转（如果选 A，请完成 25.1 题）：

A. 是　B. 不是

25.1 土地流转的补偿是否到位：

A. 到位　B. 没有

26. 您目前的生活用水情况：

A. 自来水（地下水）　B. 自来水（江河水）　C. 自打井

D. 挑水　E. 其他（请注明）：____________

27. 您目前的生产用水情况：

A. 地下水　B. 地表水

28. 您对目前村庄（社区）水量的评价：

A. 很充足　B. 较充足　C. 一般　D. 较缺乏　E. 很缺乏

29. 您目前的生产、工作情况：

A. 牧民（含半农半牧）转农民　B. 牧民（含半农半牧）转工人

C. 一直是牧民（含半农半牧）　D. 农民转工人　E. 一直是农民

F. 农牧民转经商　G. 一直打工　H. 没找到工作　I. 在校学生

J. 一直是公务员或事业单位人员　K. 其他（请注明）：________

30. 您是否参加过政府组织的生产技能或职业技能培训（可多选）：

A. 参加过舍饲圈养技能培训　B. 参加过农作物种植培训

C. 参加过工厂技能培训　D. 没参加过

E. 其他（请注明）：________

31. 您搬迁后家庭收入的主要来源：

A. 农业收入　B. 牧业收入　C. 打工收入　D. 固定工资收入

E. 经商收入　F. 出租房屋等收入

G. 其他（请注明）：________

32. 您搬迁后遇到过的最大困难：

A. 牲畜生病或死亡　B. 庄稼产量减少　C. 土地面积减少

D. 找不到合适的工作　E. 生活水平下降　F. 花费增加

G. 不习惯城镇生活　H. 语言沟通困难　I. 邻里关系疏远

J. 健康状况下降　K. 其他（请注明）：________

33. 这一困难的发展变化情况：

A. 在刚搬过来的3～5年最严重　B. 现在比刚搬来时更严重

C. 以后会越来越严重　D. 一直很严重

34. 您参加了下列哪些社会保障性保险：

A. 新农合　B. 养老保险　C. 工伤保险

D. 其他（请注明）：________

35. 您目前需要哪些帮助（可多选）：

A. 提高补偿标准　B. 提高住房质量　C. 劳动技能培训

D. 提供就业岗位　E. 看病医疗服务　F. 心理辅导服务

G. 文化设施和文化产品服务　H. 参与社区事务管理

I. 其他（请注明）：________

36. 您是否想过回迁（如果选A，请完成36.1题）：

A. 是　B. 否　C. 想回回不去

36.1 您想回迁的原因（如果36题选A，请完成本题）：

A. 不适应这里的气候　B. 户口问题没有解决

C. 学不会新的劳动技能　D. 想念留在家乡的亲戚朋友

E. 家乡的土地撂荒，不种白不种　F. 家乡的发展机会更多

G. 民族和宗教信仰原因　H. 其他（请注明）：____________

37. 您认为在搬迁中和搬迁后是否存在矛盾（如果选A，请继续完成37.1～37.3题）：

A. 存在　B. 不存在

37.1 存在的主要矛盾是（可多选）：

A. 土地分配矛盾　B. 用水分配矛盾　C. 宅基地分配矛盾

D. 村庄管理矛盾　E. 其他（请注明）：____________

37.2 矛盾冲突主要发生在（可多选）：

A. 移民与移民之间　B. 移民与村干部之间

C. 移民与乡镇政府之间　D. 移民与县市政府之间

E. 新移民与原居民之间　F. 移民与开发商之间

G. 其他（请注明）：____________

37.3 您认为造成矛盾和冲突的主要原因（可多选）：

A. 没有充分发扬民主　B. 移民文化水平低

C. 移民不想搬迁　D. 村干部管理水平不够

E. 上级政策执行不到位　F. 缺乏沟通协调机制

G. 其他（请注明）：____________

38. 您对搬迁后的生活是否满意（选A、B请完成38.1题；选D、E请完成38.2题）：

A. 很满意　B. 较满意　C. 一般　D. 较不满意　E. 很不满意

38.1 满意的原因（如果38题回答A或B，请完成本题，可多选）：

A. 交通更便利　B. 粮食作物产量提高　C. 吃水、灌溉更方便

D. 收入增加　E. 接触到现代生活　F. 下一代能接受更好的教育

G. 看病医疗方便　H. 社区（村庄）管理水平高

I. 政府的补贴缓解了贫困　J. 其他（请注明）：____________

38.2 不满意的原因（如果38题回答D、E，请完成本题，可多选）：

A. 迁入地物价高　B. 找不到工作

C. 政府原先的承诺没兑现　D. 与亲戚、朋友分离

E. 补偿金太低　F. 社区（村庄）管理不到位

G. 看病医疗不方便　H. 诵经、礼拜等宗教活动场所减少

I. 其他（请注明）：____________

39. 请谈谈您对移民政策中的财产补偿、土地分配、用水情况、宅基地分配、住房建设、文化教育、看病就医、公共事务管理等方面的意见和建议。

问卷已全部回答完毕。再次感谢您！祝您健康愉快！

附录四　水工程移民和生态移民调查问卷回答情况汇总

（调查时间：2015 年 8 月至 12 月，有效问卷数量：440 份）

1. 您的性别：

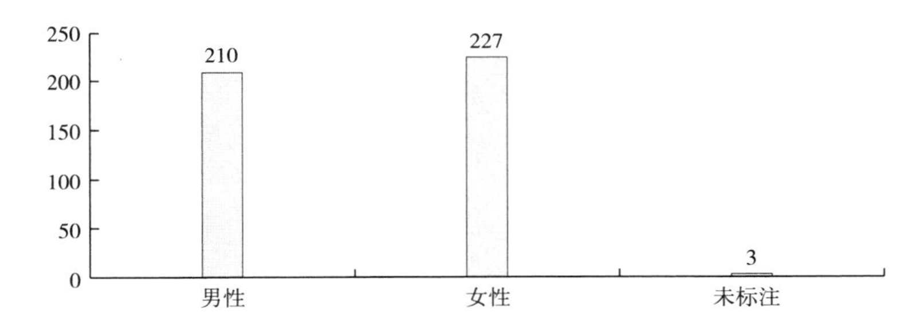

2. 您的年龄：

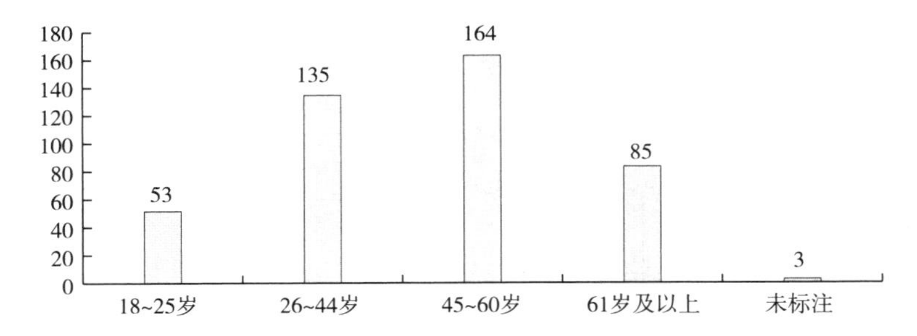

3. 您的民族：

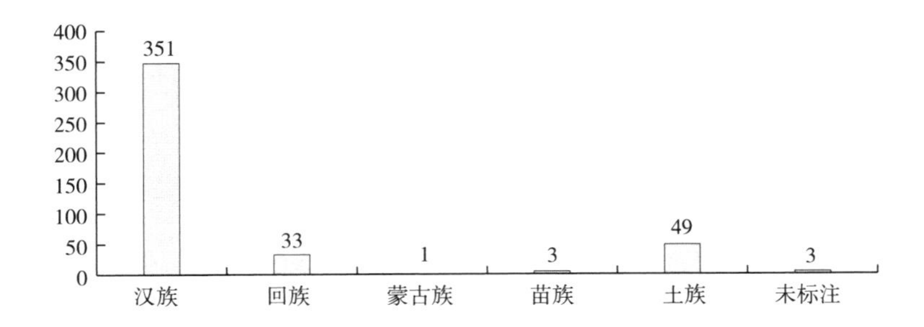

4. 您的文化程度：

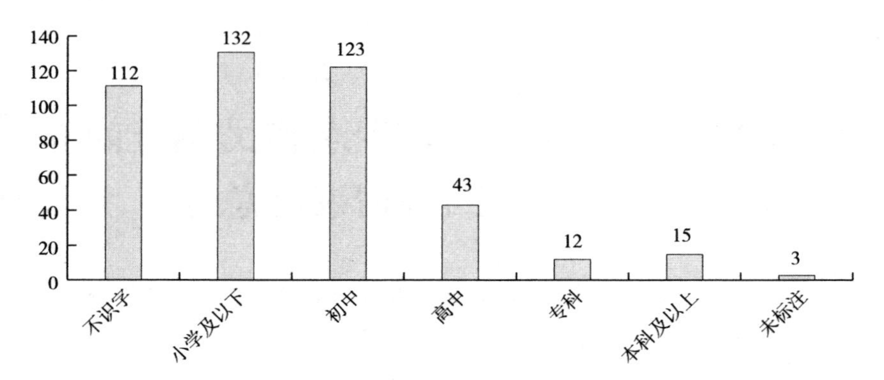

5. 您的家庭人口数：

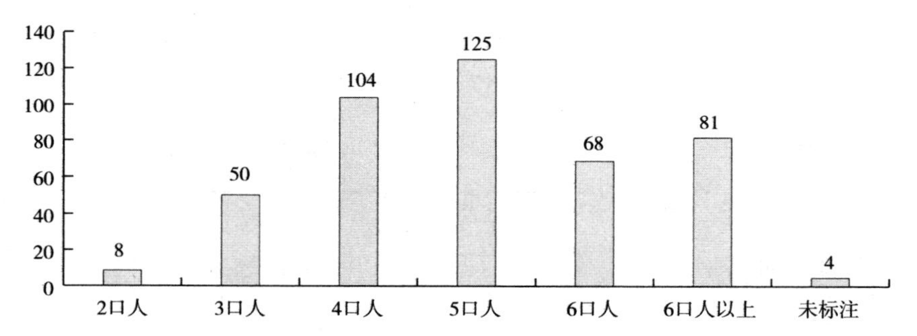

6. 您目前的家庭平均月收入：

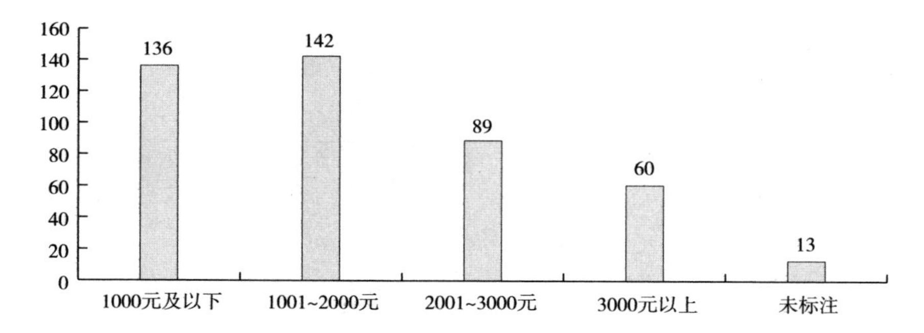

7. 您的联系方式（略）

8. 您的迁出地区（略）

9. 迁出时间：

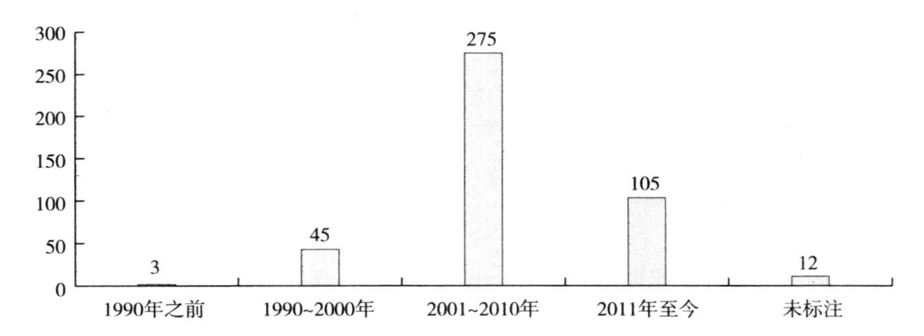

10. 村庄（社区）迁移的原因（此题有少数问卷多选，所以各选项之和大于440）：

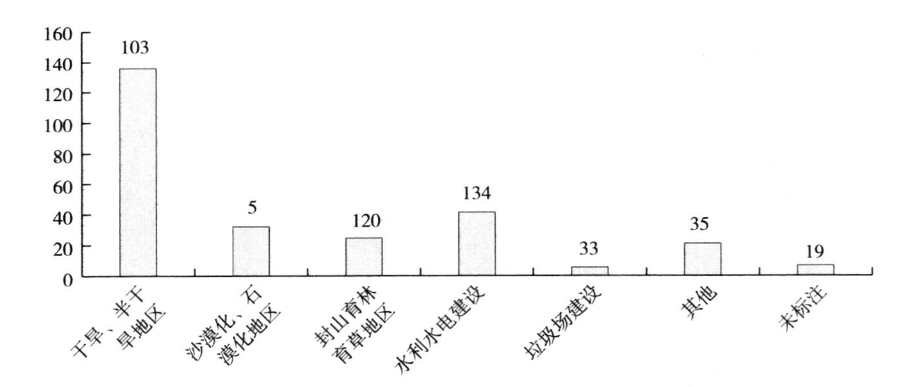

11. 您的迁入地区（略）

12. 安置方式：

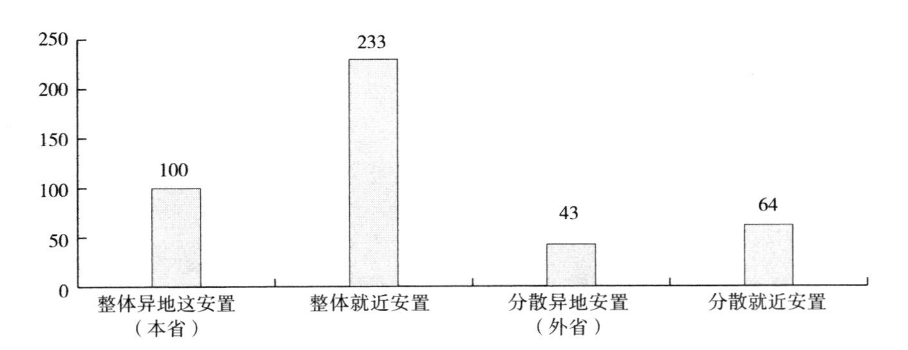

13. 您对安置方式是否满意：

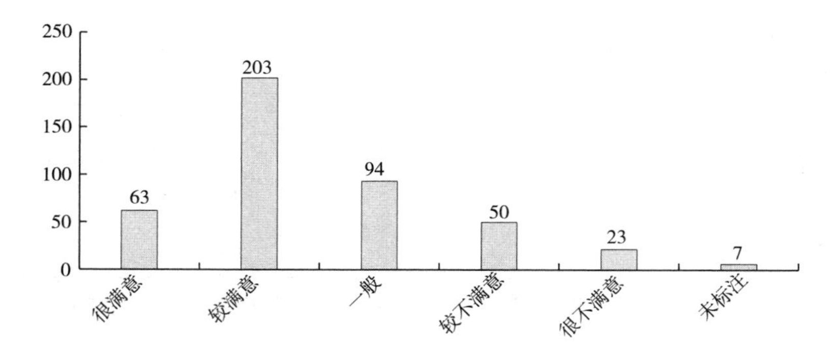

13.1 对安置方式满意的原因（仅统计第13题选“满意”或“较满意”的266份问卷，可多选，各选项之和大于266）：

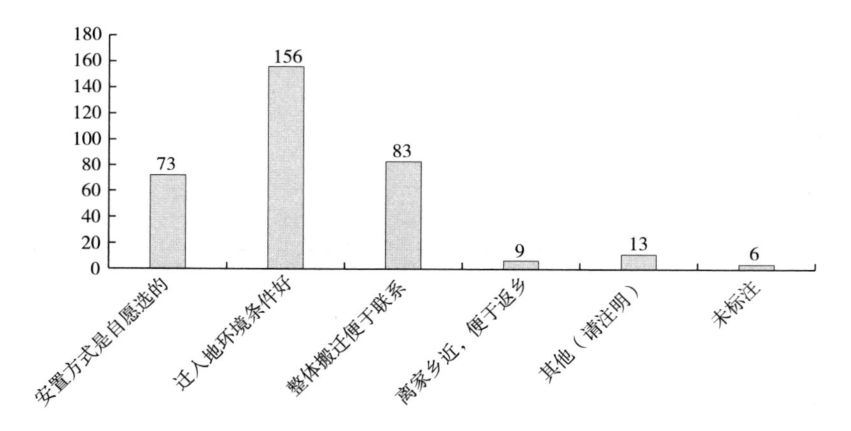

13.2 对安置方式不满意的原因（仅统计13题选“较不满意”或“很不满意”的73份问卷，可多选，各选项之和大于73）：

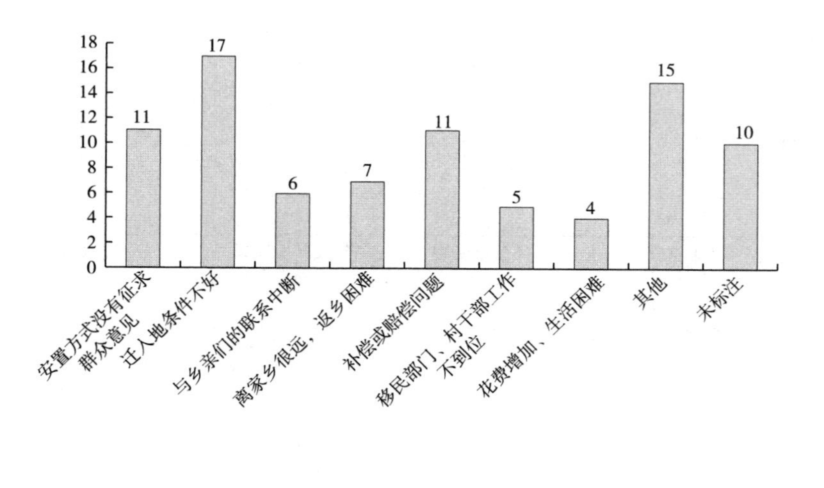

14. 您的家庭领取补偿金的补偿范围：

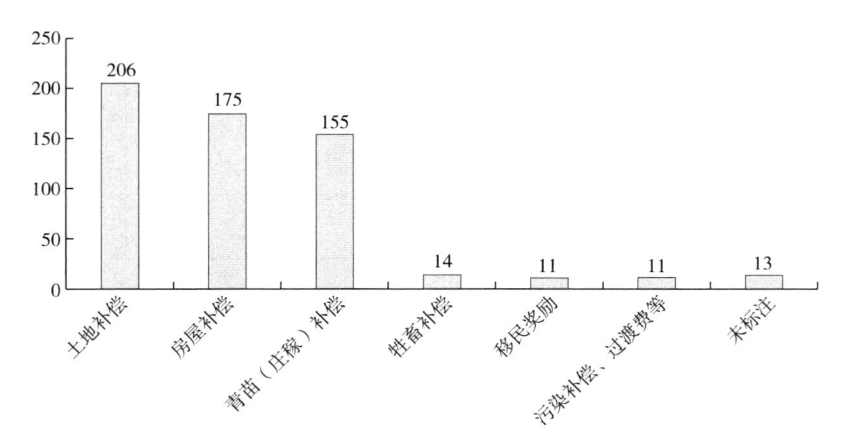

15. 您的家庭领取补偿金的金额：

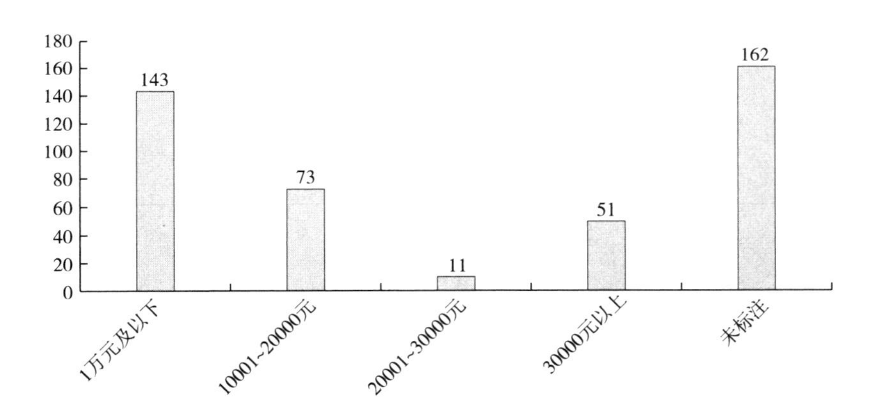

16. 补偿金的发放形式：

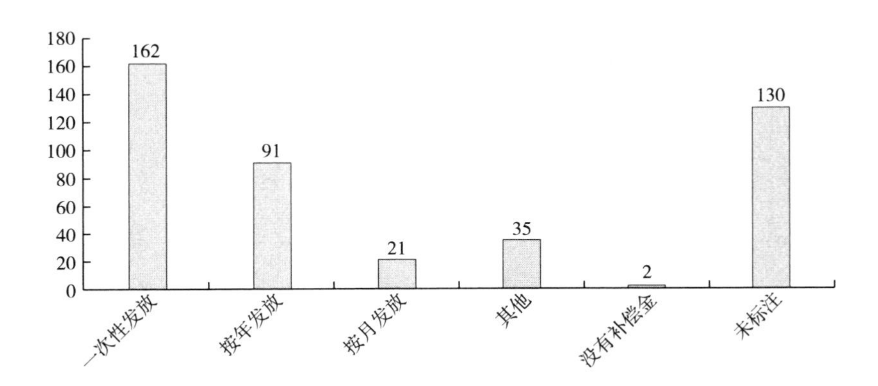

17. 您对补偿金的数额及发放方式是否满意：

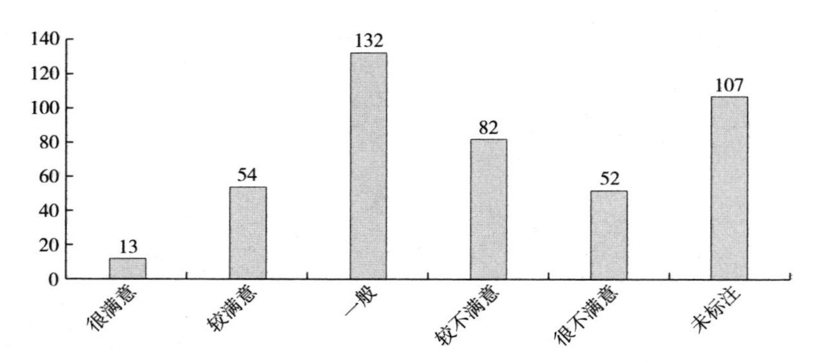

17.1 对补偿金满意的原因（仅统计 17 题选“A”或“B”的 67 份问卷，有多选，各选项之和大于 67）：

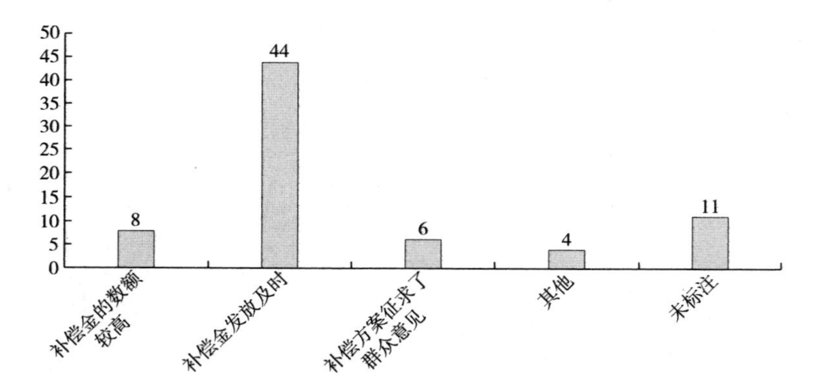

17.2 对补偿金不满意的原因（仅统计 17 题选“较不满意”或“很不满意”的 134 份问卷，有多选，各选项之和大于 134）

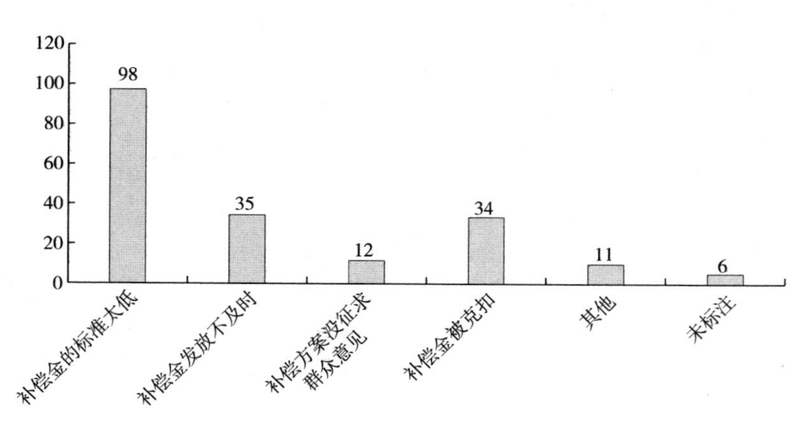

18. 您住房的购买情况：

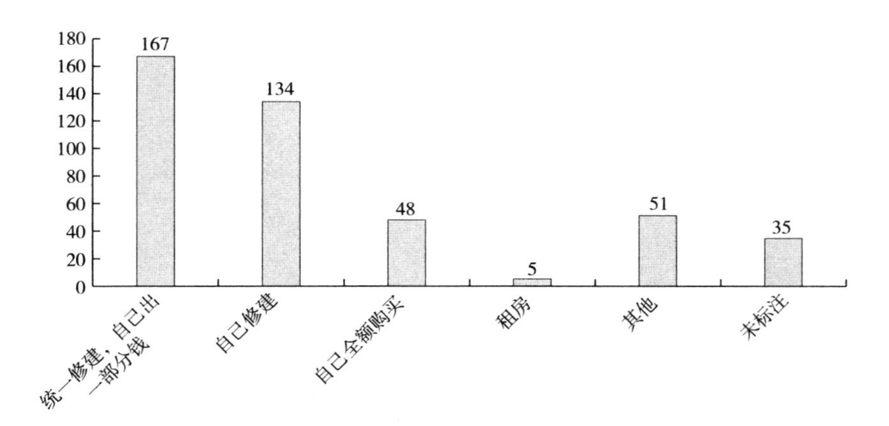

19. 您的住房面积：

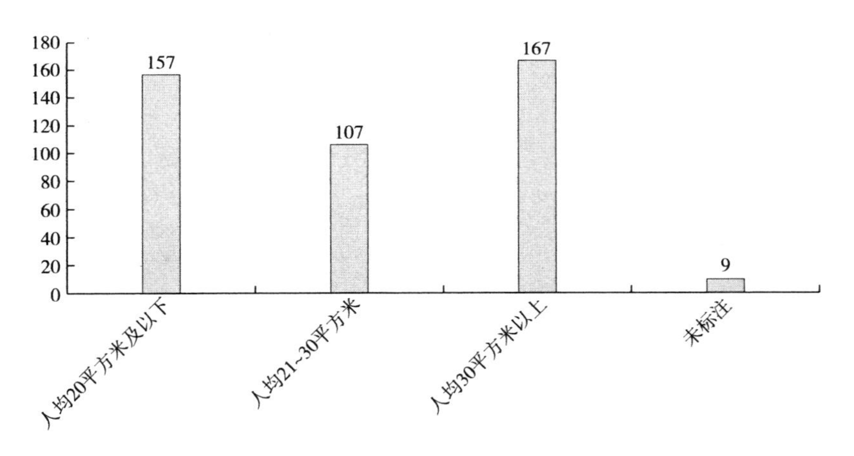

20. 您的住房目前有没有房产证：

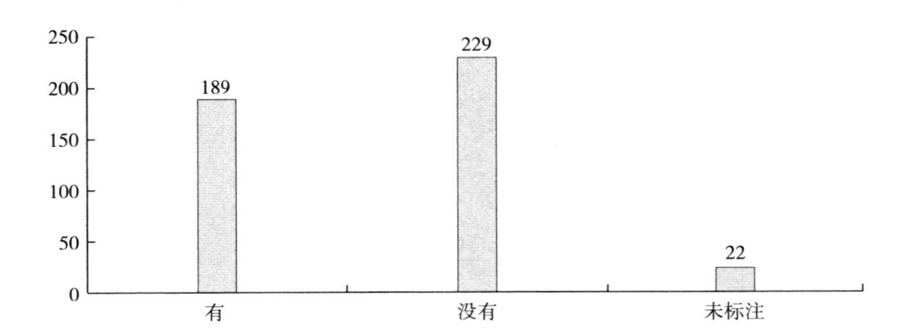

21. 您对房屋状况是否满意：

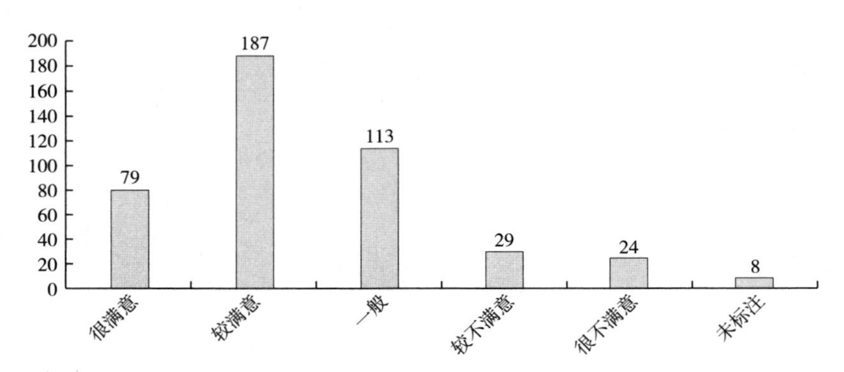

21.1 您对住房满意的原因（仅统计 21 题选“很满意”或“较满意”的 266 份问卷，有多选，各选项之和大于 266）

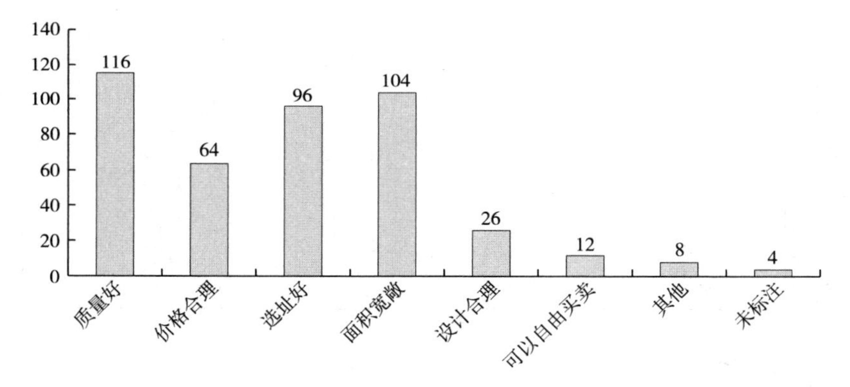

21.2 您对住房不满意的原因（仅统计 21 题选“较不满意”或“很不满意”的 53 份问卷，有多选，各选项之和大于 53）：

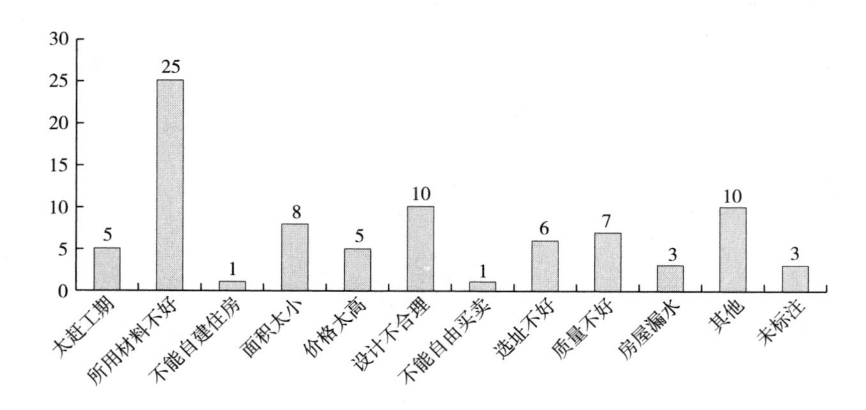

22. 您搬迁后的土地面积：

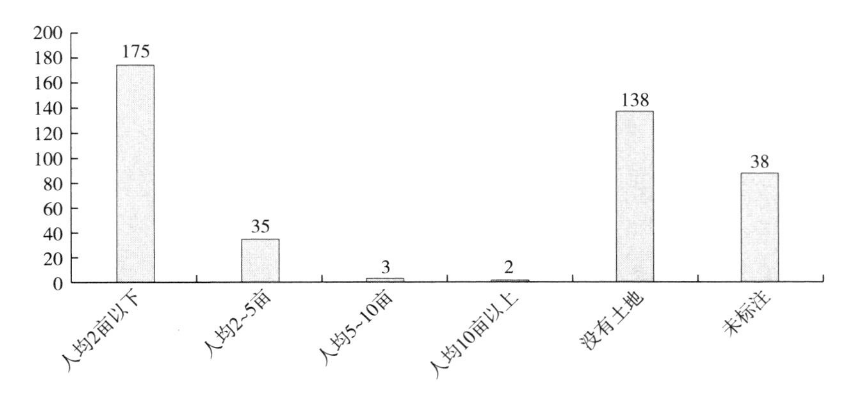

23. 您搬迁后的土质状况（去除没有土地的138份和未标注的88份，统计214份）：

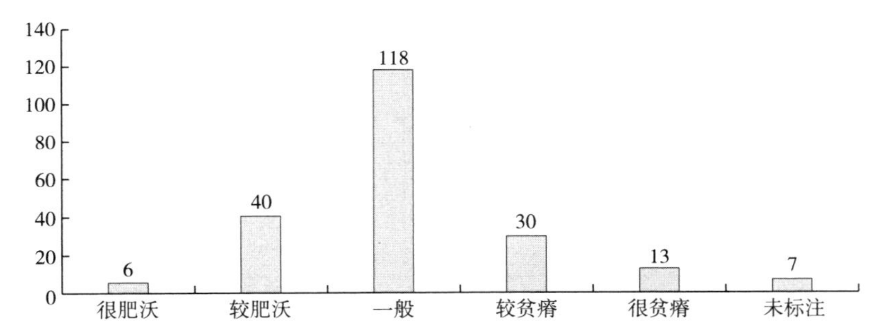

24. 土地土质的变化情况（去除没有土地的138份和未标注的88份，统计214份）：

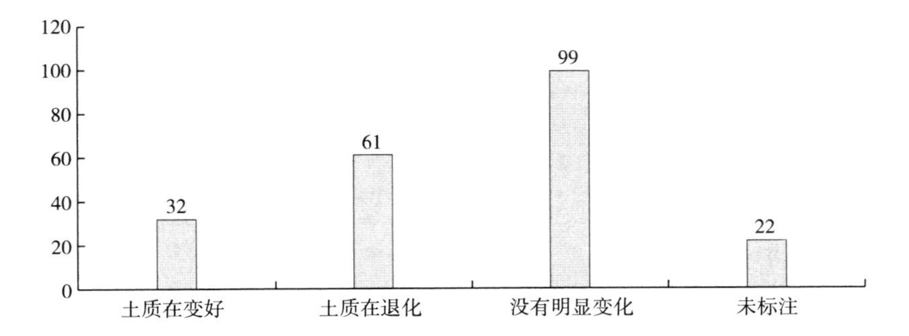

25. 您的土地是否已经流转（去除没有土地的138份和未标注的88份，统计214份）：

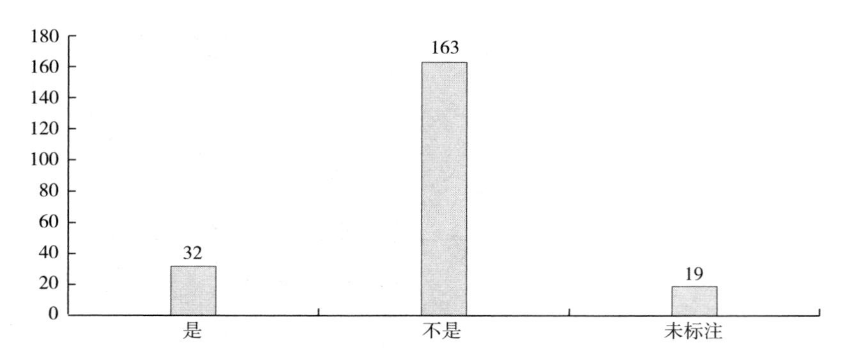

25.1 土地流转的补偿是否到位（仅统计已经流转的32份）：

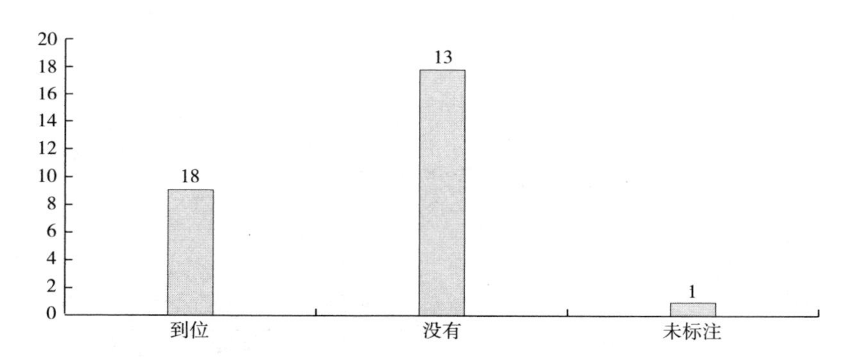

26. 您目前的生活用水情况：

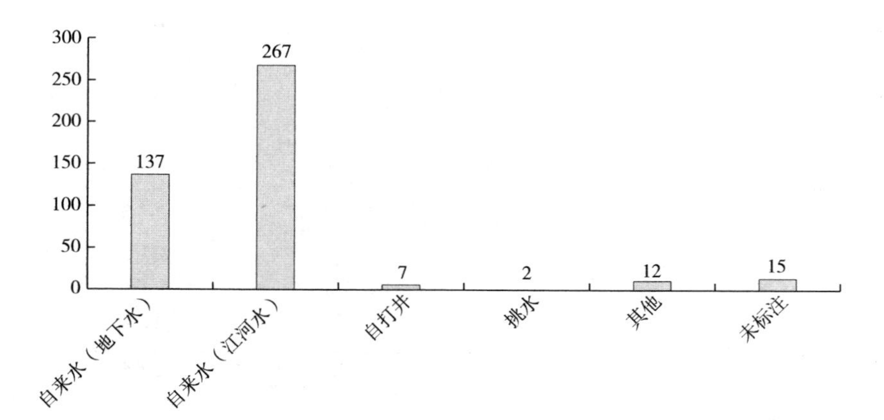

27. 您目前的生产用水情况：

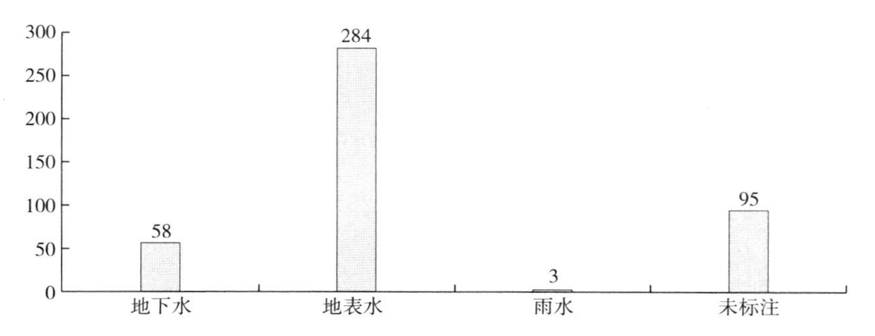

28. 您对目前村庄（社区）水量的评价：

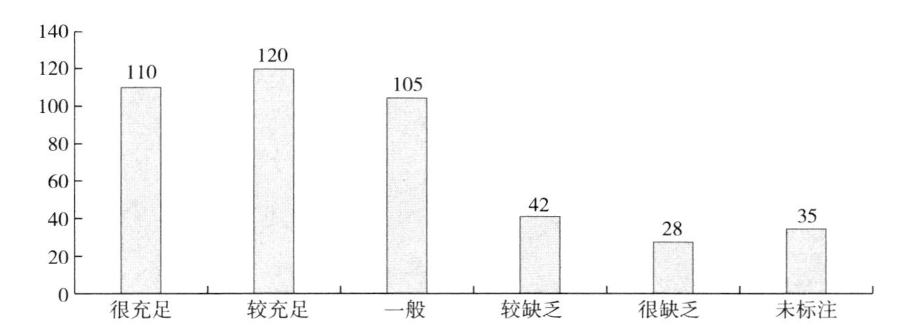

29. 您目前的生产、工作情况（该题有1份选“AC”的、2份选“DE-GH”的、1份选“EGH”的、1份选BE的、2份选DG的、1份选EI的，由于选项之间存在矛盾，上述8份问卷该题按作废处理，有少数多选）：

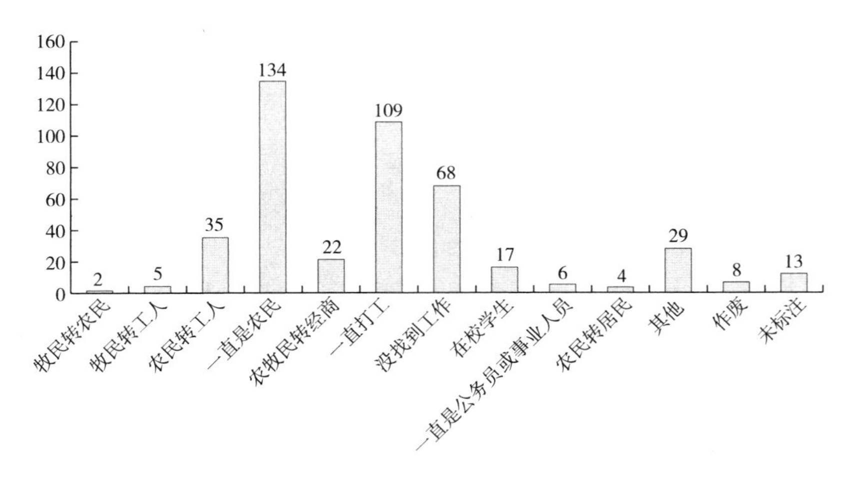

30. 您是否参加过政府组织的生产技能或职业技能培训（该题1份选“BCD”的，选项之间存在矛盾，按作废处理）：

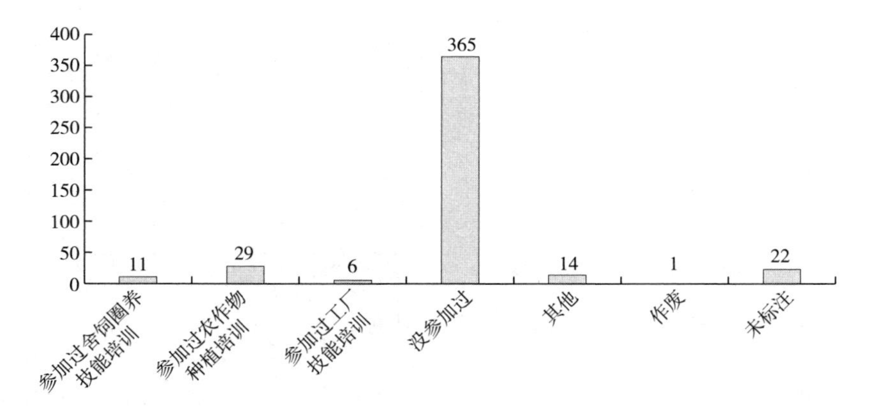

31. 您搬迁后家庭收入的主要来源（有多选）：

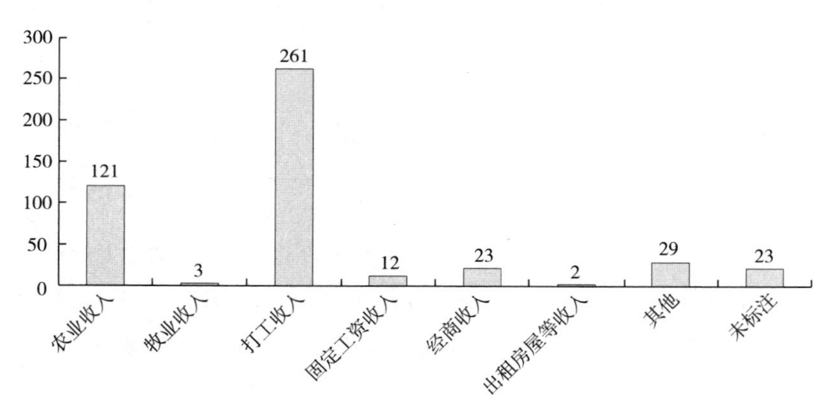

32. 您搬迁后遇到过的最大困难（该题有多选，各选项之和大于440）：

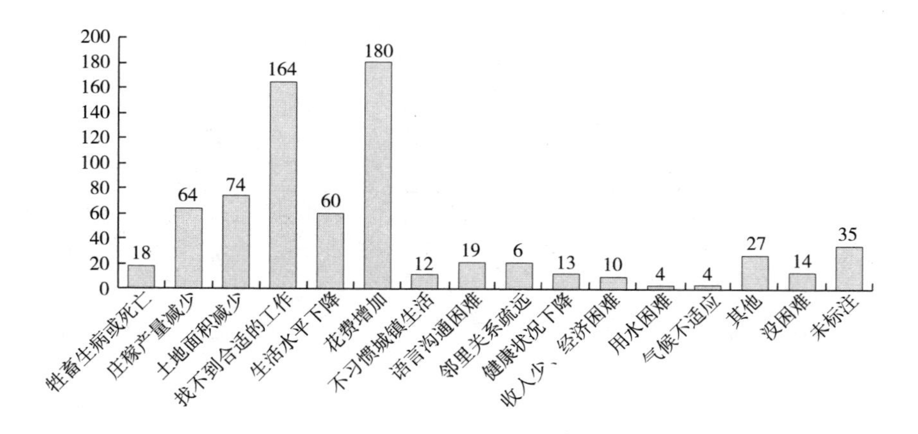

33. 这一困难的发展变化情况（去除没有困难的 14 份，该题统计的样本数量为 426 份，有 1 份兼选 CD 的，各选项之和大于 426）：

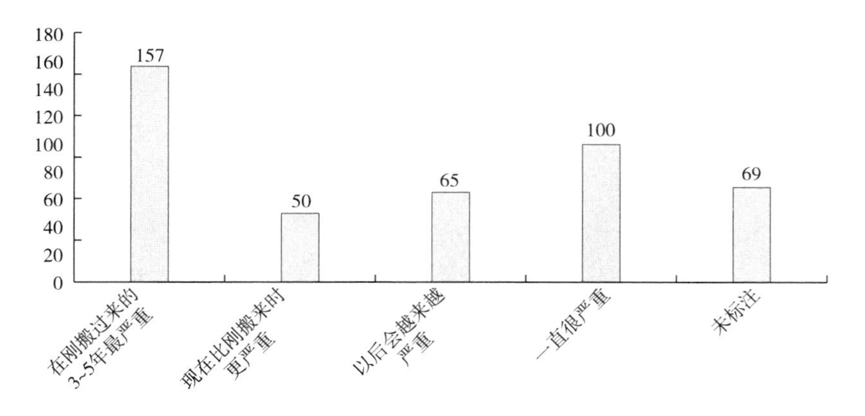

34. 您参加了下列哪些社会保障性保险：

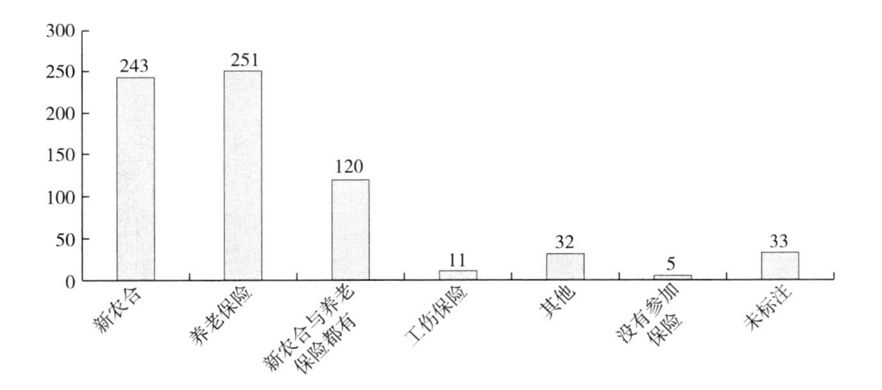

35. 您目前需要哪些帮助：

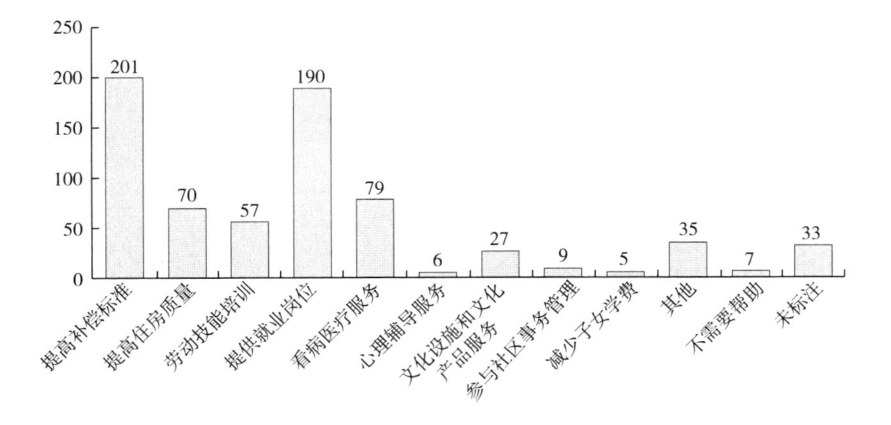

36. 您是否想过回迁（有3份兼选“是”和“想回回不去”的，各选项之和大于440份）：

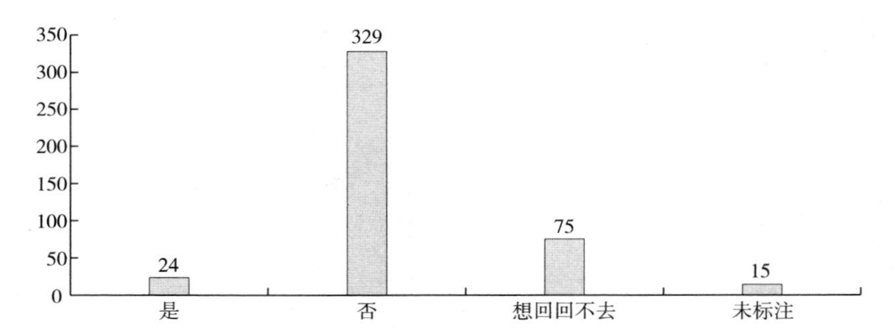

36.1 您想回迁的原因（仅统计想回迁的24份问卷，有多选，各选项之和大于24）：

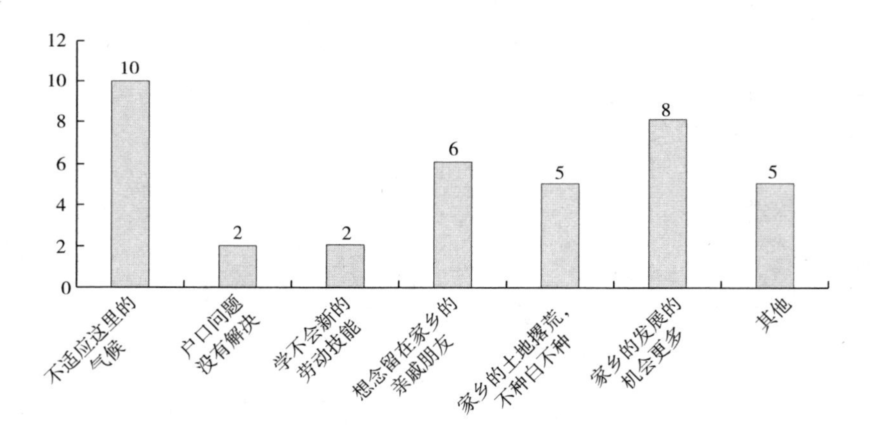

37. 您认为在搬迁中和搬迁后是否存在矛盾：

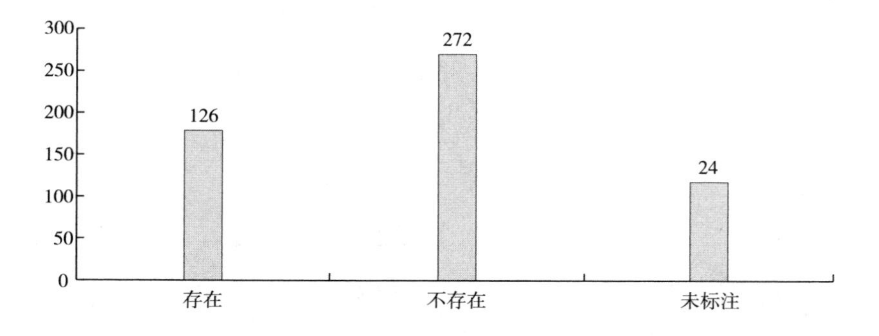

37.1 存在的主要矛盾是（仅统计认为存在矛盾的126份问卷，有多选，各选项之和大于126）：

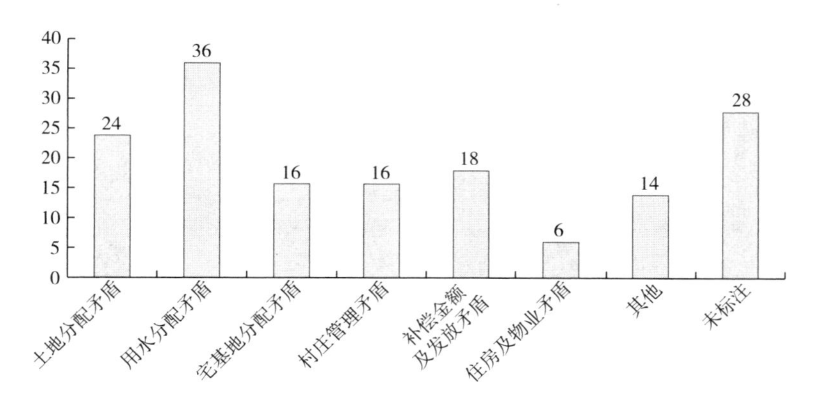

37.2 矛盾冲突主要发生在：

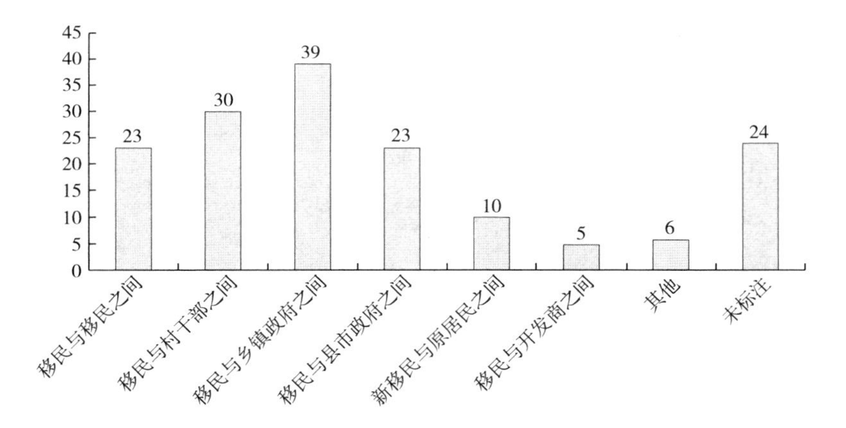

37.3 您认为造成矛盾和冲突的主要原因：

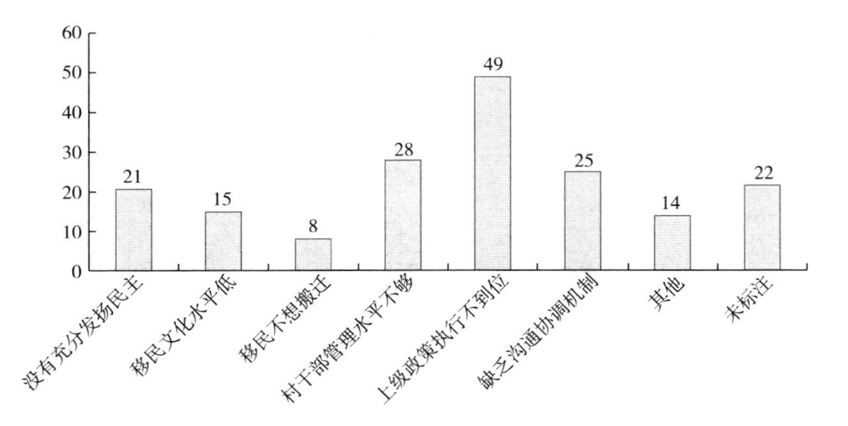

38. 您对搬迁后的生活是否满意：

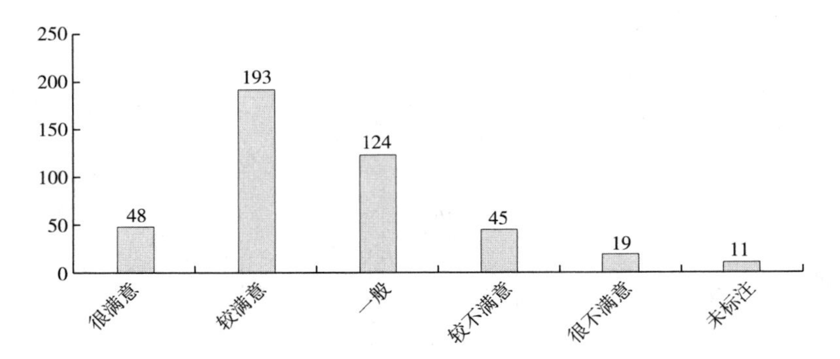

38.1 满意的原因（仅统计38题选“很满意”或“较满意”的241份问卷）：

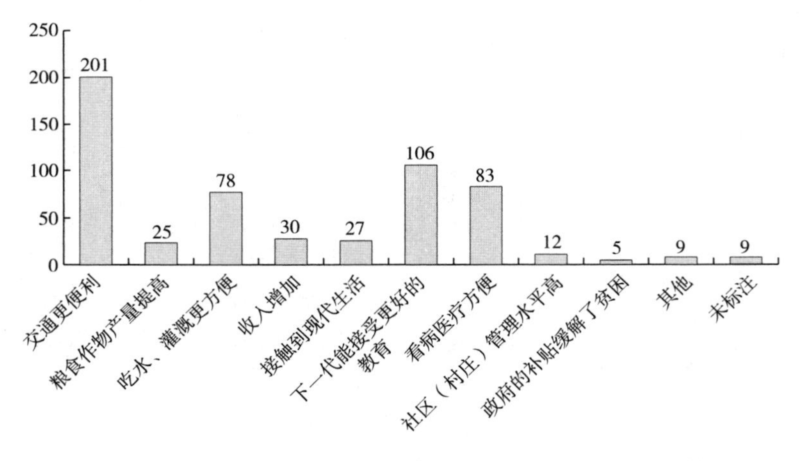

38.2 不满意的原因（仅统计38题选“较不满意”或“很不满意”的64份问卷）：

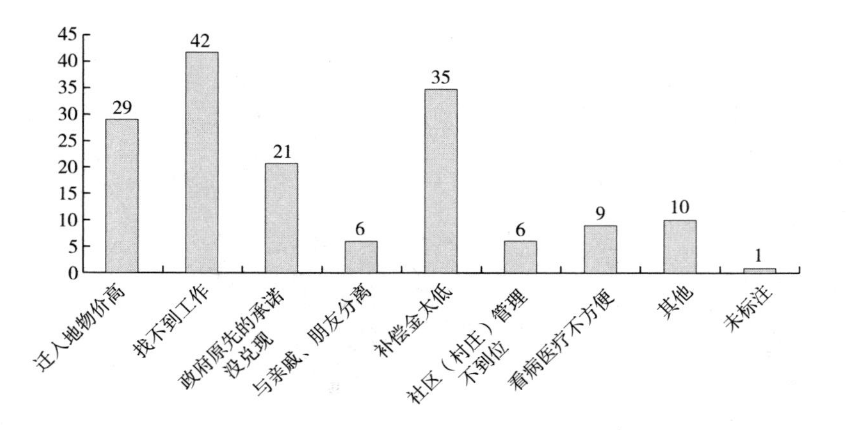

39. 请谈谈您对移民政策中的财产补偿、土地分配、用水情况、宅基地分配、住房建设、文化教育、看病就医、公共事务管理等方面的意见和建议（此处略，详见附录五）。

附录五　水工程移民和生态移民反映的问题或建议

编号 101：文化教育方面，政府应在村里大力宣传、组织各类有教育性的、能提高村民文化程度的活动。

编号 102：土地分配不均，用水紧缺。

编号 103：希望政府对拆房有较高的补助政策；把乡镇集中，把市场改造一下，大环境营造好，增加人流量。后搬入的土地少，种地没地，养牛没草，要钱没钱，没地种也没活干，生意不好做。

编号 104：补偿金额少，种植技术水平低下，文化教育水平低。

编号 105：人多地少，希望更多的补偿金，希望教育条件更好。

编号 106：提供工作岗位。

编号 107：孩子上学问题，花费高，危房改造政策。

编号 108：多给地，水量到位。

编号 109：希望有更多土地或工作岗位。

编号 110：希望能分得更多土地。

编号 111：希望建一个大的活动基地，要有健身器材。

编号 112：看病方便，提高文化教育程度。

编号 113：多分些地，多提供就业岗位，多招商引资。

编号 114：多给土地，希望降低水费，沙地用水比较多，种地成本太高。

编号 115：没有工作，种地成本高。

编号 116：对政策满意，共产党领导好；开发领域太大，开发建设太快，灌溉水量不足，主要担心孙子的就业，希望政府提供更多的就业岗位。

编号 117：加强中小学教学力度，提高教学水平。

编号 118：学校教育不是非常方便。

编号 119：希望环境可以再好点，土地能再增加点，能有更好的医保。

编号 120：增加工作水平；加强教育；分配不公；养老、低保分配不公平。

编号 121：希望政府解决灌溉的问题。

编号 122：干旱，庄家死亡，修建水利，危房改造。

编号 123：看病难，移民政策中的财产补偿存在克扣。

编号 124：土地分配不合理。

编号 125：供水不足，土地排水设施不完备。

编号 126：危房补助金不到位；村干部找借口不办理，土地补偿金从未发放。

编号 127：移民政策中财政补偿不公；村干部再分配低保等救济补助方面存在不公平现象，与村干部关系近的人多享。

编号 128：政策中的财产补偿不及时不到位，村干部不尽职。

编号 129：土地技术培训，增加补偿，解决用水灌溉缺乏，危房改造补助。

编号 130：社区公共事务管理有待加强提高。

编号 131：希望得到更多补偿，尤其是在医保方面。

编号 132：财产补偿不到位；土地、房屋自己花钱购置自来水有时供应不足。

编号 133：小学教育水平低，频繁更换老师。

编号 134：土地分配合理；宅基地分配合理；用水紧张；提高加强教育质量。

编号 135：××区发展蛮快的，刚搬来时风沙特别多，现在少了，种树多了，老家夏天特别凉爽，老家现在人很少了，老家雨多，树长得好。

编号 136：三级肢体残疾，但政府未给予补贴，生活较困难，缺乏资金，政府政策不统一。

编号 137：提高补偿金，土地用水少，缺水，政府推诿，不给百姓办事。

编号 138：土地分配少，孩子上学资金困难。

编号 139：2000 年以前搬迁的补偿太少，房屋也是自己修建的。2010 年后，搬迁的补助也好，房屋国家修建。

编号 140：孩子上学没钱。

编号 141：希望有补偿，没有医疗保障，政策执行不好。

编号 142：社区公共事务管理不好，需改善。

编号 143：想工作，没地方去，工厂少。

编号 144：提高补偿标准，加强水利建设。

编号 145：土地盐碱化严重，增加技术培训。

编号 146：土地分配不够。

编号 147：土地用水缺乏。

编号 149：无房屋补偿。

编号 150：每家不管人口多少都是八亩地，现在无工可打。

编号 201：要水没水，要粮没粮，政府工作人员不亲民，吃低保的都是关系户。

编号 202：主要以水为命脉，无水。

编号 203：灌溉用水缺水，希望尽快解决。

编号 204：文化教育方面极缺少，移民文化水平低。

编号 205：解决水的问题。

编号 206：水缺乏，自来水常年无水，庄稼干旱，产量低。

编号 207：缺水，急，急，急！

编号 208：农村应该增加一些医疗设施。

编号 209：缺水！

编号 210：缺水！

编号 211：对不同地区移民的各种问题应该灵活处理，不能生搬硬套。

编号 212：政府应该在文化教育方面加大投资力度，教育直接关系我们国家的未来。

编号 213：土地较少，缺水。

编号 214：土地少，缺水。

编号 215：对用水情况不满意。

编号216：土地分配不合理，解决用水问题，提升文化教育质量。

编号217：缺水，庄稼干旱枯萎。

编号218：土地分配太少，庄稼用水不足。

编号219：土地太少，缺水。

编号220：自来水没通水，用水靠拉，庄稼严重缺水。

编号221：前几年水充足，近几年缺水。

编号222：缺水，希望给房产证、土地证。

编号223：水量少，生活用水不足。

编号224：自来水供应不及时，农作物用水匮乏，农民文化水平低，看病难，希望有更好的医疗政策。

编号225：严重缺水，吃水难，庄稼用水少。

编号226：希望合理分配水资源，提高教育质量，提高村干部管理水平。

编号227：缺水。

编号228：缺水，很多农作物干旱枯萎。

编号229：给私营诊所给予更多的政策优惠。

编号230：宅基地地理位置差，应该统一规划。

编号231：财产补偿发放不及时，缺水。

编号232：用水紧缺，庄稼收入减少。

编号233：希望政府给盖不起房的百姓一些帮助。

编号234：缺水。

编号235：缺水，自来水时常没有。

编号236：用水困难，不能全面改善住房问题，教育质量低。

编号237：缺水。

编号238：庄稼缺水。

编号239：庄稼缺水。

编号241：政府应多关心中下层，应公正公平。

编号242：政府在用水方面应该严格管控，这关系民生问题。

编号243：政府应多给移民帮助。

编号244：灌溉缺水。

编号 245：灌溉缺水。

编号 246：村庄医疗服务希望改善。

编号 247：自来水提供不及时，看病难。

编号 248：村子文化教育水平低。

编号 249：土地分配少，用水紧张。

编号 250：社区管理混乱，希望规范社区建设。

编号 304：土地分配多一点。

编号 305：修建羊棚；学生补助。

编号 306：羊棚，学生补助。

编号 307：劳动技能培训。

编号 308：菜棚，羊棚。

编号 309：羊棚；羊，牛。

编号 311：土地补偿金没有；自来水时有时无；缺水、土地浇水困难；搬迁的时候，户口在人不在的不让搬，现在这些人没地去，四处流浪。

编号 317：土地浇水困难，用水不便。

编号 318：土地浇水困难。

编号 319：土地浇水困难。

编号 320：给大伙给予补助救济等；建立社区服务，给大家提供娱乐活动场所。

编号 321：土地浇水困难；房屋缺少；搬迁下来后政府不管不问。

编号 322：提供劳动技能培训。

编号 323：缺水严重。

编号 326：提供就业岗位。

编号 330：提供就业岗位，增加就业。

编号 331：孩子上学困难，家里有人生病需要照顾。

编号 332：羊棚。

编号 333：需要老年活动室。

编号 334：土地浇水不方便，对农业方面的发展不利。

编号 335：土地浇水困难。

编号 336：修羊棚。

编号 337：土地补偿不足，资金缺乏。

编号 338：增加劳动技能培训。

编号 339：菜棚，羊棚。

编号 342：培养劳动技能。

编号 343：提供工作。

编号 344：希望种地更方便。

编号 345：提供医疗。

编号 346：多些补助。

编号 347：希望水更多一些。

编号 348：希望迁入地更发达。

编号 349：提供工作岗位。

编号 402：消防设施短缺造成的安全隐患；健身器材缺失；后续保障不完善。

编号 403：增大住房面积；加大补偿。

编号 404：补偿不到位；房屋质量差；就业机会少。

编号 405：房屋质量差；水质差。

编号 407：房屋设施维修不到位，质量太差。

编号 411：停电停水严重。

编号 413：冬天的取暖问题，房子的配套设施不完善，住房质量差。

编号 414：老年人没有活动的场地；小区经常停电停水。

编号 418：看病、上学有点远。

编号 421：提供就业岗位。

编号 428：提供补助。

编号 430：希望政府给些补偿。

编号 432：小区设备不配套。

编号 436：增加就业机会。

编号 439：提高补偿标准。

编号 441：提供更多就业岗位。

编号 442：提供居民生活运动器材；改善道路状况；改善环境。

编号 443：修缮道路，方便出行。

编号 444：种地缺水。

编号 446：提高补偿，提供就业机会。

编号 447：增加就业岗位，提供就业机会。

编号 448：希望可以给老年人修健身器材。

编号 449：加强住房、道路建设。

编号 450：希望有耕地。

编号 507：找不到工作，补偿金太少。

编号 512：提供好的就业岗位。

编号 515：补偿透明，提供就业岗位或者失业补助。

编号 516：没有土地，希望提供失业金。

编号 518：提供就业机会。

编号 522：政府收每人 3500 元不知去向，土地费没有补偿。

编号 527：提供就业岗位。

编号 528：工作不好找。

编号 529：提供就业岗位。

编号 530：搬过来之后收入仅能维持基本生活。

编号 531：老房子补偿不到位。

编号 536：失业金坝上的有，山上的没有。

编号 538：土地费没有补偿，林木没有补贴，竹子难弄。

编号 540：需要上层以上领导常来调研视察，电梯常坏，物管常换，社区委员会产生没经过选举，村干部指定亲戚为委员会委员，物管不到位，委员自己谋利，年轻人不在家，缺乏民主程序。

编号 541：物管应提高协调管理水平。

编号 543：提供就业，增加补偿。

编号 545：提供就业岗位。

编号 547：为年轻人提供就业机会。

编号 550：提高物管水平。

编号 552：补偿金低，搬迁前未沟通好。

编号 553：不好找工作。

编号 555：电梯质量不好。

编号 559：社区应增加为老年人服务的设施。

编号 560：老人还好，年轻人没补偿，结婚时户口冻结，孩子也没补偿，提供就业机会。

编号 562：补偿金低，没有社保，没安排工作。

编号 563：买医保社保花费较多，政府补偿太少。

编号 602：希望提供就业岗位。

编号 603：提供就业岗位。

编号 606：青苗补偿依个人定价，没有公正标准。

编号 608：设施不平均。

编号 621：土地补偿费扣了 3 万多，找省政府、市政府。

编号 622：村委会三年一届，贪污，百姓要求答复；村民代表找省市政府，踢皮球；扣了钱，应该安排就业，但现在要求自找门路。政府承诺每户安排一人工作，但并没有；每人扣了三万多，市环卫局都给土地、青苗补偿，但没到位，污染费太低，县里把污染费当工作经费。

编号 623：土地补偿金扣了，少发两万。环卫局一直不给污染费。没房产证，怕有变化。娃娃读书要花钱。

编号 624：隐瞒房型，没有满足购买者需求。

编号 625：土地补偿金扣了，人口补助也扣了；补偿金定额发放，派代表找过上面，没解决。

编号 626：居住环境差，政府组织了一些培训，自己打工，自找生活门路。污染严重。

编号 629：补偿低，提供就业岗位。

编号 630：提供就业岗位。

编号 631：提供就业岗位。

编号 632：提供就业岗位，小区没有公厕。

编号 633：物管质量差。

编号 636：提供就业岗位。

编号 701：解决老年人生活问题。

编号 702：多搞开发，提供就业岗位。

编号 703：完善夜晚路灯设施。

编号 705：多提供就业岗位，能维持生活；注重赔偿公平性。

编号 707：希望政府把承诺执行到位。

编号 709：希望多建一些硬件设施。

编号 719：开头两年还好过，现在都不好过了，门口做生意的还可以，政府部门给提供一些方便政策。

编号 720：广场什么都没有，可以加一些健身器材，没有像样的图书室，什么东西都需要花钱，原先很多东西都不用花钱。

编号 721：养老保险，年轻人的就业。

编号 722：都是向家坝移民，和四川的政策不一样，没有土地，30 岁以下的没有补偿费，四川的有；没有安置费。

编号 723：家乡的土地闲置，太远了，种地不便，有二三里路；对房子的补偿不到位，院子面积不等。

编号 724：自来水很深很差，水没经过处理；加大扶持，解决个人就业；国家政策思路都好，但落实不到个人头上。

编号 725：儿子残疾，不好找工作，与村干部之间有纠纷，对儿子照顾不好。

编号 726：对移民的后续支持应加大。

编号 727：有关系的年轻人都有低保，无关系的老人却无低保；生活困难。

编号 728：政府执行不到位，对政策满意，不满意政府作为。

编号 731：生活很辛苦，什么都得花钱，找不到工作，补偿只有一个月 50 元，一年发一次。

编号 734：政府别贪污，认真执行政策。

编号 736：土地无补偿，剩下的土地不能种；政府贪污严重；找不到工作；受本地人欺负。

编号 738：政府克扣、拖延补偿金，生活费低，无低保。

编号 739：赔偿问题，对待移民要公平。

编号 744：政府缺乏监管机制，补偿金不到位，××县政策不统一，对待移民不公平。

编号 746：每月生活补偿太少。

编号 748：希望政府及时发放补偿金，水电气无补偿。

编号 749：幼儿园师资力量不够，学校升学率低。

编号 751：赔偿金过低，生活不能保障。

编号 753：××县不按法律规定，国家没有批准征用的土地，上千亩的土地征收来放荒，近十年了没有搞什么建设，强行征收拆迁；没有批准的土地叫房地产开发商修房子，没有他的开发项目；水富县有个部门收购农用地的储备中心，已经储备了上千亩的土地，近十年没有生产了，希望向中央反映；对水电站占用移民的土地不给丈量完。

编号 757：每月生活补助额应提高；承诺的补偿未到位；安置费没有。

编号 803：孩子低保问题；生活补偿过低。

编号 809：土地红线区附近的土地没法耕种，但不给补偿。

编号 812：移民的就业问题。

编号 813：搬迁费、各种补偿费都没有，找不着工作。

编号 814：多提供就业岗位，可以找点活干以养家糊口。

编号 816：希望政府多搞开发建设，以便找工作养家糊口；希望加强医疗条件，解决看病难问题。

编号 817：希望有活干，养家糊口；医药条件差，药品不齐，希望加强医疗服务。

编号 819：找不到合适工作，补偿不到位。

编号 822：多给补偿金。

编号 825：多给补偿金。

编号 830：没有工作，收入低，希望三峡公司提供帮助。

编号 833：就近安排工作方便照看孩子；药品少，后期补偿金低，每人每月 50 元，享受 20 年。刚出生的小孩没有补偿。两兄弟住一户，按房产证分的房，有失公平。

编号 834：自来水很脏，随时都会停水，一开始是泥巴，然后是白白的。

编号 835：移民没带来好处，还造成困难。搬家没有补偿，没有过渡费，没有得到移民待遇。四川有地补偿，我们没有。房屋补偿没有按面积分房，而是按照房产证分房。生活补偿没有。移民局说按面积，实际没有。

编号 836：财产补偿分配严重不均，各项花费高，后期补偿少，没有过渡费，房屋价格不一，按房产证分房而不是面积。

编号 839：女性不好找工作（45 岁），希望提供工作岗位。

编号 840：土地补偿纳入政策范围。

编号 842：需要固定工作，以前种地，现在没有了。

编号 843：土地补偿不到位，××公司把钱早发了，但政府用钱吃利息，移民不满意。

编号 844：房子排水不好，没有排水沟，下雨直接冲房基。一年的时间就把房子改起来了，没有经过安全检查，现在就有裂口。

编号 901：找不到合适工作，花费高，补偿低。

编号 904：提高医疗服务条件，给老人提供一些服务设施。

编号 905：移民的生活水平应该比本地略高，因为为国家做了贡献；移民问题找政府应优先解决，不应不管。

编号 906：给我们的补偿太低，物价高，补偿的钱太低。

编号 908：我们在移民过程中有很多问题，特别是我们在遇到问题时，当地政府不帮助也不能及时解决。

编号 910：后期补偿太低，每人每月 100 元干不了什么，青苗果树都没有补偿。

编号 912：移民对当地土地好孬不知道，分到的地在树林下，虫害对作物损失大，高大杨树林对土地影响更大，产量低。

编号 918：人口增多，住房面积不够。

编号 920：对上年纪的人进行免费体检。

编号 921：补助没到位；房屋漏水，质量差；民政局接待了移民上访，有些已搬到居民楼；政府的承诺没兑现，没有职业培训，移民很多干建筑的，找不到别的活，只能下苦力。

编号 922：补偿金太少，每月 50 元，还不按时发放，住房太偏，看病就医交通等不方便。

编号 923：对象出车祸，镇民政局不理，花了十万多，没报销。

编号 924：补偿太少，几十块钱，离医院远。

编号 926：补偿标准低，找不到合适。子女上学困难花费多。

编号 933：帮邻居领 50 元一个月的生活补助，一季度领一回，区水利局要见本人才给，还差两年的。

编号 934：后期扶持每月 50 元，太低，房子和人的补偿都低，基本没得到什么钱。

编号 935：希望政府支持移民成立 × ×省移民商会。

编号 936：没搬的都享受了政策，移民从 1995 ~ 1996 年开始，一开始是自觉，投亲靠友，补偿费领了。国家有技能培训这笔钱，后期扶持每月 50 元，太少，买不着东西，物价上涨。

编号 937：思想情绪严重，人老实了吃亏，分房政策不统一。生产安置费、公共设施费、长途运输费都收，政府补助不够交费的，× ×区还扣了 3000 元钱，水质不好，可能是镇里把钱扣了。

编号 938：后期补助费 50 元太少，物价涨了，购买力低，应该随物价上调，大部分生活不宽裕，找镇里反映噪声的问题，解决不了，村办企业一年不如一年，困难补助没给发，去市里上访。

编号 939：老家啥都不买，自己种的，这里什么都得买，吃得不好。

编号 940：什么都要花钱，买大米，买小菜，生活靠儿子打工。

编号 941：不交钱不给安排工作，也不给土地，交了十几万，地不会种，村里收回去了，每年给 700 元，但三年没给了，靠儿子打工。老停水，旧城改造老是改不了，老百姓遭殃。

编号 942：老家的财产都丢了，什么都不习惯，房子质量不行，不抗震；没有熟人，在老家一下就能办的事，普通话说不好，办事很难；过来之后，当地政府还应该关心一下，民政问问具体的困难，需要精神上的安慰。生活不方便，不熟悉地形。移民的后代找对象困难，结婚后离婚的多，生活习惯不同。

附录六　课题研究期间的主要成果

1. 论文：《从底线要求看环境公平制度的构建原则》，《自然辩证法研究》2014 年第 1 期。

2. 论文：《中美环境弱势群体研究的不同视阈》，《生态经济》2014 年第 3 期。

3. 论文：《环境弱势群体视阈下的生态文明制度创新》，《中共云南省委党校学报》2014 年第 1 期。

4. 论文：《简论西方生态思潮的四大论争》，《山东青年政治学院学报》2014 年第 3 期。

5. 论文：《生态意识：生态文明建设的动力系统》，《山东青年政治学院学报》2014 年第 1 期。

6. 论文：《我国环境群体性事件及其治理策略探析》，《山东科技大学学报》（社会科学版）2015 年第 5 期。

7. 析出文献：《环境弱势群体权益保障的政策思考》，载曹荣湘主编《生态治理》，中央编译出版社，2015。

8. 论文：《西方环境正义思想探源》，《第三届“海峡两岸生态文学研讨会”论文集》，2013 年 10 月。

9. 论文：《生态文明阐释与建设中的环境正义向度》，《社会主义生态文明与中国绿色左翼研究研讨会论文集》，2015 年 6 月。

后 记

笔者对环境权益保障的关注始于2011年。在该领域先后主持完成了中国博士后科学基金项目、中央编译局社科基金项目、山东省社科规划项目和国家社科基金项目等相关课题。

坦率地说，这项研究对于笔者及课题组成员是极富挑战的。一是它需要较为深厚的理论背景，如人权理论、正义理论、环境正义理论、社会资产理论、发展理论等，每一项理论的梳理都需要耗费时日；二是它需要较为宽广的国际视野，包括相关国际组织、发达国家、发展中国家在环境权益保障方面的主要经验和特色制度等，这方面的研究资料相对缺乏；三是它需要大量的一手调研资料，需要在全国范围内就工矿企业一线工人、工矿企业周边居民、水利水电工程移民和生态移民等进行访谈或问卷调查，工作量十分巨大。

面对上述三项挑战，课题组选择了迎难而上，尽最大努力达到课题研究的要求。一是广泛搜集资料，对相关理论进行梳理，为本研究提供较为坚实的理论支撑；二是充分利用网络资源，发挥互联网强大的搜索功能，获得国际社会在环境权益保障方面的相关信息，扩大研究视野，力图从全球视域思考环境权益保障的相关问题；三是在全国范围内对一线工人、水利水电工程移民和生态移民进行问卷调查和访谈，并赴中国政法大学查阅卷宗，同时开展了若干关于工矿企业周边居民的实地调研。

经过三年多的艰苦努力，在文献梳理和调查研究的基础上，本人和课题组成员终于完成了这部书稿。书稿对环境权益保障的理论基础进行了较为系统的梳理，对国际社会环境权益保障制度进行了较为细致的总结；结合调研所得和我国的具体国情，提出了环境权益保障制度的初步构想。本书力图在前人研究的基础上，进行某些创新或突破，如在理论梳理的深度、调查范围的广度、制度构想的针对性等方面均做出了较大的努力。

在课题研究工作中，我们获得了一系列机构和人员的大力帮助，在此表示衷心感谢。

首先感谢课题组的各位成员——曹荣湘、王佃利、侯佳儒、宋秀葵、谢来辉、梁飞，他们是我的良师和益友，在课题申报和研究过程中给予我巨大的智力启发，并提供了强有力的精神支持。其次感谢国家哲学社会科学规划办提供的项目基金，为项目调研提供了坚实的物质基础。最后感谢山东建筑大学提供的配套研究基金，为课题研究提供了强大助力。

在对一线工人的调研中，我们选择在全国职业病防治院进行问卷调查。该项调查得到了山东省立医院李怀臣主任，山东省职防院崔萍主任，山东省淄博市职防院靳毅院长、曹殿凤主任、张宝玲主任、曲英伟主任，吉林省职防院王浩书记、张宇主任，南京市职防院王玉珠院长、宋海燕副院长，贵州省第三医院朱映涛主任，安徽省职防院陈葆春副院长，北京市委调研室张燕博士，北京市疾控中心魏云芳主任，北京市朝阳医院朱钧主任，河南省职防院韩志伟院长，黑龙江省职防院李晓军副院长，新疆维吾尔自治区职防院周蓉主任、杜永红护士长，山东理工大学朱伯玉教授的大力协助，在此表示衷心的感谢。

在对水利水电工程移民和生态移民的调研中，我们选择了西北地区的宁夏回族自治区和青海省、西南地区的四川省和云南省以及东部地区的山东省作为调研区域。在调研过程中，得到了宁夏回族自治区吴忠市红寺堡区移民办吕振中副主任，红寺堡区大河村王考同学，红寺堡区朝阳村熊云同学，青海师范大学金颜博士，青海省海东市乐都区陈延军经理，青海大学医学院祁兴山同学，西安科技大学高新学院王小平同学，青海省民和自治县马玉成同学、朱玉鹏同学，四川省成都市龙泉驿区的朱蕾同学、杨航同学、蔡姚同学，重庆市的余浩同学，云南省昭通市水富市的温玖同学、杨兴梅同学，山东省淄博市的高冉同学，山东省济南市唐王镇的周晓琼女士和其他朋友的大力帮助。

在对工矿企业周边居民的调研中，我们选择了中国政法大学污染受害者法律帮助中心进行卷宗调研，该中心的王丽女士和其他老师给予了热情的帮助和支持；山东建筑大学的高冉同学、房平锐同学也为该项调研提供了重要信息。

在调研过程中，跟随课题组赴各地调研的同学主要有：李艳、李海东、房平锐、马义轩、张淑君、纪玉洋、熊云、温玖、朱蕾等。他们在调研过程中，吃苦耐劳，不怕困难，克服高原反应，努力学习当地语言，克服语言障碍与调研对象交流，为课题调研的顺利进行做出了突出贡献。

在课题研究的过程中，山东建筑大学的领导和同事们提供了若干帮助，他们是：范存礼校长、傅传国校长、薛一冰教授、宋守君主任、徐兴奎书记、杨广辉书记、王培森书记、董欲晓书记、任晓勤书记、李杰瑞书记、卲兰云书记、杨菁老师、张立新老师、陈兆涛老师、丛俊滋老师等。

在书稿撰写和修改的过程中，我们得到了很多前辈和老师的指导和帮助，他们是：山东建筑大学的韩锋研究员、杨先永教授、刘国涛教授，山东大学的王韶兴教授、马来平教授、张淑兰教授，北京大学的郇庆治教授，中国人民大学的张云飞教授，苏州大学的方世南教授，北京林业大学的严耕教授等。他们对研究的整体思路、研究报告的框架结构和研究结论的总结提炼，都提出了若干宝贵的意见和建议，为本研究提供了重要的启发和引领。

衷心感谢上述领导们、老师们、同事们、同学们和朋友们的大力帮助和辛苦付出，没有他们的热心协助，课题研究是无法如期完成的。

在书稿即将付梓之际，笔者也衷心感谢社会科学文献出版社的领导和各位编辑，感谢政法传媒分社王绯社长、曹义恒总编辑和吕霞云编辑对本书出版的大力支持和帮助。

虽然笔者和课题组成员为该项研究做出了巨大的努力，付出了极大的心血，但由于本课题研究对象范围的广泛性，我们仍深感书稿若干方面尚存太多不足。面对即将出版的书稿，我们的心情既有激动也有惶恐，等待学术界同仁的审阅和指导，期待相关部门的反馈和批评。同时，我们也将继续关注这一领域，争取不断推进相关研究。

刘海霞

2020 年 8 月 8 日于泉城济南

图书在版编目（CIP）数据

环境权益保障制度研究 / 刘海霞著. -- 北京：社会科学文献出版社，2021.6
ISBN 978 - 7 - 5201 - 8473 - 1

Ⅰ. ①环… Ⅱ. ①刘… Ⅲ. ①环境社会学 - 弱势群体 - 研究 - 中国 Ⅳ. ①X24

中国版本图书馆 CIP 数据核字（2021）第 099704 号

环境权益保障制度研究

著　　者 / 刘海霞

出 版 人 / 王利民
组稿编辑 / 曹义恒
责任编辑 / 吕霞云

出　　版 / 社会科学文献出版社（010）59367156
地址：北京市北三环中路甲 29 号院华龙大厦　邮编：100029
网址：www. ssap. com. cn
发　　行 / 市场营销中心（010）59367081　59367083
印　　装 / 三河市尚艺印装有限公司

规　　格 / 开　本：787mm × 1092mm　1/16
印　张：15. 75　字　数：249 千字
版　　次 / 2021 年 6 月第 1 版　2021 年 6 月第 1 次印刷
书　　号 / ISBN 978 - 7 - 5201 - 8473 - 1
定　　价 / 98. 00 元

本书如有印装质量问题，请与读者服务中心（010 - 59367028）联系